U0737719

中等职业教育机械类专业改革创新教材

数控车削加工与实训一体化教程

主　编　张添孝

副主编　刘建新　孙秀梅

参　编　纪红云　徐承亮　史　磊　赵　斌

　　　　贾小宁　王林强　林　斌　孟庆荣

主　审　吴　霞

机械工业出版社

本书以国家职业标准《数控车工》（中级）规定的知识和技能要求为基本目标，参照企业数控车工及相关岗位的职业技能要求，将数控车削加工的基本理论与加工操作融为一体，以操作能力的培养为重点，按照任务驱动的教学方法编排内容，注重学生专业能力和综合素质的培养。

本书共分 8 个模块，选用了技术先进、市场份额占有量大的 FANUC 系统作为加工平台，对数控车床加工知识和操作技能进行剖析。本书内容包括数控车削加工基础、简单轴类零件编程与加工、简单孔类零件编程与加工、复杂轮廓零件编程与加工、槽和螺纹的编程与加工、数控车削综合实例、自动编程与数控 DNC 网络应用、中级数控车工职业技能训练。

本书既可作为中等职业技术院校数控类专业的工学一体化教材，也可作为数控岗位培训用书，还可供相关专业技术人员自学使用或参考。

图书在版编目（CIP）数据

数控车削加工与实训一体化教程/张添孝主编. —北京：机械工业出版社，2014.7（2022.8 重印）

中等职业教育机械类专业改革创新教材

ISBN 978-7-111-47185-1

Ⅰ.①数… Ⅱ.①张… Ⅲ.①数控机床—车床—车削—加工工艺—中等专业学校—教材 Ⅳ.①TG519.1

中国版本图书馆 CIP 数据核字（2014）第 140720 号

机械工业出版社（北京市百万庄大街 22 号 邮政编码 100037）

策划编辑：汪光灿 责任编辑：王莉娜

版式设计：霍永明 责任校对：张 征

封面设计：张 静 责任印制：乔 宇

北京中科印刷有限公司印刷

2022 年 8 月第 1 版第 4 次印刷

184mm×260mm · 14.75 印张 · 325 千字

标准书号：ISBN 978-7-111-47185-1

定价：45.00 元

电话服务 网络服务

客服电话：010-88361066 机 工 官 网：www.cmpbook.com

010-88379833 机 工 官 网：weibo.com/cmp1952

010-68326294 机 工 官 博：www.golden-book.com

封底无防伪标均为盗版 机工教育服务网：www.cmpedu.com

中等职业教育机械类专业改革创新教材编委会

主　任: 于万成

副主任: 于光明　孙明红　刘其伟　王桂莲　汪光灿　张添孝

委　员（排名不分先后）:

姚建平　柴　华　李志江　苗长兵　李银生　孙秀梅

信玉芬　葛宪金　樊明涛　李　昊　张建起　赵焰平

段接会　陈锡宗　何钻敏　苏　伟　朱红梅　于　水

冯　斌　薛　峰　王　贤　罗建新　高洪辉　安　珂

王寒里　朱来发　王　姬　李宝玲　李　召　余娅梅

张尔薇　朱学明　荆荣霞　许鹏飞　张英臣　张　静

马　超　马永清　卓良福

秘　书: 齐志刚　王佳玮

　　为了贯彻《国务院关于大力发展职业教育的决定》，落实国务院关于加快数控类人才培养的重要指示精神，满足数控行业发展对一线技能型人才的需求，教育部决定实施"职业院校数控行业技能型紧缺人才培养培训工程"，全面提高教育教学质量，制定职业教育数控行业技能型紧缺人才培养培训教学方案(以下简称方案)。本书按照"方案"要求，配合教育部中等职业教育"十二五"规划教材建设工作的开展，针对职业教育和教学模式的需要。以就业为导向，紧紧围绕"以能力为本位、以任务为主体、以职业实践为主线的模块化课程体系"的课程改革理念，结合岗位实际和职业技能鉴定考核标准编写而成。

　　本书具有以下特点。

　　1. 充分注重调动学生的学习兴趣

　　中职学生普遍缺乏理论知识学习的兴趣。本书针对理论知识入门教学难的特点，采用了任务驱动教学法，让学生以完成工作任务为目标来获取相应的理论知识，将理论知识教学与加工实践紧密结合，从而真正做到"做中学、学中做、做中教、教中做"。让学生首先"有兴趣"，充分调动学生的学习积极性；再让老师"教得好"，学生"学得来"，最终达到增强教学效果的目的。

　　2. 以任务为载体来有机地融合数控车工知识

　　本书以典型零件的加工任务为载体设计教学内容，除了包含与典型零件加工相关的数控编程基本知识外，还融合了安全与规范操作，刀具、夹具、量具的相关知识及使用，数控加工工艺以及工作过程等知识。

　　3. 注重循序渐进自主学习模式的构建

　　教学组织突破了"先理论、后实训"的模式，通过精心的教学设计，将专业理论知识的教学与加工训练、教学互动等多种教学形式融为一体，实现教学形式的灵活切换。学生参与互动、训练的时间将占总学时的近80%，在专业入门学习阶段即可实行以学生为主体的教学模式。

　　4. 注重关键能力培养方法的创新与设计

　　将抽象的关键能力转变为可以操作的教学活动，如"说""写""归纳""组织协调"能力等，将其作为基本的教学能力融入教学过程，从而实现培养综合能力的教学目标。

　　本书按照工学一体化的教学模式设计教学内容，在激发学生的学习兴趣、调动学生参与互动的热情、引导学生自主学习上采取了多项创新举措。其中："课堂互动"包含了与链接知识相关的互动引导，便于学生更好地理解知识，培养思考问题、分析问题的方法；实践操作过程采用"派工单"的形式给定工件加工方案，并采用"小贴士"形式进行

"操作提示"，帮助学生顺利进行零件的加工并避免安全事故的发生；零件加工完成后让学生先进行自测评分等。这些都是本书的特色及创新点。

5. 注重培养学生的职业规范和综合职业素养

将安全和规范教育作为重中之重的教学内容，将其融入各个教学环节之中，培养规范意识和综合职业素养，即：只要在工作或实习、实训岗位就必须注意安全规范、就必须检测工件质量，就必须保持环境与设备整洁；注重工件加工方案的应用；注重培养学生节约资源的意识；注重培养学生的团队协作精神和组织协调能力。

6. 突出系统性、实用性和通俗性

全书各部分联系紧密，并精选大量经过实践验证的典型实例。同时，将中级数控车工职业技能鉴定标准引入教学实训，把数控车床编程与操作项目教程的职业技能鉴定内容和国家职业标准相结合、相统一，满足上岗培训和就业的需要。为适应市场需求，在数控系统选型上，注重了市场应用的普遍性，选择目前在数控车床上使用最普遍的 FANUC 数控系统，以期通过典型数控系统的编程、操作和加工，在今后的工作中能起到触类旁通的作用。

本书推荐学时为 280 学时，教师在组织教学时，可根据实际情况对知识内容作适当调整。每个模块后面的"思考与训练"既可作为学生课后复习、训练的题目，也可作为课堂上学有余力的学生拓展学习的内容。

本书由张添孝担任主编，刘建新、孙秀梅担任副主编，吴霞担任主审。纪红云、徐承亮、史磊、赵斌、贾小宁、王林强、林斌、孟庆荣参与了本书的编写。在此，向为本书出版付出辛勤劳动的老师表示衷心的感谢。

由于本书是职业教育课程改革的探索，而且编者水平有限，疏漏和不妥之处在所难免，恳望广大读者批评指正。

编者

参考学时

教学内容	总学时	讲授	实训
模块一 数控车削加工基础			
任务一 数控车床概述		4	
任务二 数控车床安全操作与保养		2	
任务三 数控车削编程与操作基础（一）	30	4	2
任务四 数控车削编程与操作基础（二）		2	2
任务五 数控车削编程与操作基础（三）		2	4
任务六 数控车削模拟操作基础		2	6
模块二 简单轴类零件编程与加工			
任务一 数控车削加工工艺基础		2	4
任务二 G00、G01 指令的应用	34	2	6
任务三 G90、G94 指令的应用		2	8
任务四 G02、G03 指令的应用		2	8

（续）

教学内容	总学时	讲授	实训
模块三　简单孔类零件编程与加工			
任务一　直孔加工	24	2	10
任务二　简单内轮廓加工		2	10
模块四　复杂轮廓零件编程与加工			
任务一　轴向粗车循环加工	42	4	12
任务二　径向粗车循环加工		2	10
任务三　多次成形粗车循环加工		2	12
模块五　槽和螺纹的编程与加工			
任务一　切槽加工	26	2	10
任务二　螺纹加工		2	12
模块六　数控车削综合实例			
任务一　中级技能加工实例（一）	38	2	18
任务二　中级技能加工实例（二）		2	16
模块七　自动编程与数控 DNC 网络应用			
任务一　自动编程	26	4	18
任务二　数控 DNC 网络应用		2	2
模块八　中级数控车工职业技能训练			
任务一　中级数控车工理论知识	60	10	50
任务二　中级数控车工专业技能			
合　计	280	60	220

contents ## 目 录

模块一 数控车削加工基础

灵活、通用、高精度、高效率的"柔性"自动化设备是当代机械制造业的主流设备。如图1-1所示的数控车床可加工普通车床（图1-2）无法加工的复杂零件，同时具有很高的加工质量和效率。

图1-1 数控车床

图1-2 普通车床

职业目标

- 熟悉数控车床的基本概念。
- 了解数控车床安全操作规程的要求和注意事项。
- 熟悉数控系统用户操作面板各按键、旋钮的功能。
- 熟悉编制数控程序的内容和方法。
- 掌握数控车床对刀方法。
- 熟悉数控车床仿真软件的功能。

任务一　数控车床概述

职业知识
- 数控车床的基本概念。
- 数控车床的组成及工作原理。
- 数控车床的分类。
- 数控车床的加工特点。

【任务描述】

通过参观实训车间，认识普通车床、数控车床、数控铣床及加工中心等类型机床。通过对数控车床近距离的观察，掌握数控车床的组成，熟悉数控车床的工作原理、分类及加工特点等。通过此任务引导学生了解自己所学知识在实际中的应用，并对将要学习的内容有直观的了解。

【知识链接】

1. 什么是数控车床

数控车床又称为 CNC（computer numeral control）车床，即计算机数字控制车床，是目前国内使用量最大、覆盖面最广的一种数控机床，约占数控机床总数的25%。它在数控机床中占有非常重要的位置，几十年来一直受到世界各国的普遍重视并得到了迅速的发展。

2. 数控车床的应用

数控车床主要用于加工轴类、盘类等回转体零件。如图 1-3 所示，数控车床可自动完成内、外圆柱面，圆锥面，成形表面，螺纹和端面等的切削加工，并能进行车槽、钻孔、扩孔、铰孔等工作。

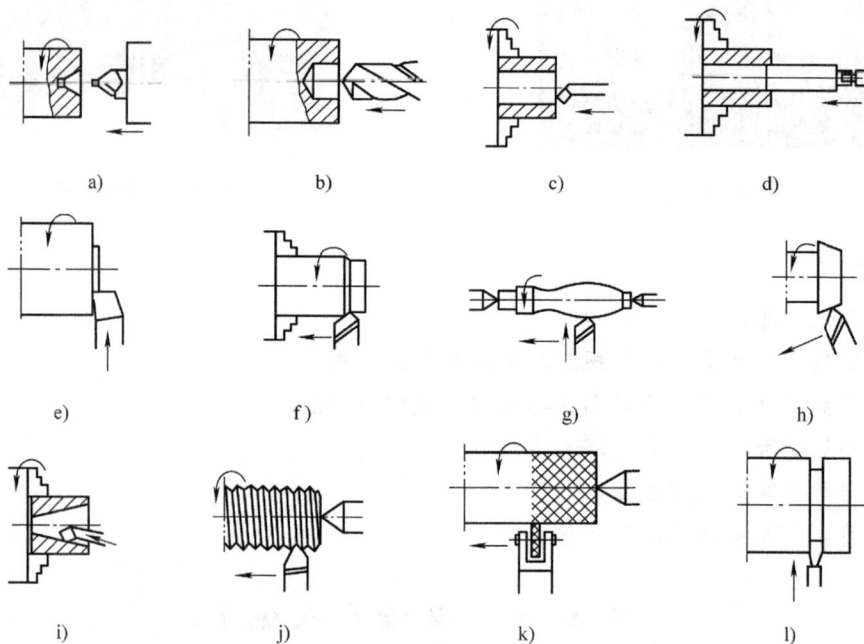

图 1-3　常见数控车床的应用

a）钻中心孔　b）钻孔　c）车孔　d）铰孔　e）车端面　f）车外圆　g）车成形面　h）车锥面
i）车锥孔　j）车螺纹　k）滚花　l）车槽与切断

同学们想一想，与普通车床相比，你觉得利用数控车床加工零件有哪些优势？

3. 数控车床的组成

如图1-4所示，可以把数控车床看做是一台由"专用计算机"控制的普通车床。数控车床的组成主要包括三大部分，即计算机部分、电气控制部分和车床本体部分，如图1-5所示。

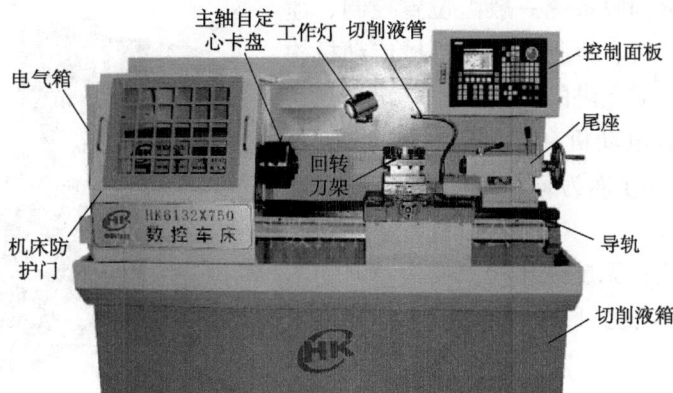

图1-4 数控车床的结构

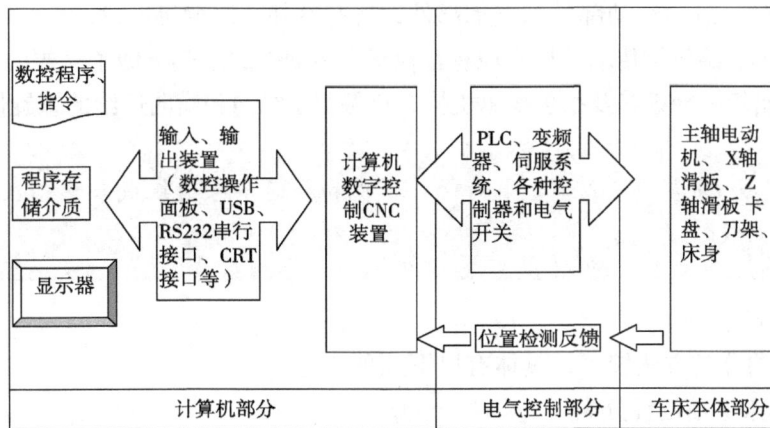

图1-5 数控车床的组成

（1）计算机部分 数控程序是车床自动加工零件的指令。程序的编制可以由人工进行，也可以用自动编程软件完成。随着科技的发展，现在的数控车床内都有磁盘等存储介质，用于存储数控程序。

编制好的程序可以通过操作面板直接手工输入并保存到车床的存储器中。如果编制好的程序存在U盘、CF卡或者计算机里，也可以通过各种接口将程序传输给车床。比如通过USB接口、PCMCIA接口和RS232串行通信接口，将U盘、CF卡或计算机上的程序内容传输给车床。

CNC装置即计算机数控装置，是数控加工中的专用计算机。它除了具有一般计算机的结构外，还有与数控车床功能有关的功能模块结构和接口单元。它对数控程序语言进行解码，并将其转换成各种控制机床的电信号，通过电气控制系统控制机床的运动，从而实现各种功能和进行零件的加工。因此，CNC装置是数控车床的核心装置。

（2）电气控制部分 电气控制是数控系统与车床本体之间的电传动连接环节，是直接控制主运动和进给运动的系统，通常称之为伺服系统。数控车床的伺服系统分为主轴伺服系统和进给伺服系统，而一般所说的伺服系统主要指进给伺服系统。

数控车床进给伺服系统一般由位置控制、速度控制、伺服电动机、检测部件和机械传动机构五大部分组成。习惯上讲的进给伺服系统，只是指速度控制、伺服电动机和检测部件三个部分，其中的速度控制部分称为伺服单元或伺服驱动器，如图1-6所示。

按照伺服系统有无反馈和检测反馈单元的不同位置，可以将其分为开环、闭环和半闭环伺服系统。

（3）车床本体部分 车床本体部分是车床的实际机械部件，其组成与普通车床相近，主要包括主运动部件、进给运动部件和支承部件，还有冷却、润滑等部件。

图1-6 交流伺服驱动器与伺服电动机

数控车床的进给机械传动机构在原有普通车床传动链的基础上做了大幅的简化，如取消了挂轮箱、进给箱、溜板箱及很多操纵机构，仅保留了纵向和横向进给的螺旋传动机构。

> 同学们可以尝试着对比计算机和普通车床的组成来熟悉数控车床的组成。

4. 数控车床的分类

数控车床的分类方法较多，具体有以下几种。

（1）按车床主轴位置分类

1）卧式数控车床。卧式数控车床又分为数控水平导轨（平床身）卧式车床和数控倾斜导轨（斜床身）卧式车床。平床身数控车床最为常见，如图1-1所示，斜床身数控车床导轨为倾斜放置的，其倾斜导轨结构可以使车床具有更大的刚性，并易于排出切屑。

2）立式数控车床。立式数控车床简称为数控立车，如图1-7所示，其车床主轴垂直于水平面，一个直径很大的圆形工作台用来装夹工件。这类机床主要用于加工径向尺寸大、轴向尺寸相对较小的大型复杂零件。

（2）按可控轴数分类

1）两轴控制。当数控车床上只有一个回转刀架时，可以实现两坐标轴控制。大多数中小型经济数控车床都是两轴联动控制机床。

2）多轴控制。当数控车床具备两个回转刀架时，

图1-7 立式数控车床

可以实现四坐标轴的控制。档次较高的数控车削中心配备了动力铣头和 Y 轴，不但可以进行车削加工，还可以完成铣削加工。

（3）按刀架数分类 数控车床可以分为单刀架数控车床和双刀架数控车床。

（4）按数控系统的功能分类 数控车床可以分为经济型数控车床、全功能型数控车床、数控车削中心。

5. 数控车床的加工特点

与普通车床相比，数控车床在零件加工中有三方面特点。

（1）高难度加工 对于由非圆曲线或列表曲线（如流线型曲线）构成其旋转面的零件，在普通车床上很难加工。采用数控车床加工时，车刀刀尖的运动轨迹由程序控制，可以实现两轴准确联动，高效率地完成加工。对于各种非标准螺距或变螺距螺纹，以及表面质量要求非常均匀的变径表面类零件，都可以通过车床的数控功能方便地解决。

（2）高精度加工 复印机中的回转鼓、录像机上的磁头等超精度零件，其尺寸精度可达到 $0.01\mu m$，表面粗糙度值 Ra 可达 $0.02\mu m$，这些零件均可在高精度的特殊数控车床上完成加工。

（3）高效率加工 为进一步提高车削加工的效率，通过增加数控车床的控制坐标轴，就能在一台数控车床上同时完成多道工序。如车削中心就通过增加动力铣、钻、镗，以及副主轴的功能，从而使需要两次、三次加工的工序在车削中心上一次完成。

课堂互动

1）什么是数控车床？它常见的车削应用有哪些？

2）数控车床由哪些部分组成？

3）数控车床是怎样分类的？

4）对比卧式数控车床及立式数控车床，谈谈它们之间有什么不同。

【实践操作】

1）对比图 1-2 所示的普通车床和图 1-1 所示的数控车床，指出它们的不同之处。

2）近距离观察机床，熟悉数控车床的基本结构，说出如图 1-8 所示数控车床各组成部件的名称。

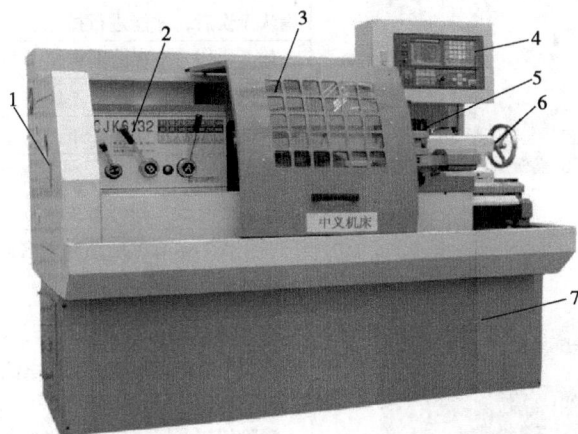

图 1-8 卧式数控车床

任务二　数控车床安全操作与保养

职业知识
- 安全操作规程和操作机床的注意事项。
- 数控车床的日常维护与保养要求。
- 文明生产要求的基本内容。

【任务描述】

学习安全操作规范，日常维护与保养要求，着装要求，按照规范进行车床的操作、维护及保养。做好安全操作，文明生产。

【知识链接】

1) 数控车床安全操作规程见表1-1。

表1-1　数控车床安全操作规程一览表

注意事项	图　片	说　明
总原则		必须服从教师管理，未经允许，不得任意开动车床
		禁止从事一些未经老师同意的工作，不得随意触摸、启动各种开关
衣着方面		穿工作服、工作鞋，不得穿短裤、拖鞋
		女同学禁止穿裙子，长头发要盘在适当的帽子里
		禁止戴手套，且不能穿着过于宽松的衣服
操作前		必须先检查电源连接线、控制线及电源
		在操作范围内，应把刀具、工具、量具、材料等物品放在工作台上，车床上不应放任何杂物
		操作控制面板上的各种功能按钮时，一定要辨别清楚并确认无误后，才能进行操作
操作中		装夹、测量工件时要停机进行
		车床工作时，操作者不能离开
		开动车床应关闭保护罩，以免发生意外事故
		主轴未完全停止前，禁止触摸工件、刀具或主轴。触摸工件、刀具或主轴要注意是否烫手，小心灼伤
		在实操车床时，只允许一名同学单独进行操作，其余非操作的同学应离开工作区
操作后		操作结束后将各手柄、开关、旋钮置于"停机"位置，依次关掉车床操作面板上的电源和总电源
		清除切屑、擦拭机床，使车床与环境保持清洁状态

2）数控车床日常保养见表1-2。

表1-2 数控车床日常保养一览表

序号	检查周期	检查部位	检查要求
1	每天	润滑油箱	检查油量，及时添加润滑油，检查油泵是否定时启动停止
2	每天	X、Z轴导轨面	清除金属屑和脏物，检查导轨面有无划伤和损坏，检查润滑是否充分
3	每天	各种防护装置	导轨、车床防护罩是否齐全，防护罩移动是否正常
4	不定期	切削液箱	检查液面高度，及时添加切削液；切削液太脏时应及时更换和清洗箱体及过滤器
5	不定期	排屑器	经常清理切屑，检查有无卡住等现象
6	半年	检查传动带	按车床说明书的要求调整传动带的松紧程度
7	半年	各轴导轨上的镶条压紧轮	按车床说明书的要求调整松紧程度
8	一年	主轴润滑、润滑油箱	清洗过滤器、油箱，更换润滑油
9	一年	润滑油泵、过滤器	清洗润滑油池
10	一年	滚珠丝杠	清洗滚珠丝杠上的润滑脂，添上新的润滑油

课堂互动

1）谈谈操作数控车床时的正确着装。

2）在启动数控车床之前要做哪些准备工作？

3）谈谈数控车床操作过程中应注意哪些问题？

4）数控车床保养分哪几个阶段进行？

【实践操作】

1）结合数控车床安全操作规范、操作注意事项和日常保养表，想想每天上、下课时要做好哪些工作，并填好表1-3。

表1-3 上、下课工作记录

上课前	下课后

2）分析如图1-9所示数控车床操作存在的错误之处，谈谈自己在数控车床操作时应注意的问题。

图1-9　数控车床操作

3）对数控车床进行简单检查和保养。

任务三　　数控车削编程与操作基础（一）

职业知识
- ◆ 理解数控机床坐标系的确定方法。
- ◆ 掌握数控系统用户操作面板各按键、旋钮的功能。
- ◆ 了解数控车床的基本功能。

【任务描述】

完成车床的开机、回零、关机操作；X、Z方向手动、手轮的使用；在手动、手轮模式下，实现主轴的正转、停止、反转功能；在使用手动、手轮移动工作台或刀具时，能够快速、准确地判断移动方向，并能使用手轮进行X、Z方向精确的定位。在理解并掌握数控机床坐标系的基础上，认识数控车床的X、Z轴及其方向。在了解、判断X、Z轴方向的同时掌握数控系统操作面板按键、旋钮的功能。

【知识链接】

1. 车削加工的切削运动

在车削加工中，切削的过程是刀具和工件之间相互作用的过程，刀具要从工件上切除多余的材料，刀具和工件之间必须要有相对运动，即切削运动。根据在车削过程中所起的作用不同，切削运动可分为主运动和进给运动，如图1-10所示。

（1）主运动　车削时工件的旋转运动为主运动。在切削运动中主运动的速度最高，所消耗的功率最大。在车削运动中主运动只有一个。

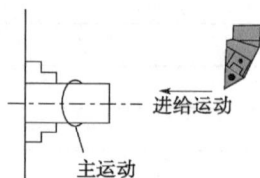

图1-10　车床的两个切削运动

（2）进给运动　在车削加工中，刀具相对于工件的移动为进给运动。进给运动是配合主运动，不断地将多余材料投入切削，从而形成完整的已加工表面所需要的运动。在车削运动中进给运动可以有一个或几个。

2. 数控车床的机床坐标系

为了确定工件、刀具等在机床中的位置，将笛卡儿坐标系引入数控车床。机床坐标系又称机械坐标系，是数控车床上固有的坐标系，如图1-11所示。

数控车床的机床坐标系确定如下：

（1）Z轴　规定传递切削动力的主轴作为Z坐标轴，且刀具远离工件的方向为其正方向。

（2）X轴　规定X轴为水平方向，垂直于Z轴并平行于工件的装夹面，且刀具远离工件的方向为其正方向。

图 1-11　机床坐标系

另外，对刀具旋转的数控车床，若Z轴垂直，则面对主轴向立柱看，向右的方向为X的正方向；若Z轴水平，则从主轴后端向工件看，向右的方向为X轴的正方向。

（3）机床原点　机床坐标系的原点称为机床原点，也称为机床零点。它是一个固定点，一般由机床导轨上一固定点作参考点来确定。机床原点在机床装配、调试时就已确定下来，是数控车床进行加工运动的基准参考点，不能随意改变。

3. 机床参考点

机床参考点是机床位置测量系统的基准点，是用于对机床运动进行检测和控制的固定位置点。

对于采用增量式位置测量系统的车床来说，开机后必须回参考点。因为这类机床关机断电时，并不保存坐标系信息，必须通过开机后回参考点，使机床找到自己的机床坐标系，并确定机床原点。

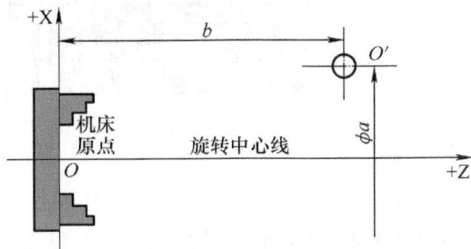

课堂互动

1）数控车床的两个切削运动是什么？各有什么特点？

2）生产中所使用的数控车床有哪几个坐标轴？

3）根据笛卡儿坐标系，判断数控车床上各轴的位置及正负方向。

4）每次开机回机床参考点的目的是什么？

4. 数控车床的控制面板

一般数控车床的控制面板都由系统面板和车床操作面板两部分组成。

（1）系统面板　系统面板由显示器和MDI键盘两部分组成，如图1-12所示。

1）显示器。用于显示机床的各种参数、功能和信息。显示器屏幕最下面一行是软键，与位于屏幕下方的软键按钮一一对应。按下软键按钮，将执行该按钮对应的软键的功能（软键按钮左边带向左箭头的是"菜单返回"按钮，用于返回上一屏幕软键，软键按钮右边带

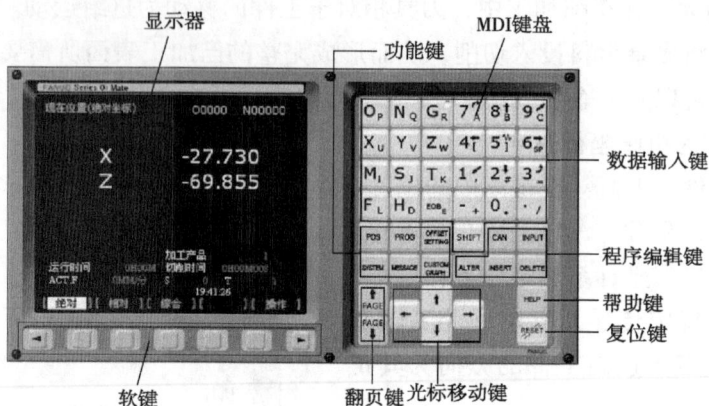

图 1-12　数控车床系统面板

向右箭头的是"扩展软键"按钮,用于显示本屏未显示完的软键)。

2）MDI 键盘。MDI 键盘上主要键位的名称和用途如下：

① 数据输入键：用于输入字母、数字和各种符号。

② 功能键：按下相应键,显示器将显示对应的界面和信息,包括 POS 位置界面、PROG 程序界面、OFFSET/SETTING 刀具补偿/设置界面、SYS 系统信息界面、MESSAGE 报警信息界面和 CUSTOM GRAGH 图形界面。

③ 程序编辑键　对输入的程序、数据进行修改、删除等编辑操作。

（2）车床操作面板　数控车床操作面板主要用于控制机床的运动和选择机床运行状态,如图 1-13 所示。

图 1-13　数控车床操作面板

1）操作方式选择按键。如图 1-14 所示为常用的六种操作方式选择按键,各按键用途见表 1-4。

图 1-14　常用的六种操作方式选择按键

表1-4　常用操作方式选择按键用途

按键图标	名　称	用　途
	编辑（EDIT）	用于编辑和修改数控程序
	MDI	用于编辑MDI程序或手动输入数据
	自动（AUTO）	用于自动运行数控程序
	手动（JOG）	手动连续移动主轴箱和工作台
	手轮（HND）	使用手轮模式移动主轴箱和工作台
	回零（REF）	按下此键，配合坐标轴及移动方向，可完成回零操作

2）程序运行控制按键。如图1-15所示为常用的六种程序运行控制按键，各按键用途见表1-5。

图1-15　常用的六种程序运行控制按键

表1-5　常用程序运行控制按键用途

按键图标	名称	用　途
	机床锁住	按下此键，灯亮，机床M、S、T功能有效，但车床各轴被锁住
	空运行	按下此键，灯亮，加快程序执行速度。主要用于图形模拟时进给锁定状态
	选择跳过	按下此键，灯亮，开头有"/"符号的程序段被跳过不执行
	单节执行	按下此键，灯亮，程序执行一个程序段即停止
	进给保持	在程序运行过程中，按下此键停止程序运行，但M、S、T功能有效；按下"循环启动"按钮继续运行
	循环启动	在"自动"或"MDI"方式下按下此按钮，可运行数控程序或MDI程序

3）手动控制按键。手动控制按键分五组，各组用途见表1-6。

表1-6　手动控制按键

按键图标	名称	用途
	主轴手动控制	在手动或手轮方式下，使主轴正转、反转或停止
	手动移动车床各轴	手动移动 X 轴、Y 轴或 Z 轴，若按下 ⌇⌇，再选择移动坐标轴，主轴将快速移动
	进给速度(F)调节旋钮	调节进给速度，调节范围为 0% ~ 150%
	主轴转速调节旋钮	调节主轴速度，调节范围为 50% ~ 120%
	紧急停止按钮	按下此按钮，可使机床和数控系统紧急停止，按钮释放后需重新执行回参考点的操作

4）手轮倍率调整与坐标轴选择按键：如图1-16所示。

图1-16　手轮倍率调整与坐标轴选择按键

【实践操作】

1. 开机

1）打开机床电源。

2）打开系统电源。

3）旋转急停开关。

4）检查机床情况。

> 注意：操作时，如果发生紧急情况，应立即按下急停按钮。

2. 回参考点

1）选择"回零"方式，执行手动回参考点。

2）先回 X 轴参考点，按 X + 键。

3）再回 Z 轴参考点，按 Z + 键。

4）手动方式下将刀架移动到安全位置。

1）数控车床回零前，要先分别移动 X 轴、Z 轴，然后再进行回零操作，目的是消除丝杠间隙，提高车床加工精度，同时也可避免车床超程。

2）数控车床回零时，应先回 X 轴，再回 Z 轴，避免刀架电动机撞到尾座。

3. 手动进给

1）选择"手动进给"方式。

2）各轴按进给方向移动，松开按键随即停止，熟练控制方向和速度。

4. 手轮进给

1）选择"手轮进给"方式。

2）选择要控制的轴，如 X、Z。

3）选择手轮的进给倍率，如 ×100，×10，×1。

4）准确判断要移动的方向，然后旋转手轮。

1）利用手动或手轮控制各轴移动时，要注意观察工作台的位置，不能盲目操作。

2）利用手动或手轮控制各轴移动时，注意移动速度的调节。

3）车床超程时，按住超程解除按钮的同时往相反方向移动，就可以消除车床报警。

5. 主轴正反转

1）选择"手轮进给"或"手动进给"方式。

2）按下相应的按钮。

注意：主轴从正转到反转，中间要先停止再切换，不可直接进行正、反转切换。

6. 使用"MDI"方式更换主轴转速

1）选择"MDI"方式。

2）按【PROG】功能键，输入"S600 M03；"。

3）按"循环启动"按钮。

7. 通过手动和手轮进行方向判断训练

一人报移动方向，一人操作。

8. 通过手动和手轮操作进行精确定位，如 X-123.875，Z-211.564

一人报移动位置，一人操作。

1）先准确判断方向。

2）快速移动到所要求的坐标附近。

3）切换到"手轮"方式，再进行精确定位。

9. 关机

1）检查机床情况，工作台应处在安全位置。

2）按下急停开关。

3）关闭系统电源。

4）关闭机床电源。

任务四　　数控车削编程与操作基础(二)

职业知识

◆ 掌握编制数控程序的内容。

◆ 掌握编制数控程序的方法。

◆ 能熟练地操作机床进行程序的编辑与管理。

◆ 掌握数控车床的简单保养知识。

【任务描述】

对将要执行的程序，先了解其主要内容及功能，然后将数控程序输入到数控系统中，进行编辑和修改，再进行程序模拟。通过该任务，熟练操作数控车床程序编辑面板，并进行程序相关的操作。

【知识链接】

1. 数控程序的组成和格式

（1）程序名　所有数控程序都要取一个程序名，用于存储、调用。不同的数控系统有不同的取名规则，FANUC 数控系统的程序名是以英文大写字母"O"和后续的四位数字序号组成的。

（2）程序内容　程序内容是整个程序的核心，由多个程序段组成，用于表述数控车床加工动作和运行状态。程序段与程序段之间用"EOB"（;)分隔。

（3）程序结束　用指令 M02 或 M30 结束程序。M02 程序结束，光标停在程序结束处；M30 程序结束，光标自动返回程序初始位置。

（4）程序段格式　程序段是由一个或多个程序字组成的，程序字又由字母（或地址符）、符号和数字组成，如：N20　M03　S1000　X－55.793；

程序段格式是指程序段中程序字的安排形式。现在一般使用字地址可变程序段格式，如下所示：

N	GXYZ	FSTMD	;
程序段号		指令	段结束标志

例如：N40　G42　G01　X50.0　Y30.0　F100　S500　M03　D01；

2. 输入数控程序

1）选择"编辑"工作方式。

2）按【PROG】键，显示程序画面或程序目录画面。

3）输入新程序名，如：O0001。

4）按【INSERT】键，开始输入程序。

5）按【EOB】和【INSERT】键，换行后继续输入程序。

3. 程序的编辑和修改

（1）打开一个已存在的程序

1）选择"编辑"工作方式。

2）按【PROG】键，显示程序画面或程序目录画面。

3）在缓冲区输入要打开的程序名，再按下　键便可打开该程序。

4）屏幕上显示出查找到的程序。

（2）查找字　打开某一程序，并处于"编辑"工作方式下。

方法一：按系统面板上的光标移动键　，可以上、下、左、右进行逐（程序）字查找，或按翻页键　逐页查找。

方法二：输入想要查找的程序字，如 G00，然后按光标移动键，系统将进行查找。

当按　键或者　键时，系统将向下查找 G00，若检索到程序字，则光标将停留在检索到的第一个 G00 上；若光标之后没有 G00，则系统提示"未检索到字符"。

当按　键或者　键时，系统将向上查找 G00，若检索到程序字，则光标将停留在检索到的第一个 G00 上；若光标之前没有 G00，则系统提示"未检索到字符"。

（3）插入字　如在 G00 和 Z100 之间插入程序字 X100.0，则操作如下：

1）将光标移动到 G00 位置。

2）输入要插入的字 X100.0。

3）按【INSERT】键即可。

（4）替换字

1）查找将要被替换的字。

2）输入替换的字。

3）按【ALTER】键即可。

（5）删除字

1）查找将要被删除的字。

2）按【DELETE】键即可删除。

（6）程序的删除　可一次删除一个程序，也可同时删除多个程序或全部程序。

1）一次删除一个程序的操作如下：

① 选择"编辑"方式，按【PROG】功能键，进入程序画面。

② 在缓冲区输入要删除的程序号，如 O3027。

③ 按【DELETE】键，程序 O3027 被删除。

2）同时删除多个程序的操作如下：

① 选择"编辑"方式，按【PROG】功能键，进入程序画面。

② 在缓冲区输入要删除的一批程序的起始程序号和终止程序号，程序号之间用","分隔，如 O0001，O0005。

③ 按【DELETE】键，1 号至 5 号程序被删除。

3）删除全部程序的操作如下：

① 选择"编辑"方式，按【PROG】功能键，进入程序画面。

② 在缓冲区输入 O-9999。

③ 按【DELETE】键，再按"执行"软键，存储器中所有程序被删除。

4. 程序空运行模拟

（1）空运行模拟的意义

1）用于检验程序中有无语法错误，有相当一部分可通过报警番号来分析判断。

2）用于检验程序走刀轨迹是否符合要求，通过图形跟踪可查看大致轨迹形状。

（2）空运行模拟的操作过程　选择"自动"方式，按下机床操作面板上的空运行及机床锁住功能，在 MDI 面板上按下【CUSTOM GRAPH】功能键，按"图形"软键，屏幕上显示图形画面，按下机床操作面板上的"循环启动"按钮，画面上可以看到刀具的移动。

> 课堂互动
>
> 1）如何给程序命名？一个完整的程序由哪几部分组成？
> 2）如何打开一个已存在的程序并检索到某程序字？
> 3）如何删除程序或程序中的某一程序字？
> 4）程序空运行的意义及操作过程是什么？

【实践操作】

1. 开机

1）打开机床电源。

2）打开系统电源。

3）旋转急停开关。

4）检查机床情况。

2. 回参考点

1）选择"回零"方式，执行手动回参考点。

2）先回 X 轴参考点，按 X + 键。

3）再回 Z 轴参考点，按 Z + 键。

4）手动将刀架移动到安全位置。

注意：操作时，如果发生紧急情况，应立即按下急停按钮。

3. 选择"编辑"模式输入以下两个程序

O0001；（主程序）

G54；

G90　G00　X50.0　Y80.0；

Z200.0；

M03　S800；

X60　Y78.0；

Z5.0　M08；

X30.0　Z－3.0　F200；

M98　P02；

X80　Y43.0　Z70.0；

G01　Z－5.2　F100；

M98　P02；

G00　Z200.0　M09；

M05；

M30；

O0002；（子程序）

N10　G91　G01　X－150.0　F80；

N20　S900　Y－25.0；

N30　X80.0；

N40　Y－15.0；

N50　G90；

N60　M99；

操作提示

1）输入程序时，可输入单个程序字，然后按【INSERT】键存储；也可一次输入一个程序段，字之间无需带空格，系统显示时自动分隔。

2）如需输入双字符键的下面字符，须先按上挡键【SHIFT】，再按字符键，按一次【SHIFT】键只能输入一个下面字符。

3）如在缓冲区中输入错误字符，可用【CAN】键删除在缓冲区的最后一个字符。

4. 练习打开程序并按以下程序内容进行编辑修改

O0001；（主程序）

G90　G00　X60.0　Z100.0；

T0101；

M03　S800；

T0202；

X0；

Z5.0；

G01　Z0　F120；

M98　P02　L2；

O0002；（子程序）

N10　G91　G01　X－20.0；

N20　Z－20.0；

N30　X－20.0；

N40　Z20.0；

N50　M99；

G90　G00　Z100.0；

M05；

M30；

5. 程序模拟

选择"自动"方式，按下机床操作面板上的空运行及机床锁住功能，在 MDI 面板上按下【CUSTOM GRAPH】功能键，按"图形"软键，屏幕上显示图形画面，按下机床操作面板上的"循环启动"按钮，画面上可以看到刀具的移动。

> 注意：使用机床锁住功能后，机床必须重新回参考点。

任务五　数控车削编程与操作基础(三)

职业知识

◆ 理解数控车床对刀原理。

◆ 能熟练运用试切对刀法建立数控车床工件坐标系。

◆ 能够对已建立的数控车床坐标系进行校验。

【任务描述】

在自定心卡盘上装夹一件 $\phi30\text{mm} \times 50\text{mm}$ 的合金铝棒，要求熟练使用试切对刀法，将工件原点设定在工件右端面的回转中心上，并使用程序进行验证。在理解数控车床对刀原理的基础上，进行刀具试切对刀，并能进行验证，通过操作掌握对刀方法。

【知识链接】

1. 对刀

(1) 工件坐标系　工件坐标系也称编程坐标系，是编程人员根据零件图及加工工艺等建立起来的坐标系，是工件加工时的坐标系。工件坐标系的坐标轴、方向与机床坐标系保持一致。

工件坐标系的原点称为工件原点，也称为编程原点，其位置是由编程人员确定的，不同的编程人员根据编程目的的不同，可以对同一工件定义不同的编程原点，而不同的编程原点也会造成程序坐标值的不同。

为了计算和编程方便，通常将工件坐标系原点设在工件右端面的回转中心上，如图1-17 所示。

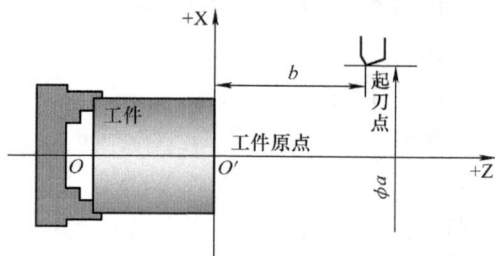

图1-17　工件坐标系

（2）对刀的含义　所谓对刀，就是建立工件坐标系的过程。实质上就是测量工件坐标系原点与机床原点之间的偏移距离，并设置程序原点在机床坐标系中的坐标。

对刀是数控加工中最基础，但却最为重要的一项操作，对刀的好与差将直接影响到零件的加工精度。

2. 试切法对刀

常用的对刀方法有试切法对刀、机械对刀仪对刀、光学自动对刀仪对刀。这里主要学习试切法对刀。

（1）刀位点　刀位点是刀具上的特征点，用来表示刀具所处的位置，是对刀的基准点。各类车刀的常见刀位点如图 1-18 所示。

（2）试切法对刀　以 90°外圆车刀为例，试切法对刀的方法如下。

Z 轴对刀：

1）刀具沿着工件端面车削，然后沿 X 轴退刀，如图 1-19 所示。

2）在相应的刀具参数中输入 Z0，按"测量"键，如图 1-20a 所示。

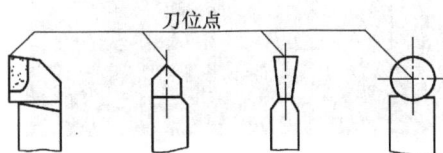

图 1-18　各类车刀的刀位点

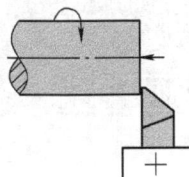

图 1-19　Z 向试切

3）系统会自动将此时刀具的 Z 坐标减去刚才输入的数值，即得到工件坐标系原点 Z0 的位置，如图 1-20b 所示。

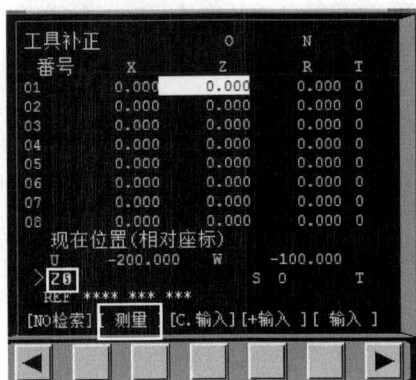

a）

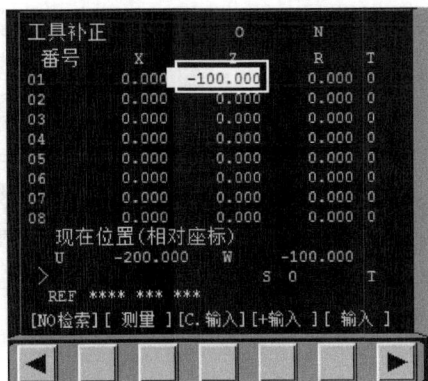

b）

图 1-20　Z 轴对刀

X 轴对刀：

1）用刀具车削一小段外圆后，沿 Z 轴退刀，如图 1-21 所示。

2）主轴停转，测量工件直径，假设测量结果为 30mm，如图 1-22 所示。

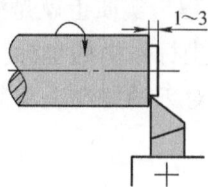

图 1-21　X 向试切

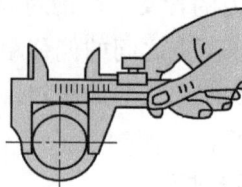

图 1-22　外径测量

3）在相应的刀具参数中输入 X30，按"测量"键，如图 1-23a 所示。

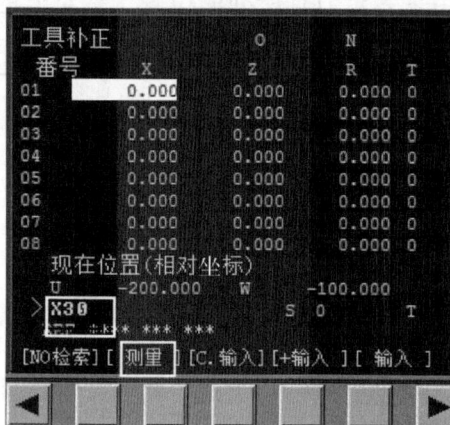

a）

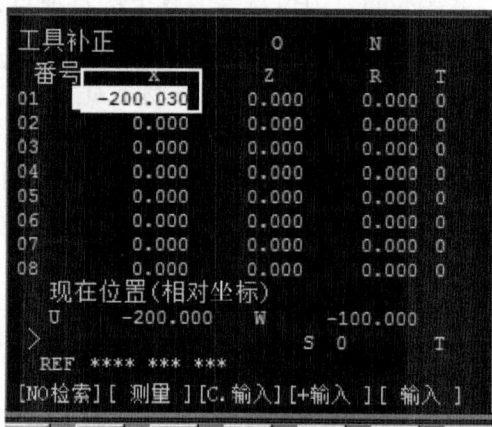

b）

图 1-23　X 轴对刀

4）系统会自动用刀具当前 X 坐标减去外圆直径，即得到工件坐标系原点 X0 的位置，如图 1-23b 所示。

1）什么是工件坐标系？通常将工件坐标系原点设置在工件哪个位置？

2）如果工件坐标系原点建立在工件的左端面，怎样进行对刀？

3）为什么要对刀？常用的对刀方法有哪几种？一般采用哪种方法？

4）如果对刀时测量不准确，会影响加工精度吗？为什么？

【实践操作】

1. 开机

1）打开机床电源。

2）打开系统电源。

3）旋转急停开关。

4）检查机床情况。

2. 回参考点

1）选择"回零"方式，执行手动回参考点。

2) 先回 X 轴参考点，按 X + 键。

3) 再回 Z 轴参考点，按 Z + 键。

4) 手动将刀架移动到安全位置。

3. 工件装夹与找正

> 注意：1) 装夹工件时，工件不宜伸出太长，伸出长度比加工零件长 10 ~ 15mm 即可。
>
> 2) 工件装夹要牢固，必要时要使用加力杆夹紧。

4. 刀具装夹及校正

> 1) 车刀安装在刀架上，伸出部分不宜太长，伸出量一般为刀杆高度的 1 ~ 1.5 倍，伸出过长会使刀杆刚性变差，切削时易产生振动。
>
> 2) 数控车床车刀垫铁要平整，数量要少，垫铁应与刀架对齐。
>
> 3) 数控车床车刀刀尖应与工件轴线等高，否则会改变车刀工作时前角和后角的数值，从而影响加工质量。

5. 对刀

（1）Z 轴对刀 选择手轮模式，使刀具沿着工件端面车削，然后沿 X 轴退刀，按【OFFSET SETTING】键，再按屏幕下方的"偏置"软功能键，选择"形状"键，将光标移到刀具刀号所对应的行，输入 Z0，按"测量"键。

（2）X 轴对刀 选择手轮模式，刀具车削一小段外圆后，沿 Z 轴退刀，主轴停转，测量工件直径，将光标移到刀具刀号所对应的行，输入直径值（如 X30），按"测量"键。

> 1) 试切直径时，注意背吃刀量不能过大，以免试切后毛坯直径比工件直径还小。
>
> 2) 通过手动或手轮方式试切工件（建议用手轮），注意控制移动速度，刀具越靠近工件移动速度应越慢，以免撞刀。
>
> 3) 对刀时，主轴应处于转动状态；测量工件应在主轴完全停止转动时进行。

6. 验证对刀

1) 选择 MDI 模式，输入刀具号刀补号（如 T0101），按"循环启动"键。

2) 主轴正转后，将刀具刀位点移动到大约正对工件回转中心位置，Z 向距离 2 ~ 5mm 处。

3) 按【POS】键，查看坐标的数值是否 X 为 0 左右，Z 为 2 ~ 5。

任务六 数控车削模拟操作基础

职业知识
- ◆ 了解数控车床仿真软件的功能。
- ◆ 掌握仿真软件操作面板各按键的功能。
- ◆ 进行程序仿真加工前软件参数的设定。
- ◆ 使用仿真软件验证加工程序的正确性。

【任务描述】

利用仿真系统加工如图 1-24 所示工件(毛坯尺寸为 $\phi30mm \times 150mm$)。

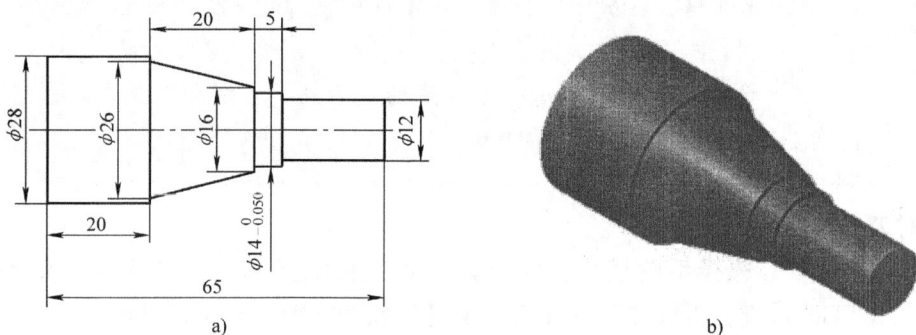

图 1-24 仿真加工工件

a) 零件图 b) 实体图

随着计算机技术的发展,在数控培训中普遍采用了仿真加工技术,它能很好地解决培训单位设备紧缺、实训岗位少的问题,确保学习者在人手一机的基础上接受培训,达到提高操作技能的目的,而且培训安全可靠、成本低,有利于专业的持续发展。

当前,在数控培训中使用较多的仿真软件有上海宇龙仿真软件、广州超软仿真软件及北京斐克仿真软件等。虽然这些仿真软件各有特点,但操作却大同小异。本书通过典型实例仿真加工,了解上海宇龙数控加工仿真软件的使用方法,包括机床设置、工件的设置、刀具选择与对刀、自动运行等内容。

【知识链接】

数控加工仿真软件是将虚拟现实技术应用于数控加工操作培训的仿真软件,具备对数控机床操作过程和加工运行全环境仿真的功能。它具有如下特点。

1)支持多种机床与控制系统。数控加工仿真系统支持车床、立式铣床、卧式加工中心、立式加工中心,控制系统支持 FANUC 系统、SIEMENS 系统、三菱系统、华中数控系统、广州数控系统等。

2)丰富的刀具材料库。采用数据库统一管理刀具材料和性能参数库,刀具库含数百种不同材料和形状的车刀、铣刀，支持用户自定义刀具以及相关特征参数。

3）机床操作全过程仿真。可进行毛坯定义、工件装夹、压板安装、基准对刀、安装刀具、机床手动操作等仿真。

4）加工运行全环境仿真。可仿真数控程序的自动运行和 MDI 运行模式；三维工件的实时切削，刀具轨迹的三维显示；提供刀具补偿、坐标系设置等系统参数的设定功能。

5）精度检测。可进行基于剖视图的工件自动测量。

6）全面的碰撞检测。可进行手动、自动加工等模式下的实时碰撞检测，包括刀柄刀具与夹具、压板、机床等碰撞，也包括机床行程越界及主轴不转时刀柄刀具与工件等的碰撞。

7）数控程序处理。能够通过 DNC 导入各种 CAD/CAM 软件生成的数控程序，例如 Mastercam、ProE、UG、CAXA-ME 等，也可以导入手工编制的文本格式数控程序，还能够直接通过面板手工编辑，输入、输出数控程序。

【实践操作】

1. 软件的运行

1）依次单击【开始】-【程序】-【数控加工仿真系统】-【加密锁管理程序】运行软件。

> 注意：一定要启动【加密锁管理程序】后才能启动用户登录界面。

2）依次单击【开始】—【程序】—【数控加工仿真系统】—【数控加工仿真系统】，弹出系统登录界面。

3）单击【快速登录】进入系统。

2. 机床的设置

在主界面下，单击主菜单中的【机床】-【选择机床】或者单击 图标，如图 1-25 所示。

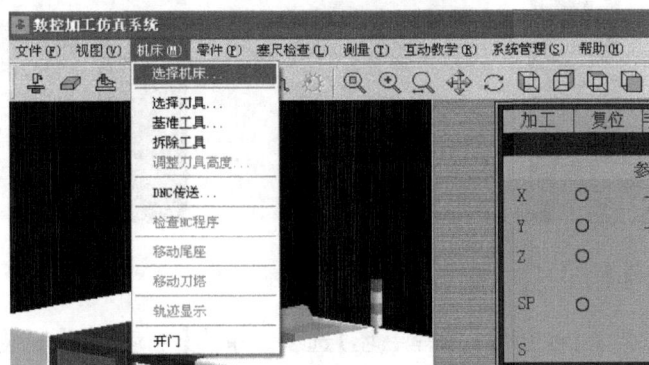

图 1-25　机床设置

系统将会弹出选择机床子界面，将控制系统选为【FANUC】，然后再选择【FANUC 0I Mate】，机床类型选【车床】，然后再选择机床的生产厂家【南京第二机床厂】，单击"确定"按钮，如图 1-26 所示。

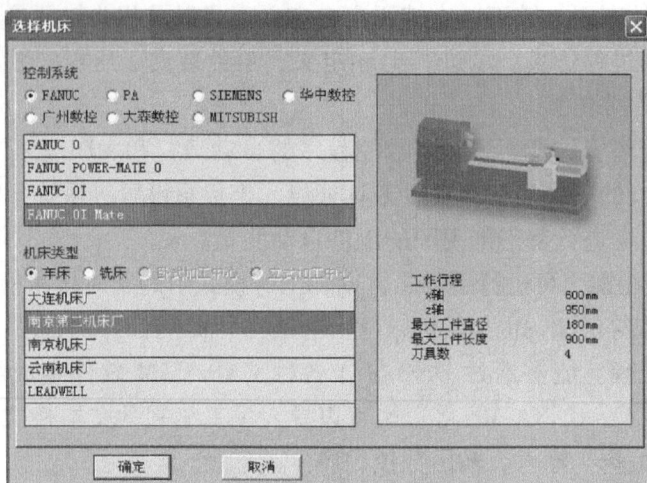

图 1-26　选择机床

3. 工件(毛坯)的设置

(1) 定义毛坯　在主界面下，单击下拉菜单中的【零件】-【定义毛坯】或者单击 ▱ 图标，如图 1-27 所示，系统将会弹出定义毛坯子界面，可以设定毛坯的类型和尺寸。现将毛坯料的直径改成"30"，单击"确定"按钮，如图 1-28 所示。

(2) 放置零件　在主界面下，单击图标菜单中的 ⚒ 图标或者单击下拉菜单中的【零件】-【放置零件】项，如图 1-29 所示。

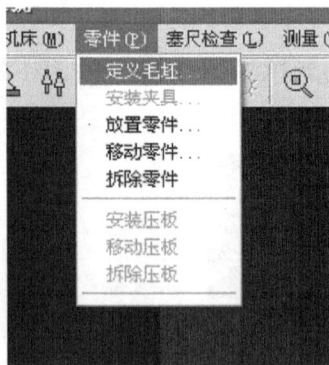

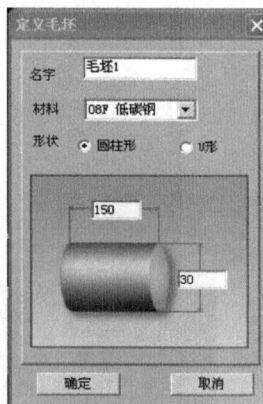

图 1-27　毛坯设置　　　　图 1-28　定义毛坯　　　　图 1-29　放置零件

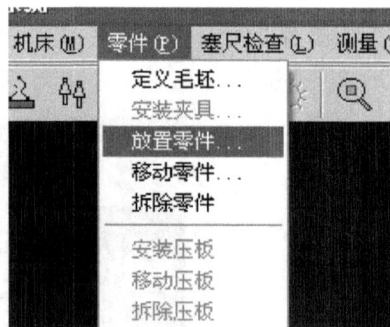

在窗口左上角【类型】项选取【选择毛坯】选项，单击【毛坯 1】-【安装零件】，如图 1-30 所示。此时，在屏幕右下角弹出零件移动窗口，两个箭头分别代表在 Z 轴方向上移动零件，为方便操作，可直接单击【退出】，结束零件移动，完成零件放置操作。

4. 程序编程或导入

在操作面板上单击"编辑"按钮，再按【PROG】键，如图 1-31 所示，输入程序 O0111，见表 1-7。

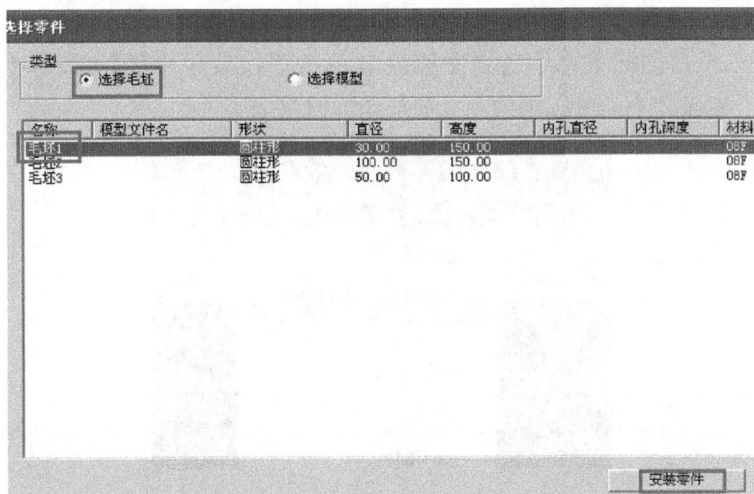

图 1-30 安装零件

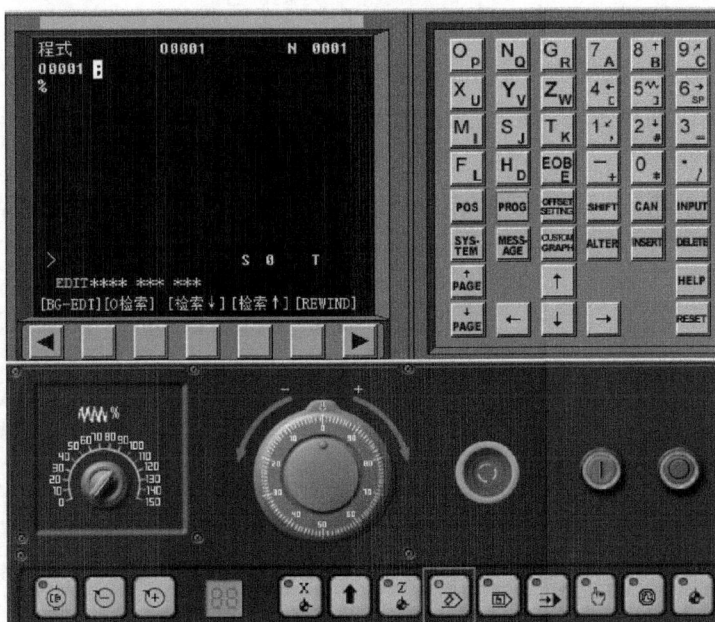

图 1-31 程序编辑

表 1-7 仿真加工程序

O0111；（程序号）	N90 X24.0；
N10 T0101 S800 M03；	N100 G00 X32.0 Z2.0；
N20 G00 X80.0 Z80.0 M08；	N110 G90 X28.0 Z - 30.0 R - 4.0 F120；
N30 X32.0 Z2.0；	N120 X26.0 R - 4.0；
N40 G00 X28.0；	N130 X24.0 R - 4.0；
N50 G01 Z - 65.0 F120；	N140 G00 X80.0 Z80.0；
N60 G00 X32.0 Z2.0；	N150 M05；
N70 G90 X28.0 Z - 40.0 F120；	N160 M30；
N80 X26.0；	

5. 选择刀具

在主界面下,单击图标菜单中的 图标或者单击下拉菜单中的【机床】-【选择刀具】项,如图 1-32 所示,系统将会弹出如图 1-33 所示的刀具选择窗口。

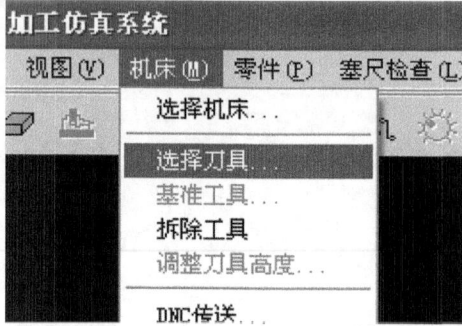

图 1-32 选择刀具

1）在窗口左上角【选择刀位】中,单击 1 号刀位,将其激活(默认 1 号刀位成激活状态)。

2）在窗口右上角【选择刀片】中,选择刀片形状,将会显示不同参数的刀片(也可以自定义刀片参数)。如单击三角形刀片,然后再选择刀片【刃长】和【刀尖半径】,选择序号 5 的刀片。

3）在窗口右下角【选择刀柄】中将出现不同的刀柄结构,单击所需要的刀柄结构,将在左下角出现刀具形状预览,此处选择序号为 3 的刀柄。

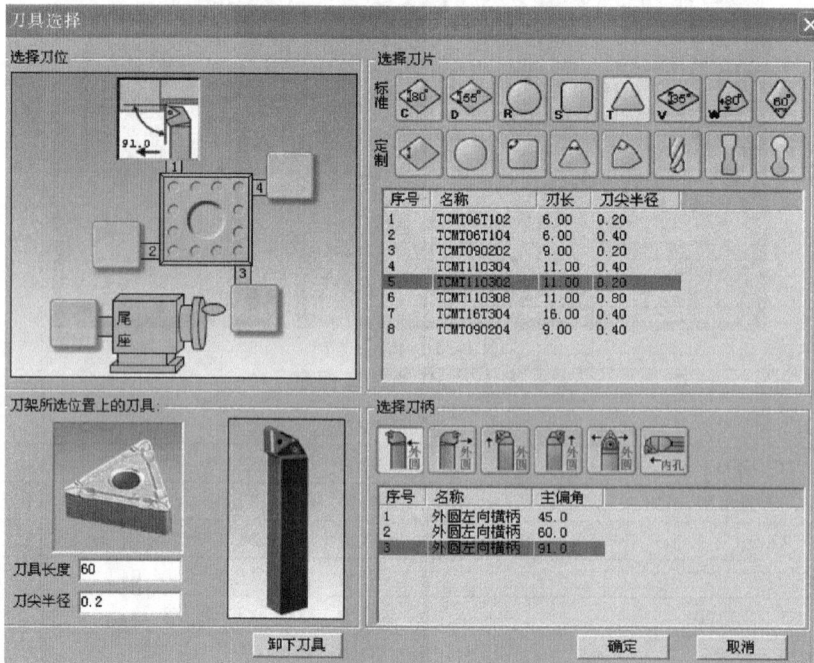

图 1-33 刀具选择

4）单击其他刀位，将其激活，重复步骤 1）~3）可继续添加车刀，如图 1-34 所示。

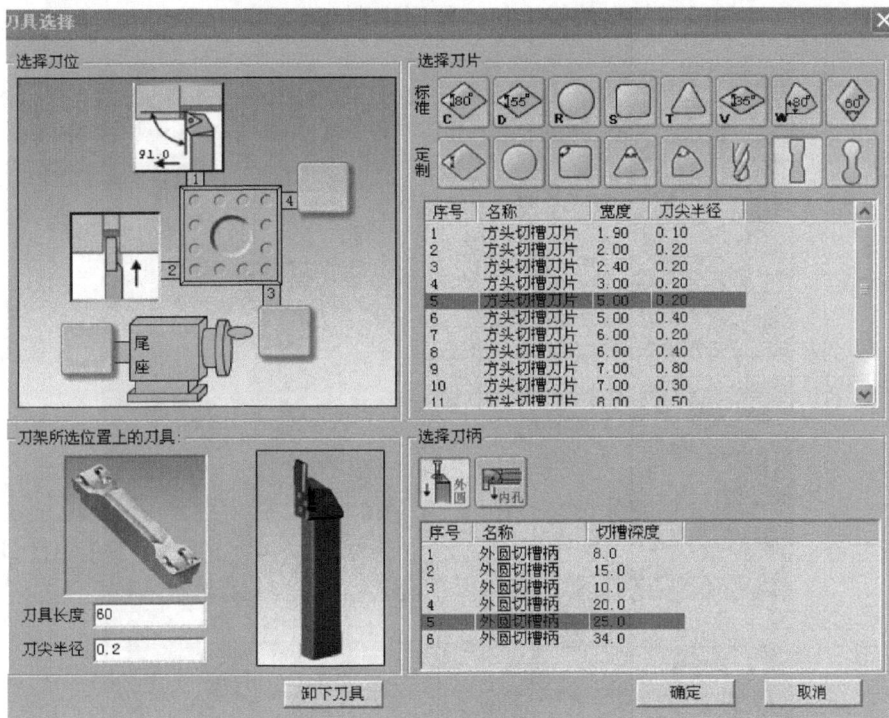

图 1-34　刀具设置

6. 试切法对刀

数控程序一般按工件坐标系编程，对刀过程就是建立工件坐标系与机床坐标系之间关系的过程，常见的是将工件右端面中心设为工件坐标系原点。

试切法对刀是用所选刀具试切工件的外圆和端面，经过测量得到零件端面中心点的坐标值。

1）按"俯视图"快捷键，调整对刀视图，如图 1-35 所示。

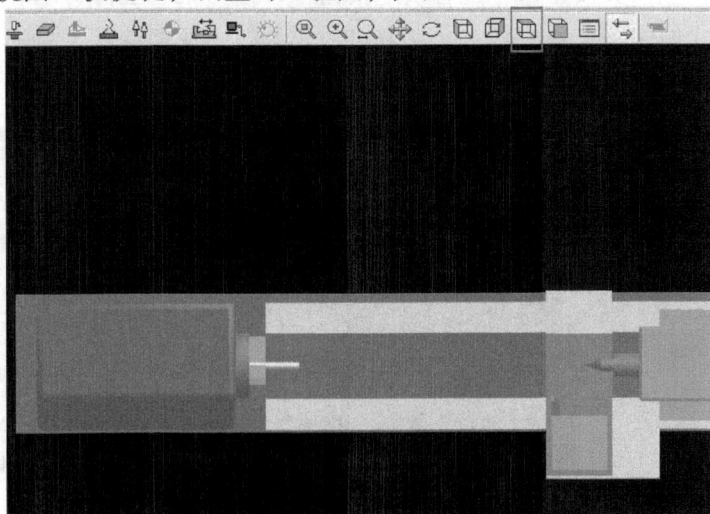

图 1-35　调整对刀视图

2）如图 1-36 所示，旋开"急停"按钮和绿色的"电源"开关，此时回参考点模式的灯亮，单击 X 和 Z 轴的回参考点按键，使刀架回到参考点。

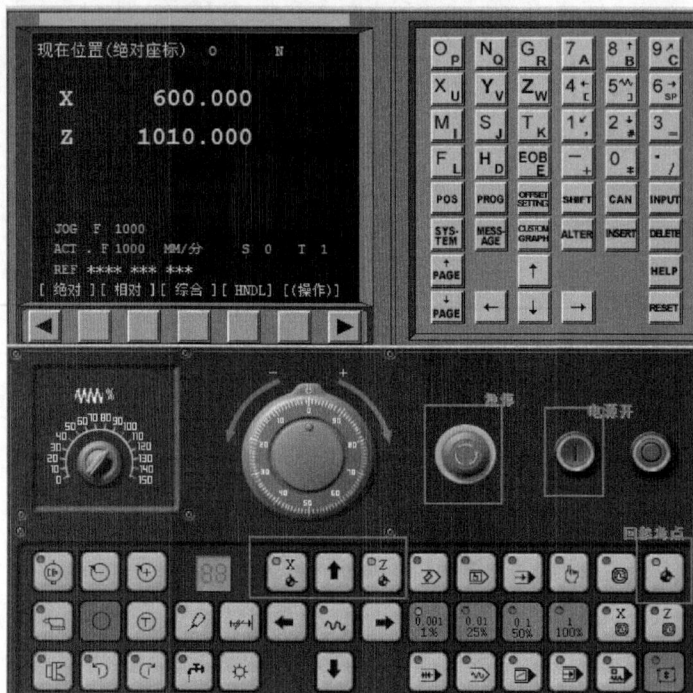

图 1-36　刀架回参考点

注意：回机床参考点时，先回 X 轴，再回 Z 轴，避免刀架撞尾座。

3）如图 1-37 所示，单击手动模式按钮，再单击主轴正转按钮使主轴转起来；单击上箭头按钮和左箭头按钮，配合快速按钮，使刀架向工件移动。当车刀靠近工件时，单击手轮模式按钮，通过按 X 或 Z 按钮（），选择移动 X 轴还是 Z 轴，将鼠标放在大的手轮旋钮上，单击鼠标左键为负方向移动，单击鼠标右键为正方向移动。

图 1-37　试切对刀

4）选择 Z 轴，试切端面，并沿 X 轴方向退刀（Z 轴不动），单击▉按钮会出现如图 1-38 所示界面，将光标移到番号 1 的 Z 上，输入 Z0 后单击"测量"软键，完成 Z 向对刀。

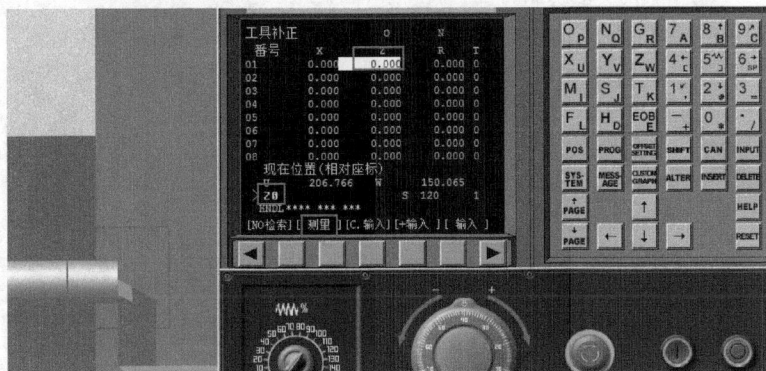

图 1-38　Z 向对刀

想一想：刀具补正值(Z 值)与当前刀位点的 Z 坐标值有何关系？

5）选择 X 轴，试切外圆，并沿 Z 轴方向退刀（X 轴不动），如图 1-39 所示，单击▉按钮停止工件旋转，单击下拉菜单中的【测量】—【剖面图⊖测量…】项，弹出如图 1-40 所示的对话框，对工件已切削部分进行直径测量，记下直径值，图中为 28.762。

图 1-39　试切外圆

⊖　国家标准中应为剖视图，为与软件统一，此书中用剖面图。

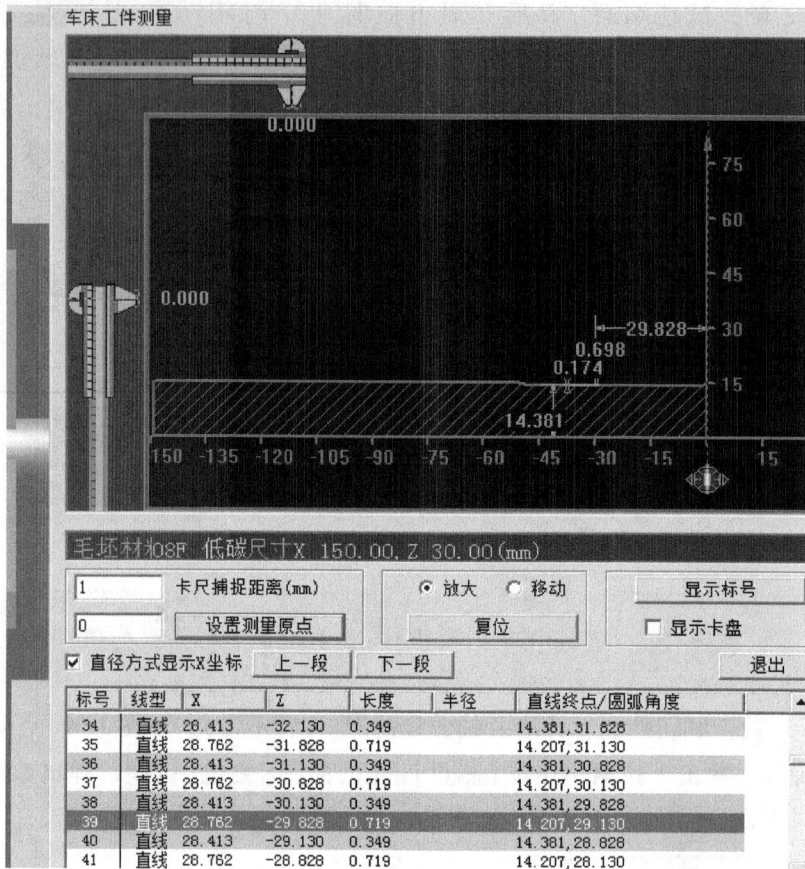

图 1-40　直径尺寸测量

　　如图 1-41 所示在 OFFSET SETTING 界面中，将光标移动到 X 下，输入 "X28．762"，单击【测量】项，完成 X 向对刀。

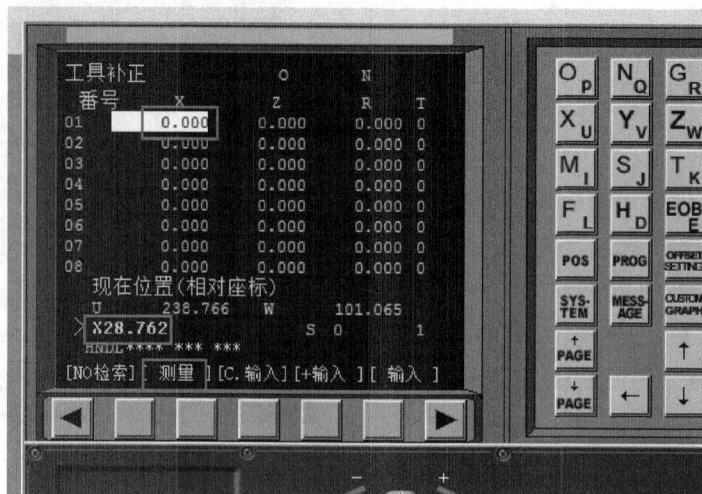

图 1-41　X 值输入

想一想：刀具补正值(X 值)与当前刀位点及工件直径值存在何种关系？

6）用同样的方法完成其他刀具的对刀。

7. 自动运行

如图 1-42 所示，单击自动模式按钮 ，按按钮 ，找到在编辑模式下输入的程序 O0001，单击循环启动按钮 ，即可进行自动运行加工。在自动运行或自动运行前，还可按下单步运行按钮 ，执行单步运行操作。

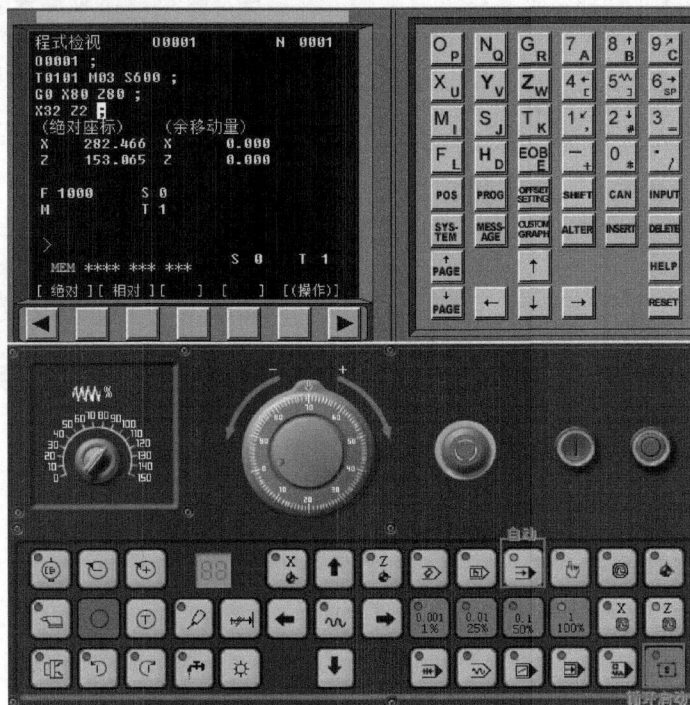

图 1-42　自动运行

思考与训练

1. 简述数控车床的工作原理及分类。

2. 在车间实习时，应该遵守哪些安全操作规程？

3. 什么是工件坐标系和工件原点？有什么作用？

4. 简述试切对刀的原理与步骤。

5. 对刀时编程原点和机床坐标系中刀位点的关系是怎样的？

6. 数控仿真软件有何功能？怎样在仿真系统中输入程序并运行加工？

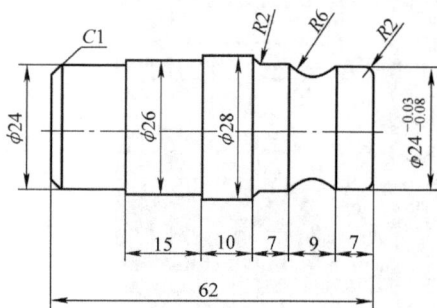

模块二　简单轴类零件编程与加工

情景描述

在数控车床上经常加工如图 2-1 所示的回转类零件，其外表面为外圆和端面，其加工是零件加工的基本步骤和前期工步。本模块主要讲解简单轴类零件加工工艺及编程指令，掌握刀具装夹与对刀，正确建立工件坐标系及自动加工，进一步熟悉数控车床的操作面板和数控车床的规范操作过程。

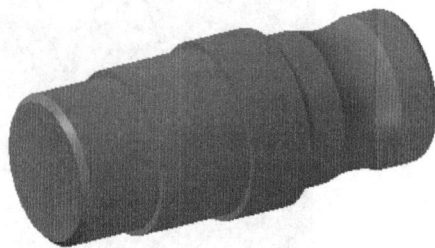

图 2-1　简单轴类零件

a)零件图　b)实物图

职业目标

- 掌握简单轴类零件加工工艺。
- 熟练使用简单的编程指令。
- 熟悉刀具装夹、对刀。
- 熟悉数控车床操作面板。

任务一　数控车削加工工艺基础

职业知识

- 掌握切削用量三要素的定义。
- 掌握切削用量三要素的选用原则、选取方法和选择注意事项。
- 掌握表面粗糙度的定义，能说出切削用量三要素对表面质量的影响。

职业技能

◆ 会使用表面粗糙度样板测量表面粗糙度值。

【任务描述】

按给定的程序对零件表面进行加工，观察零件表面质量差异，并用零件表面粗糙度样板对表面粗糙度值进行检测。通过输入不同的切削用量三要素，完成不同切削用量的零件表面加工。通过直观的零件表面质量差异对比，加深理解主轴转速、进给速度、背吃刀量对加工表面质量的影响，同时掌握零件表面粗糙度值的检测方法。

【知识链接】

1. 加工工序的划分

零件加工必须按照图样要求进行加工，从而达到所要求的精度要求。精度要求一般分为尺寸精度、几何精度和表面粗糙度要求。

当零件的表面质量和尺寸精度要求较高时，往往需要用几个阶段来完成工件的加工，可将其划分为粗加工、半精加工、精加工和光整加工四个阶段。

（1）粗加工阶段 粗加工的主要任务是切除毛坯上大部分多余的金属，使毛坯在外形尺寸上接近零件成品，主要目标是提高生产率。

（2）半精加工阶段 半精加工阶段的主要任务是使主要表面达到一定的精度，留有一定的精加工余量，为主要表面的精加工做好准备。

（3）精加工阶段 精加工的任务是保证各主要表面达到规定的尺寸精度和表面粗糙度要求，主要目标是全面保证加工质量。

（4）光整加工阶段 对精度和表面质量要求很高的零件表面，需要进行光整加工，其主要目标是提高尺寸精度，减小表面粗糙度值。

2. 切削用量三要素

（1）切削用量三要素的含义 切削用量是指切削速度 v_c、进给量 f（或进给速度 v_f）、背吃刀量 a_p 三者的总称，也称为切削用量三要素，如图 2-2 所示。

对不同的加工方法，需要选用不同的切削用量三要素。所谓合理的切削用量三要素是指在保证零件加工精度和表面粗糙度的前提下，充分发挥刀具的切削性能和机床性能，提高生产率，降低成本。

图 2-2 切削用量三要素

切削用量三要素的定义如下：

1）背吃刀量 a_p。背吃刀量是指已加工表面与待加工表面之间的垂直距离。

根据此定义，如在纵向车外圆时，背吃刀量可按下式计算

$$a_p = (d_w - d_m)/2$$

式中 d_w——工件待加工表面直径（mm）；

d_m——工件已加工表面直径（mm）。

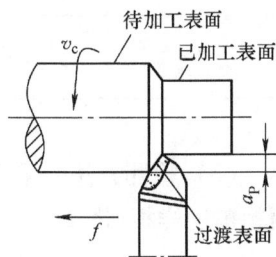

2）进给量 f。工件或刀具每转一周时，刀具与工件在进给运动方向上的相对位移量。

3）切削速度 v_c。切削刃上选定点相对于工件主运动的瞬时速度。

（2）切削用量三要素的选用原则　数控车削的加工方式有两种：粗车和精车。

根据加工方式的不同，切削用量三要素的选用原则也不同，粗车时，应首先保证较高的金属切除率和必要的刀具寿命。选择切削要素时应首先选择尽可能大的背吃刀量，其次根据机床动力和刚性的限制条件，选取尽可能大的进给量，最后根据刀具寿命的要求，确定合适的切削速度。增大背吃刀量可使走刀次数减少，增大进给量有利于断屑。精车时，对加工精度和表面质量的要求较高，加工余量不大且较均匀，故一般选择较小的进给量和背吃刀量，而且尽可能选择较高的切削速度。

3. 表面粗糙度样板

（1）表面粗糙度含义　加工表面具有的较小间距和微小峰谷不平度称为表面粗糙度。其两波峰或两波谷之间的距离（波距）很小（在 1mm 以下），用肉眼是难以区别的，因此它属于微观几何形状误差。表面粗糙度值越小，则表面越光滑。表面粗糙度值的大小对机械零件的使用性能有很大的影响。

（2）表面粗糙度符号及其含义　见表 2-1。

表 2-1　表面粗糙度符号及其含义

序号	符号	含　义
1	√	基本符号，表示表面可用任何方法获得。当不加注表面粗糙度参数值或有关说明时，仅适用于简化代号标注
2	√	表示表面是用去除材料的方法获得的，如车、铣、钻、磨等
3	√	表示表面是用不去除材料的方法获得的，如铸、锻、冲压、冷轧等
4	√ √ √	在上述三个符号的长边上可加一横线，用于标注有关参数或说明
5	√ √ √	在上述三个符号的长边上可加一小圆，表示所有表面具有相同的表面粗糙度要求

（3）检测方法　采用比较检测法来检测表面粗糙度值，即将被测表面（图 2-3a）与表面粗糙度样板（图 2-3b）相比较，来判断表面粗糙度是否合格。

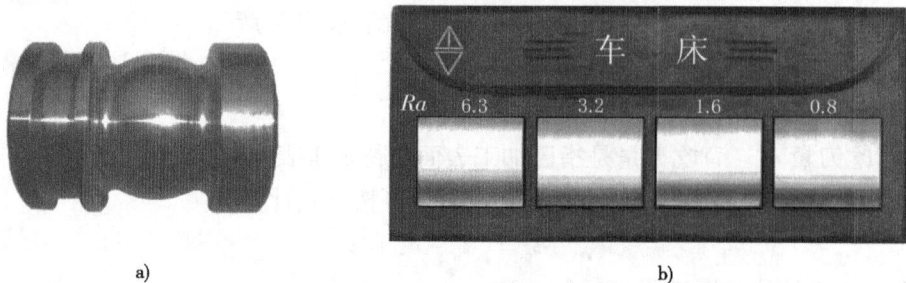

a)

b)

图 2-3　比较检测法

a）要检测的工件　b）表面粗糙度样板

【实践操作】

1. 开机

（1）打开机床电源

（2）打开系统电源

（3）旋转急停开关

（4）检查机床情况

2. 回参考点

略。

3. 工件装夹与找正（注意装夹牢固可靠）

毛坯：ϕ35mm×50mm 铝棒。

4. 刀具装夹与校正（注意装夹牢固可靠）

车刀：外圆车刀。

5. 对刀

以工件右端面中心为原点建立工件坐标系。

> 注意：1）工件坐标系原点与编程坐标系原点要一致。
>
> 2）对刀参数设置与程序中刀具号一定要对应。

6. 验证对刀

1）选择 MDI 手动录入模式，输入刀具号及刀具补正号（如 T0101），按循环启动键，将 1 号刀换到切削位置。

2）主轴正转后，将刀具刀位点移动到大约正对工件回转中心，Z 向距离 2～5mm 处。

3）按 POS 键，查看坐标的数值是否 X 为 0 左右，Z 为 2～5。

7. 程序的输入

输入如图 2-4 所示工件的加工程序，程序中的切削参数见表 2-2，加工程序见表 2-3。

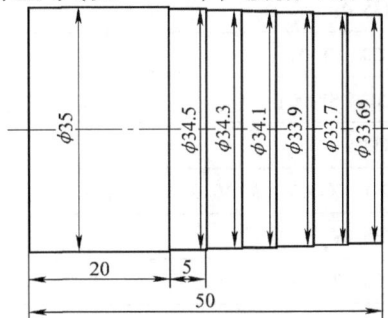

图 2-4 工件图

表 2-2 程序中的切削参数

参数	第 1 段	第 2 段	第 3 段	第 4 段	第 5 段	第 6 段
主轴转速 n/（r/min）	400	400	400	400	1200	1200
进给量 f/（mm/r）	0.3	0.3	0.15	0.05	0.05	0.05
背吃刀量 a_p/mm	0.25	0.1	0.1	0.1	0.1	0.005
车削直径/mm	34.5	34.3	34.1	33.9	33.7	33.69
车削长度/mm	30	25	20	15	10	5
表面粗糙度值/μm						

表2-3 图2-4所示工件的加工程序

程　　序	说　　明
O0001;	程序名
G97　G99　M03　S400　F0.3　T0101;	主轴正转，400r/min，0.3mm/r，1号刀1号刀具补正
G00　X37.0　Z2.0;	快速接近工件
G01　X34.5　F0.3;	直线进给至φ34.5mm，0.3mm/r
X34.5　Z-30.0;	直线切削φ34.5mm的圆柱面，长30mm
X35.0;	直线退刀
G00　Z1.0;	快速返回
X34.3;	快速进给至φ34.3mm
G01　X34.3　Z-25.0　F0.3;	直线切削φ34.3mm的圆柱面，长25mm
X35.0;	直线退刀
G00　Z1.0;	快速返回
X34.1;	快速进给至φ34.1mm
G01　X34.1　Z-20.0　F0.15;	直线切削φ34.1mm的圆柱面，长20mm
X35.0;	直线退刀
G00　Z1.0;	快速返回
X33.9;	快速进给至φ33.9mm
G01　X33.9　Z-15.0　F0.05;	直线切削φ33.9mm的圆柱面，长15mm
X35.0;	直线退刀
G00　Z1.0;	快速返回
M03　S1200;	主轴正转，转速为1200r/min
X33.7;	快速进给至φ33.7mm
G01　X33.7　Z-10.0　F0.05;	直线切削φ33.7mm的圆柱面，长10mm
X35.0;	直线退刀
G00　Z1.0;	快速返回
X33.69;	快速进给至φ33.69mm
G01　X33.69　Z-5.0　F0.05;	直线切削φ33.69mm的圆柱面，长5mm
X35.0;	直线退刀
G00　X100.0　Z100.0;	快速退刀
M05;	主轴停止
M30;	程序结束

8. 模拟程序

1）选择 AUTO 自动运行模式。

2）在 MDI 面板上按下 CUSTOM GRAPH 打开图形功能。

3）为了执行绘图而不移动机床，必须使机床处于"机床锁定"状态，程序运行之前必须按下机床锁住按钮 MLK 和空运行按钮 DRN。

4）按循环启动键，操作者可通过观察屏幕显示出的轨迹来检查加工过程。

9. 运行程序进行加工

选择单步运行，结合程序观察走刀路线。

> 注意：加工时建议采用"单段运行"方式，以便更好地观察程序执行情况及走刀轨迹。

10. 完成工件加工并检测

将测得的表面粗糙度值填写在表 2-2 中相应处，并总结规律。

11. 结束加工

进行机床维护与保养

【知识拓展】

切削用量三要素的选取方法

1. 背吃刀量的确定

背吃刀量应根据工件的加工余量确定。粗加工时，除留下精加工余量外，一次走刀尽可能切除全部余量。当加工余量过大、工艺系统刚度较低、机床功率不足、刀具强度不够或断续切削的冲击振动较大时，可分多次走刀。切削表面层有硬皮的铸锻件时，应尽量使背吃刀量大于硬皮层的厚度，以保护刀尖。

一般半精加工和精加工的加工余量较小时，可一次切除，但有时为了保证工件的加工精度和表面质量，也可采用二次走刀。

在中等功率的机床上，粗加工时的背吃刀量可达 8~10mm，半精加工（表面粗糙度值为 $Ra6.3~3.2\mu m$）时的背吃刀量为 0.5~2mm，精加工（表面粗糙度值为 $Ra3.2~1.6\mu m$）时的背吃刀量为 0.1~0.4mm。

2. 进给量的确定

进给量是指刀具在进给运动方向上相对工件的位移量，用刀具（或工件）每转（或每分钟）的位移量来表述和度量，单位为 mm/r 或 mm/min。

进给速度是指切削刃上选定点相对于工件进给运动的瞬时速度，主要根据零件的加工精度和表面粗糙度要求以及刀具、工件的材料性质选取。

最大进给速度受车床刚度和进给系统的性能限制。背吃刀量选定后，接着就尽量选用较大的进给量。粗车时一般取 0.3~0.8mm/r；精车时常取 0.1~0.3mm/r；切断时常取 0.05~0.2mm/r。

1）当工件的质量要求能够得到保证时，为提高生产率，可选择较高的进给速度。

2）在切断、加工深孔或使用高速钢刀具加工时，宜选择较低的进给速度。

3）当加工精度和表面质量要求较高时，进给速度应选小些。

4）刀具空行程时，可以设定为该车床数控系统的最高进给速度。

对于车床：每分钟进给量＝主轴每转进给量×主轴转速，即

$$v_f = fn$$

式中　　v_f——每分钟进给量（mm/min）；

　　　　f——每转进给量（mm/r）；

　　　　n——主轴转速（r/min）。

3. 切削速度 v_c 的确定

切削速度 v_c 是指切削刃上选定点相对于工件主运动的瞬时速度。

提高 v_c 也是提高生产率的一个措施，但 v_c 与刀具寿命的关系比较密切。随着 v_c 的增大，刀具寿命急剧下降，故 v_c 的选择主要取决于刀具寿命。另外，v_c 与加工材料也有很大关系，例如用立铣刀切削合金钢30CrNi2MoVA，v_c 可采用8m/min左右；而用同样的立铣刀铣削铝合金时，v_c 可采用200m/min以上。

在工厂的实际生产过程中，切削用量一般根据经验并通过查表的方式进行选取。常用切削用量推荐值见表2-4，供参考。

表2-4　常用切削用量推荐表

工件材料	刀具材料	加工内容	背吃刀量 a_p/mm	切削速度 v_c/(m/min)	进给量 f/(mm/r)
碳素钢 $R_m>600$MPa	YT类	粗加工	5~7	60~80	0.2~0.4
		粗加工	2~3	80~120	0.2~0.4
		精加工	2~6	120~150	0.1~0.2
碳素钢 $R_m>600$MPa	W18Cr4V	钻中心孔		800~1200	
		钻孔		25~30	0.1~0.2
	YT类	切断（宽度<5mm）		70~110	0.1~0.2
铸铁 HBW<200	YG类	粗加工		50~70	0.2~0.4
		精加工		70~100	0.1~0.2
		切断（宽度<5mm）		50~70	0.1~0.2

主轴转速：应根据零件被加工部位的直径，按零件和刀具的材料及加工性质等条件所允许的切削速度来确定，再以切削速度计算出主轴转速。

其计算公式为

$$n = 1000v_c/(\pi d)$$

式中　　v_c——切削速度；

　　　　d——工件直径或刀具直径；

　　　　n——主轴转速。

1）切削用量三要素的选择与哪些因素有关？

2）切削用量三要素对加工质量有哪些影响？

3）主轴转速、切削速度与工件直径三者之间的关系是什么？

任务二　G00、G01 指令的应用

职业知识

　　◆ 掌握外圆、端面零件的加工工艺。

　　◆ 能够对程序编制中的点进行正确的数学处理。

　　◆ 掌握 G00 与 G01 指令的正确使用方法，并能编制出正确程序。

职业技能

　　◆ 能熟练应用 G00、G01 指令编程加工基本零件。

　　◆ 能根据加工情况合理选择切削参数。

【任务描述】

　　如图 2-5 所示为简单轴类零件，需加工部分为外圆柱面，这是生产加工中最基本的加工内容。该零件毛坯采用 φ32mm 的 45 钢圆棒，要求按图样尺寸编制正确的程序，并进行模拟仿真加工。该工件外形较简单，旨在通过加工此零件了解简单轴类零件的加工工艺，学会使用 G00 与 G01 指令编写简单的程序。

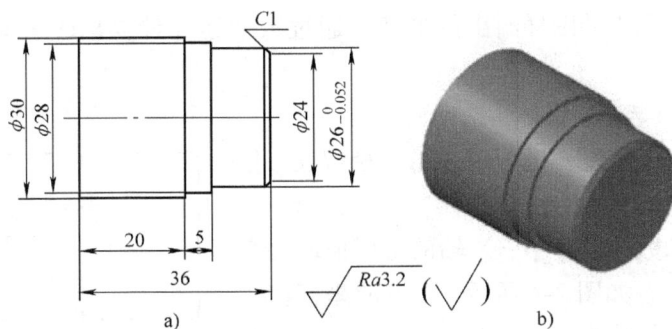

图 2-5　简单轴类零件

a）零件图　b）实物图

【知识链接】

1. 简单轴类零件加工工艺

　　（1）进给路线的确定　进给路线是刀具在整个加工工序中的运动轨迹，即刀具从对刀点开始进给运动起，直到结束加工程序后返回该点所经过的路径，包括切削加工的路径及刀具切入、切出等非切削空行程。进给路线是编写程序的重要依据之一。

　　常用的进给路线选择原则如下：

　　1）最短的空行程路线。如图 2-6 所示为采用矩形循环方式进行粗车的一般情况示例。其换刀点 A 的设定是考虑到精车等加工过程中需方便换刀。图 2-6a 所示，将起刀点与换刀点 A 重合在一起，图 2-6b 则是起刀点 B 与换刀点 A 分离，刀具从换刀点 A 快速移动到起刀点 B 再开始进行粗加工。

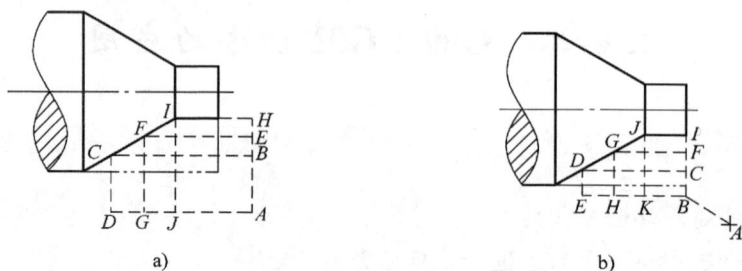

图 2-6　采用矩形循环方式进行粗车

a) 起刀点 B 与换刀点 A 重合　b) 起刀点 B 与换刀点 A 分离

2）最短的切削进给路线。粗加工时，毛坯余量较大，可采取不同的循环加工方式。

（2）数学处理和节点计算

1）建立编程坐标系，确定编程原点。编程坐标系的确定原则尽量与工艺设计基准统一，使节点的计算尽量简单，缩短编程时间。对于数控车床，编程原点一般建立在工件右端面与轴线的交点处。

2）数学处理与节点计算。

数学处理：根据被加工零件图样，按照已确定的加工路线和允许的编程误差，计算数控系统所需要输入的数据，称为数学处理。

节点计算：根据零件图样给出的形状，通过数学运算计算出编程时所需要的各点坐标值。

2. 直径编程和半径编程

系统默认为直径编程，也可以采用半径编程，但必须更改系统设定。

在车削加工的数控程序中，X 轴的坐标值取为零件图样上的直径值，如图 2-7 所示，A 点的坐标值为 $(20,0)$，B 点的坐标值为 $(30,-20)$。

采用直径尺寸编程与图样中的尺寸标注一致，可以避免在尺寸换算过程中可能造成的错误。

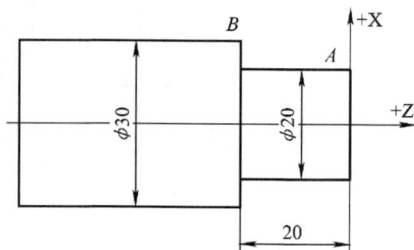

图 2-7　直径编程

3. 进刀和退刀方式

车削加工时，进刀采用快速走刀接近工件切削起点附近的某个点，再改用切削进给，以减少空走刀的时间，提高加工效率。切削起点的确定与工件毛坯余量大小有关，原则是刀具快速走到该点时，刀尖不与工件发生碰撞。

4. 快速定位 G00 指令

指令格式：G00 X(U)__　Z(W)__；

参数含义：让刀具所在点快速移动到目标点。

说　　明：X__　Z__绝对坐标方式，刀具移动的终点坐标；U__　W__增量坐标方式，刀具移动的终点相对于起点的位移量；在编程时 X 和 U 一般取工件的直径值。

如图 2-8 所示，要求刀具由 A 点快速移动到 B 点，程序如下：

绝对坐标编程：G00　X32.0　Z5.0；

增量坐标编程：G00　U – 8.0　W – 45.0；

> 注意：G00 指令主要用于使刀具快速接近或离开工件，在使用时要避免刀具与工件或夹具发生碰撞。

5. 直线插补 G01 指令

指令格式：G01 X(U)＿＿　Z(W)＿F ＿；

参数含义：让刀具以给定进给速度，沿指定轴直线移动。

说　　明：X(U)＿＿　Z(W)＿的含义与 G00 相同；F 为刀具在移动过程中的进给速度，单位为 mm/r。

如图 2-9 所示，刀具路线为 A-B-C-D-E，程序如下：

G00　X24.0　Z2.0；　　刀具快速定位到 A 点

G01　Z – 10.0　F0.2；　刀具沿 Z 轴直线切削 ϕ24mm 外圆柱面，至 B 点

X26.0；　　　　　　　刀具沿 X 轴直线切削台阶面，至 C 点

Z – 20.0；　　　　　　刀具沿 Z 轴直线切削 ϕ26mm 外圆柱面，至 D 点

X28.0；　　　　　　　刀具沿 X 轴直线切削台阶面，至 E 点

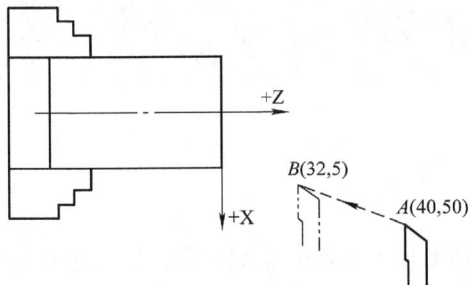

图 2-8　G00 指令走刀路线　　　　　　　图 2-9　G01 指令编程

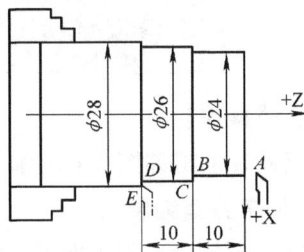

> 注意：G01 中的 X(U)＿＿　Z(W)＿与 G00 中的 X(U)＿＿　Z(W)＿含义相同，均属同组的模态代码，但 G01 主要用于工件加工。

课堂互动

1）数控车削编程时，怎样安排进退刀路线？应考虑哪些因素？

2）G00 与 G01 指令有什么区别？各用在什么场合？

3）G00 指令可以用于切削加工吗？为什么？

【程序编制】

应用 G00、G01 指令编制图 2-5 所示工件的加工程序，见表 2-5。

表2-5 图2-5所示工件的加工程序

程　序	说　明
O0002;	程序号
N10　T0101　S400　M03;	1号外圆车刀，1号刀具补正，启动主轴
N20　G00　X32.0　Z2.0　M08;	快速定位，切削液开
N30　G01　Z0　F120;	直线移动至端面
N40　X0;	端面加工
N50　X24.0　Z0;	定位到倒角起点
N60　X26.0　Z−1.0;	倒角加工
N70　Z−11.0;	ϕ26mm外圆加工
N80　X28.0;	台阶面加工
N90　Z−16.0;	ϕ28mm外圆加工
N100　X30.0;	台阶面加工
N110　Z−37.0;	ϕ30mm外圆加工
N120　G00　X100.0　Z100.0　M09;	返回参考点，关闭切削液
N130　M05;	停主轴
N140　M30;	程序结束

> 同学们可以利用仿真软件进行程序的编制、调试。注意观察刀具的运动轨迹哦！

【实践操作】

（编程并加工如图2-1所示工件的左端）

1. 加工方案编制

如图2-1所示工件的加工分两个工序，工序1加工工件的左端部分，加工过程见表2-6。

表2-6 加工方案综合卡片

加工方案综合卡片		产品名称	零件名称		零件图号		材料
					2-1		铝
工序	程序号	工作场地		使用设备和系统		夹具名称	
1	O0003	数车实训车间		FANUC 0i		自定心卡盘	
工步	工步内容	切削用量			刀具		工步简图
		主轴转速/ (r/min)	进给速度/ (mm/min)	背吃刀量/ mm	编号	类型	
1	粗加工左端外圆	600	100	一次切削	T01	外圆车刀	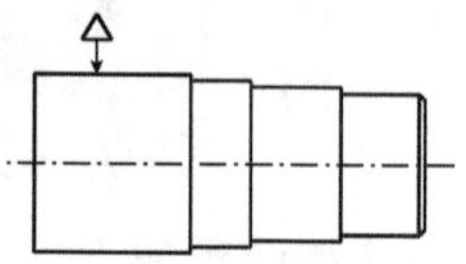
2	精加工左端外圆	1300	60	0.2	T02	外圆车刀	
编制		审核		批准		日期	

2. 编制程序（应用 G01、G00 指令）

选择工件左端面的中心为工件坐标原点，加工如图 2-1 所示工件左端部分的参考程序见表 2-7。

表 2-7 图 2-1 所示工件左端部分参考程序

程 序	说 明
O0003；	程序号
N10 T0101 S600 M03；	1 号外圆车刀，1 号刀具补正，启动主轴，转速为 600r/min
N20 G00 X80.0 Z80.0 M08；	快速定位，切削液开，注意检测对刀是否正确
N30 X32.0 Z2.0；	快速靠近工件
N40 G01 X22.0 Z0 F100；	开始加工
N50 X24 Z－1.0；	粗加工倒角
N60 Z－14.0；	加工 ϕ24mm 外圆
N70 X26.0；	车台阶端面
N80 Z－29.0；	加工 ϕ26mm 外圆
N90 X28.0；	车台阶端面
N100 Z－40.0；	加工 ϕ28mm 外圆
N110 X32.0；	刀具沿 X 向退出
N120 G0 X80.0 Z80.0；	快速离开工件
N130 M05；	主轴停
N140 M00；	程序暂停，可以观察及检测工件，并进行刀具补正的修正
N150 S1300 M03 T0202；	启动主轴，转速为1300r/min，换2号外圆精车刀，2号刀具补正
N160 G0 X32.0 Z2.0；	精车刀快速定位到精加工起点
N170 G01 X22.0 Z0 F60；	开始加工
N180 X24.0 Z－1.0；	精加工倒角
N190 Z－14.0；	精加工 ϕ24mm 外圆
N200 X26.0；	车台阶端面
N210 Z－29.0；	精加工 ϕ26mm 外圆
N220 X28.0；	车台阶端面
N230 Z－40.0；	精加工 ϕ28mm 外圆
N240 X32.0	刀具沿 X 向退出
N250 G0 X80.0 Z80.0 M09；	快速离开工件，关闭切削液
N260 M05；	主轴停
N270 M30；	程序结束

编程提示

1）精加工程序和粗加工程序走刀路线完全相同，只是转速和进给量有改变。为节约时间，可以只输入一遍程序，完成粗加工后，在程序中修改转速和进给量。

2）粗加工之前，须在1号刀的刀具补正值中输入一定的数值(如0.2～0.3mm)，这样才有足够的精加工余量，便于测量后调整。

3. 零件加工操作

（1）开机、回参考点

（2）工件装夹及找正　自定心卡盘装夹，工件的夹持量为15～20mm，注意装夹牢固可靠。

（3）刀具装夹及校正

操作提示

1）安装外圆车刀时，主切削刃应平行于工件端面，且主切削刃与工件中心等高。

2）外圆车刀刀体要垂直于工件轴线，不能倾斜，以免发生摩擦。

3）刀体不宜伸出过长，够用即可。

（4）对刀　以工件右端面中心为原点设定工件坐标系。

（5）程序录入　输入程序并进行程序校验。

（6）工件加工　按下循环启动键，进行工件加工。

注意：粗加工循环启动前，须输入磨耗值。精加工循环启动前，须修改磨耗值。

（7）工件测量　完成工件加工并进行检测，将检测结果填入表2-8。

表2-8　工件测评表

序号	检测项目	检测内容	配分	检测要求	学生自评		老师测评	
					自测	得分	检测	得分
1	长度	14mm	9	超差0.01mm扣2分				
2		15mm	9	超差0.01mm扣2分				
3	直径	ϕ24mm	9	超差0.01mm扣2分				
4		ϕ26mm	9	超差0.01mm扣2分				
5		ϕ28mm	9	超差0.01mm扣2分				
6	表面粗糙度值	$Ra3.2\mu m$	15	一处不合格扣5分，扣完为止				

（续）

序号	检测项目	检测内容	配分	检测要求	学生自评		老师测评	
					自测	得分	检测	得分
7	时间	工件按时完成	10	未按时完成全扣				
8	现场操作规范	安全操作	10	违反操作规程按程度扣分				
9		工、量具使用	10	工、量具使用错误，每项扣2分				
10		设备维护保养	10	违反维护保养规程，每项扣2分				
11	合计（总分）		100	机床编号		总得分		
12	开始时间		结束时间			加工时间		

（8）结束加工　进行机床维护与保养。

任务三　G90、G94 指令的应用

职业知识

- 掌握外圆、端面零件的加工工艺。
- 能够对程序编制中的点进行正确的数学处理。
- 掌握 G90 与 G94 指令的正确使用方法，并能编制出正确程序。

职业技能

- 能根据零件特征，合理选择加工指令编制加工程序。
- 能熟练操作机床、录入程序、加工零件。

【任务描述】

如图 2-10 所示是圆锥小轴零件，毛坯为 $\phi30mm \times 80mm$ 棒料，请结合相关知识的学习和讨论，完成该图的编程，并进行模拟仿真加工。通过加工如图 2-10 所示工件，了解圆锥小轴零件的加工工艺，学会使用 G90 与 G94 指令编写程序。

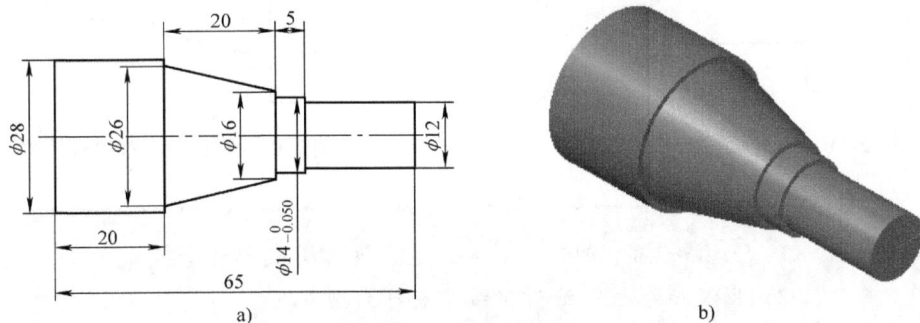

图 2-10　圆锥小轴零件

a）零件图　b）实物图

【知识链接】

单一固定切削循环指令 G90 简介。

1. 直线切削(圆柱面)固定循环

指令格式：G90　X(U)＿＿　Z(W)＿＿　F＿＿；

参数含义：X、Z 为终点坐标，(U,W) 为终点相对于起点坐标值的增量；F 指进给速度。

进给路线：如图 2-11 所示，外圆车削循环轨迹形状为矩形，单一固定循环可以将一系列连续加工动作，如"切入—切削—退刀—返回"，用一个循环指令完成，从而简化程序。

2. 锥形切削固定循环

指令格式：G90　X(U)＿＿　Z(W)＿＿　R＿＿　F＿＿；

参数含义：X、Z 为圆锥面切削的终点坐标值；U、W 为圆柱面切削的终点相对于循环起点的坐标；R 为圆锥面切削的起点相对于终点的半径差，也可理解为刀具切削锥面的切出点至切入点在 X 方向上的矢量。

进给路线：如图 2-12 所示，圆锥面车削循环轨迹形状为梯形，即"切入—切削—退刀—返回"。

> 注意：切削锥体循环时，R 值不可省略。用增量坐标编程时要注意 R 的符号，确定方法是锥面起点 B 坐标大于终点 C 坐标时 R 为正，反之为负。

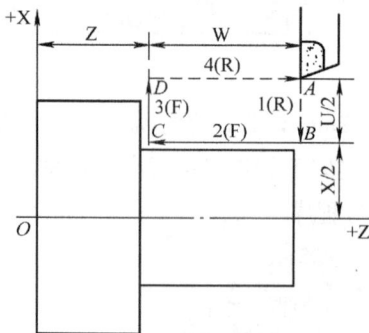

图 2-11　外圆车削循环轨迹

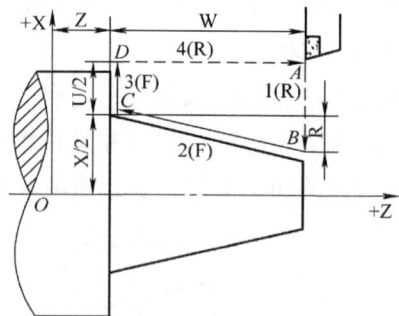

图 2-12　圆锥面车削循环轨迹

课堂互动

1）用 G90 指令加工外径时，进、退刀路线怎样安排？

2）增量值编程与绝对值编程有什么区别？

3）锥形切削固定循环指令中 R 值如何确定？

3. 编程示例

如图 2-13 所示，直线切削固定循环的程序为：

G90 X40.0 Z20.0 F50.0；　　　　$A \to B \to C \to D \to A$

　　X30.0；　　　　　　　　　$A \to E \to F \to D \to A$

　　X20.0；　　　　　　　　　$A \to G \to H \to D \to A$

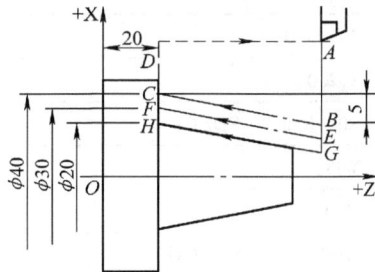

如图 2-14 所示，锥形切削固定循环的程序为：

G90 X40.0 Z20.0 R－5.0 F50.0；　$A \to B \to C \to D \to A$

　　X30.0 R－5.0；　　　　　　$A \to E \to F \to D \to A$

　　X20.0 R－5.0；　　　　　　$A \to G \to H \to D \to A$

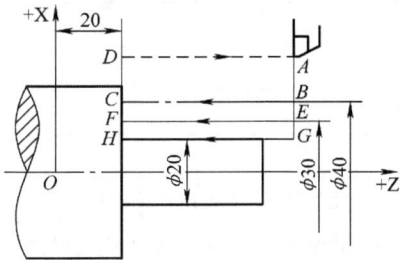

图 2-13　直线切削（圆柱面）固定循环　　　　图 2-14　锥形切削固定循环

【程序编制】

应用 G90 指令编制图 2-10 所示工件的圆柱面、圆锥面程序，见表 2-9。

表 2-9　图 2-10 所示工件的圆柱面、圆锥面程序

程　　序	说　　明
O0004；	程序号
N10　T0101　S800　M03；	1 号外圆车刀，1 号刀具补正（注意留精加工余量），启动主轴，转速为 800r/min
N20　G00　X80.0　Z80.0　M08；	快速定位，切削液开，注意检测对刀是否正确
N30　X32.0　Z2.0；	快速靠近工件（工件原点定在右侧端面上）
N40　G90　X28.0　Z－25.0　F120；	轴向粗车循环，背吃刀量 1mm（半径值）
N50　X26.0；	
N60　X24.0；	
N70　X22.0；	
N80　X20.0；	
N90　X18.0；	
N100　X16.0；	
N110　X14.0；	N40～N110 段为循环段，完成 φ14mm×25mm 轮廓的加工
N120　G01　X12.0　F120；	循环完成后，加工 φ12mm 段

（续）

程　　序	说　　明
N130　Z – 20. 0；	
N140　X32. 0　F500；	退出工件
N150　G00　Z – 25. 0；	定义新的循环起点，准备切削锥形部分
N160　G90　X32. 0　Z – 45. 0　R-5. 0　F80；	G90 循环切削锥形部分
N170　X30. 0　R-5. 0；	
N180　X28. 0　R-5. 0；	
N190　X26. 0　R-5. 0；	N160 ～ N190 分 4 次循环切削锥形部分
N200　G01　X28. 0；	循环完成后，切削 ϕ28mm 段
N210　Z – 65. 0；	
N220　X32. 0；	退出工件
N230　G0　X80. 0　Z80. 0；	快速退出
N240　M05；	主轴停
N250　M00；	程序暂停，测量工件，并修改刀具补正
N260　T0202　S1300　M03；	启动主轴，转速为 1300r/min，换 2 号外圆精车刀
N270　G0　X32. 0　Z2. 0；	精车刀快速定位到精加工起点
N280　G01　X12. 0　Z0. 0；	
N290　Z – 20. 0；	
N300　X14. 0；	
N310　Z – 25. 0；	
N320　X16. 0；	
N330　X26. 0　Z – 45. 0；	
N340　X28. 0；	
N350　Z – 65. 0；	
N360　X32. 0；	
N370　G0　X80. 0　Z80. 0　M09；	快速退出，关闭切削液
N380　M05；	主轴停
N390　M30；	程序结束

　　　　　同学们可以利用仿真软件进行程序的编制、调试。注意观察刀具的运动轨迹哦！

【实践操作】（编程加工图 2-1 所示工件左端）

1. 加工方案编制

　　如图 2-1 所示工件左端的加工若一刀不能完全切削，用 G00、G01 编程会比较繁琐，容易出错，这时候用 G90 指令编程会简单清晰，加工方案见表 2-10。

表 2-10 加工方案综合卡片

加工方案综合卡片		产品名称	零件名称	零件图号	材料
				2-1	铝
工序	程序号	工作场地	使用设备和系统		夹具名称
1	O0005	数车实训车间	FANUC 0i		自定心卡盘
工步	工步内容	切削用量			刀具		工步简图

工步	工步内容	主轴转速/(r/min)	进给速度/(mm/min)	背吃刀量/mm	编号	类型	工步简图
1	粗加工左端外圆	800	120	1	T01	外圆车刀	
2	精加工左端外圆	1300	60	0.5	T02	外圆车刀	

编制		审核		批准		日期	

2. 程序编制（G01、G90 指令应用）

选择工件左端面的中心为工件坐标原点，加工如图 2-1 所示工件左端的参考程序见表 2-11。

表 2-11 图 2-1 所示工件左端参考程序

程　　序	说　　明
O0005；	程序号
N10　T0101　S800　M03；	1 号外圆车刀，1 号刀具补正（注意留精加工余量），启动主轴，转速为 800r/min
N20　G00　X80.0　Z80.0　M08；	快速定位，切削液开，注意检测对刀是否正确
N30　X32.0　Z2.0；	快速靠近工件
N40　G90　X28.0　Z-40.0　F120；	轴向粗车循环，车削 φ28mm 圆柱面
N50　X26.0　Z-29.0；	轴向粗车循环，车削 φ26mm 圆柱面
N60　X24.0　Z-14.0；	轴向粗车循环，车削 φ24mm 圆柱面
N70　G0　X80.0　Z80.0；	快速退刀
N80　M05；	主轴停
N90　M00；	程序暂停，测量工件，并修改刀具补正
N100　T0202　S1300　M03；	启动主轴，转速为 1300r/min，换 2 号外圆精车刀
N110　G0　X32.0　Z2.0；	精车刀快速定位到精加工起点
N120　G01　X22.0　Z0；	定位到倒角起点
N130　X24.0　Z-1.0；	车倒角
N140　Z-14.0；	精车 φ24mm 圆柱面
N150　X26.0；	车台阶面
N160　Z-29.0；	精车 φ26mm 圆柱面
N170　X28.0；	车台阶面
N180　Z-40.0；	精车 φ28mm 圆柱面
N190　X32.0；	车台阶面
N200　G0　X80.0　Z80.0　M09；	快速退出，关闭切削液
N210　M05；	主轴停
N220　M30；	程序结束

　　1）为保证安全，粗加工时，每次切削单边吃刀量为1mm。请注意G90后直径值的设定。

　　2）粗、精加工程序不同，请注意。

3. 零件加工操作

（1）开机、回参考点

（2）工件装夹及找正　自定心卡盘装夹，工件的夹持量为15～20mm，注意装夹牢固可靠。

（3）刀具装夹及校正

（4）对刀　以工件左端面中心为原点设定工件坐标系。

（5）程序录入　输入程序并进行程序校验。

（6）工件加工　按下循环启动键，进行工件加工。

　　注意：粗加工循环启动前，须输入磨耗值。精加工循环启动前，须修改磨耗值。

（7）工件测量　完成工件加工并检测，将检测结果填入表2-12。

表2-12　工件测评表

序号	检测项目	检测内容	配分	检测要求	学生自评		老师测评	
					自测	得分	检测	得分
1	长度	14mm	9	超差0.01mm扣2分				
2		15mm	9	超差0.01mm扣2分				
3	直径	φ24mm	9	超差0.01mm扣2分				
4		φ26mm	9	超差0.01mm扣2分				
5		φ28mm	9	超差0.01mm扣2分				
6	表面粗糙度值	Ra3.2μm	15	一处不合格扣5分，扣完为止				
7	时间	工件按时完成	10	未按时完成全扣				
8	现场操作规范	安全操作	10	违反操作规程按程度扣分				
9		工、量具使用	10	工、量具使用错误，每项扣2分				
10		设备维护保养	10	违反维护保养规程，每项扣2分				
11	合计（总分）		100	机床编号		总得分		
12	开始时间		结束时间			加工时间		

（8）结束加工　进行机床维护与保养。

既然 G90 可以作为外径的固定切削循环指令，那有没有指令用于端面的固定切削循环呢？

【知识拓展】

端面车削固定循环（G94）

1. 端面车削固定循环指令（G94）

如图 2-15a 所示为直端面车削固定循环，其程序为：G94　X(U)____　Z(W)____　F____;

如图 2-15b 所示为锥端面切削固定循环，其程序为：G94　X(U)____　Z(W)____　K(或 R)____　F____;

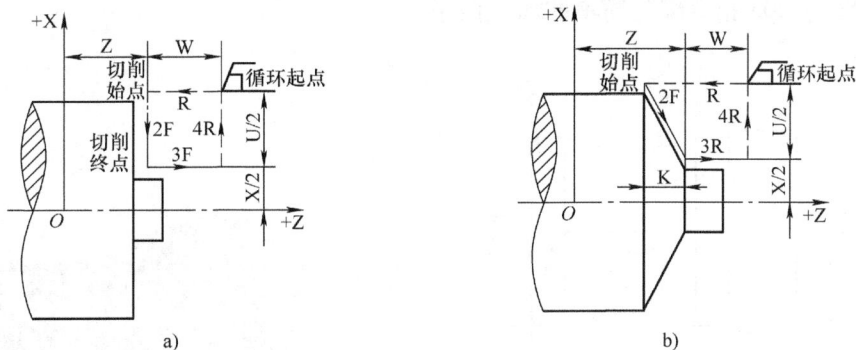

图 2-15　端面车削固定循环

a）直端面　b）锥端面

2. 直端面车削固定循环

如图 2-16 所示为直端面车削固定循环示例，其参考程序如下：

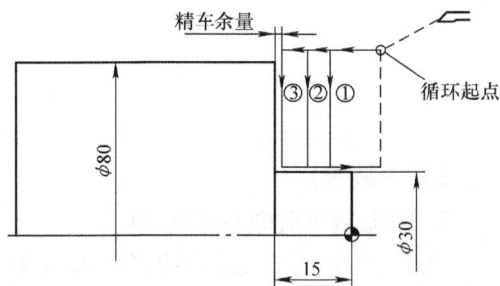

G00 X84.0 Z2.0;　　　　　循环起点

G94 X30.4 Z−5.0 F0.2;　　循环①

Z−10.0;　　　　　　　　循环②

Z−14.8;　　　　　　　　循环③

G00 X150.0 Z200.0;　　　取消 G94

图 2-16　直端面车削固定循环示例

任务四　G02、G03 指令的应用

职业知识

◆ 掌握外圆、端面零件的加工工艺。

◆ 能够对程序编制中的点进行正确的数学处理。

◆ 掌握 G02 与 G03 指令的正确使用方法，并能编制出正确的程序。

> **职业技能**
> ◆ 能熟练编制带圆弧、圆角零件的加工程序。
> ◆ 能熟练选择圆弧加工指令、确定合理的带圆弧零件的加工工艺。
> ◆ 熟练加工一般轴类零件。

【任务描述】

通过本任务的学习，要求完成如图 2-17 所示带圆弧工件加工工艺的制订，编写出程序，并进行模拟仿真加工，同时完成如图 2-1 所示工件右端部分的加工，并学会使用半径样板进行检测。该工件是常见的带圆弧工件，通过学习了解简单轴类零件的加工工艺，学会使用 G02 与 G03 指令编写简单的加工程序。

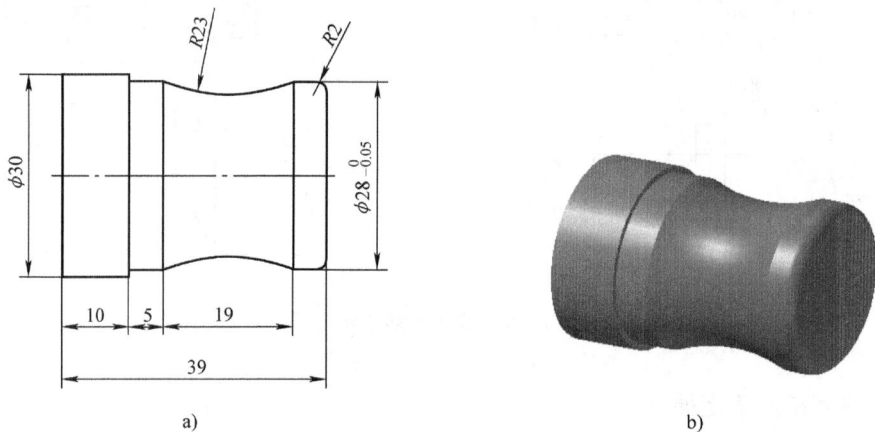

a)   b)

图 2-17 带圆弧工件

a）零件图 b）实物图

【知识链接】

1. 圆弧插补指令 G02/G03

G02 为顺时针圆弧插补指令，G03 为逆时针圆弧插补指令。

指令格式：

（1）终点半径格式

G02 X(U)＿ Z(W)＿ R＿ F＿；

G03 X(U)＿ Z(W)＿ R＿ F＿；

（2）终点圆心格式

G02 X(U)＿ Z(W)＿ I＿ K＿ F＿；

G03 X(U)＿ Z(W)＿ I＿ K＿ F＿；

参数含义：

X＿ Z＿是绝对编程时，圆弧终点在工件坐标系中的坐标；

U＿ W＿是相对编程时，圆弧终点相对于圆弧起点的位移量；

R ＿是圆弧半径，圆弧圆心角小于或等于180°时，R为正值，否则R为负值；

I ＿　K ＿是圆心相对于圆弧起点的增加量，I为X轴，K为Z轴（等于圆心的坐标减去圆弧起点的坐标，在绝对编程和增量编程中都是以增量方式表示，I用半径值指定）；

F ＿是进给速度。

> ⚠️ 注意：1）以上两种编程格式，以终点半径较为常用，若同时写入R与I、K时，R有效。
>
> 2）顺时针或逆时针是从垂直于圆弧所在平面坐标轴的正方向看到的回转方向。

2. 圆弧插补方向的判断

（1）笛卡儿坐标系确定法　圆弧插补的顺、逆方向判断按笛卡儿坐标系确定，观察者从与圆弧所在平面相垂直的坐标轴的正方向往负方向看去，即从Y轴的正方向往负方向看去，在XZ平面内若圆弧为顺时针移动的称为顺时针圆弧插补，用G02表示；若为逆时针移动的则称为逆时针圆弧插补，用G03表示。如图2-18所示，分别表示了车床前置刀架和后置刀架对圆弧顺时针与逆时针方向的判断。

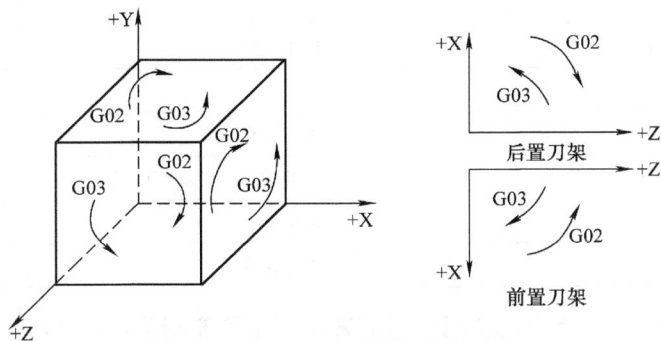

图2-18　圆弧插补方向判断

（2）经验确定法　对于车床前置刀架的情况，通过看图样，凸圆弧用G03，凹圆弧则用G02；反之亦然。

3. 半径样板简介

半径样板也称R规，如图2-19所示，它是利用光隙法测量圆弧半径的工具。测量时必须使半径样板的测量面与工具的圆弧完全紧密地接触，当测量面与工件的圆弧中间没有间隙时，工件的圆弧值为此时对应半径样板上显示的数字。由于是目测，故其准确度不是很高，只能做定性测量。

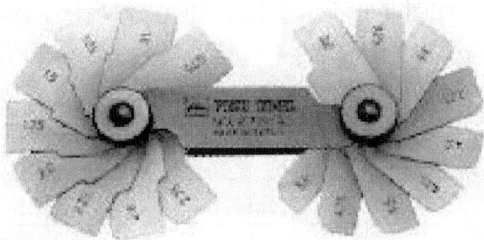

图2-19　半径样板

课堂互动

1）在数控车床上能进行整圆的加工吗？

2）G02/G03 指令中的 X、Z 值是圆弧的终点坐标还是起点坐标？

3）使用 G02/G03 指令加工圆弧时应注意哪些问题？

【程序编制】

应用 G02/G03 指令编制图 2-17 所示工件凸、凹圆弧面的加工程序，见表 2-13。

表 2-13　图 2-17 所示工件凸、凹圆弧面的加工程序

程　序	说　明
O0006；	程序号
N10　T0101　S800　M03；	1 号外圆车刀，1 号刀具补正，启动主轴
N20　G00　X32.0　Z2.0　M08；	快速定位，切削液开
N30　G01　Z0　F200；	
N40　X0；	平端面
N50　X24.0；	准备加工圆弧
N60　G03　X28.0　Z−2.0　R2.0；	加工凸圆弧
N70　G01　Z−5.0；	
N80　G02　X28.0　Z−24.0　R23.0；	加工凹圆弧
N90　G01　Z−29.0；	
N100　X32.0；	离开工件
N110　G0　X80.0　Z80.0　M09；	快速退刀，关闭切削液
N120　M05	主轴停
N130　M30	程序结束

同学们可以利用仿真软件进行程序的编制、调试。注意观察刀具的运动轨迹哦！

【实践操作】（编程加工如图 2-1 所示工件右端）

1. 加工方案编制

如图 2-1 所示工件的加工分两个工序，工序 2 加工工件的右端部分，加工方案见表 2-14。

表 2-14　加工方案综合卡片

加工方案综合卡片	产品名称	零件名称	零件图号	材料
			2-1	铝

工序	程序号	工作场地	使用设备和系统	夹具名称
2	O0007	数车实训车间	FANUC 0i	自定心卡盘

（续）

工步	工步内容	切削用量			刀具		工步简图
		主轴转速/（r/min）	进给速度/（mm/min）	背吃刀量/mm	编号	类型	
1	粗加工右端外圆及凸、凹圆弧面	800	120	1	T01	外圆车刀	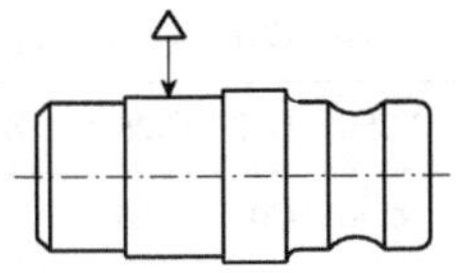
2	精加工右端外圆及凸、凹圆弧面	1300	60	0.2	T02	外圆车刀	
编制		审核			批准		日期

2. 程序编制（G01、G02、G03 指令的应用）

选择工件右端面中心为工件坐标原点，加工如图 2-1 所示工件右端部分的参考程序，见表 2-15。

表 2-15　图 2-1 所示工件右端部分的参考程序

程　　序	说　　明
O0007；	程序号
N10　T0101　S800　M03；	1 号外圆车刀，1 号刀具补正，启动主轴，转速为 800r/min
N20　G00　X80.0　Z80.0　M08；	快速定位，切削液开，注意检测对刀是否正确
N30　X32.0　Z2.0；	快速靠近工件
N40　G01　Z0；	
N50　X0；	平端面，保总长
N60　X20.0；	
N70　G03　X24.0　Z－2.0　R2.0；	倒圆角
N80　G01　Z－7.0；	
N90　G02　Z－16.0　R6.0；	加工凹圆弧
N100　G01　Z－21.0；	
N110　G02　X28.0　Z－23.0　R2.0；	
N120　G01　X30.0	
N130　G00　X80.0　Z80.0	退刀
N140　M05	主轴停
N150　M00；	程序暂停，进行测量，并修改刀具补正
N160　S1300　M03　T0202；	启动主轴，转速为 1300r/min，换 2 号外圆精车刀
N170　G0　X32.0　Z2.0；	精车刀快速定位到精加工起点
N180　G01　Z0；	精加工
N190　X0；	
N200　X20.0；	
N210　G03　X24.0　Z－2.0　R2.0；	

（续）

程　序	说　明
N220　G01　Z－7.0;	
N230　G02　Z－16.0　R6.0;	加工凹圆弧
N240　G01　Z－21.0;	
N250　G02　X28.0　Z－23.0　R2.0;	
N260　G01　X30.0;	
N270　G00　X80.0　Z80.0　M09;	退刀，关闭切削液
N280　M05;	主轴停
N290　M30;	程序结束

编程提示

1）右端面的加工涉及调头加工保证总长度，需要注意保证工件总长的对刀方法。

2）粗加工程序是工件的精加工轮廓线，实际切削时通过修改1号刀具补正值控制粗加工次数。

3）粗、精加工程序基本一样，为节约时间，可以只输入粗加工程序，待粗加工完成后，测量修改刀具补正和切削参数，再次运行程序即可。

3. 零件加工操作

（1）开机、回参考点

（2）工件装夹及找正　自定心卡盘装夹，夹住左端已加工的 $\phi26$ mm×15mm 段外圆，注意装夹牢固可靠。

（3）刀具装夹及校正

（4）对刀　以工件右端面中心为原点设定工件坐标系。

操作提示

Z向对刀以保证总长度的方法（若程序中有加工端面的指令可采用）：

1）平端面，X向退出，主轴停。

2）测量 $\phi28$ mm 左端面到最右侧端面的长度 L，$L-33=\Delta L$。

3）在机床操作面板的对刀界面中，Z值输入 ΔL，单击"测量"键。

（5）程序录入　输入程序并进行程序校验。

（6）工件加工　按下循环启动键，进行工件加工。

注意：粗加工循环启动前，须考虑粗加工的次数，合理修改刀具补正值，确保加工精度。

（7）工件测量 完成工件加工并进行检测，将检测结果填入表2-16。

表2-16 工件测评表

序号	检测项目	检测内容	配分	检测要求	学生自评		老师测评	
					自测	得分	检测	得分
1	长度	62mm	10	超差0.01mm扣2分				
2	圆弧	$R2mm$	10	一个不合格扣5分				
3		$R6mm$	10	不合格全扣				
4	直径	$\phi24mm$	10	超差0.01mm扣2分				
5	表面粗糙度值	$Ra3.2\mu m$	10	一处不合格扣4分，扣完为止				
6	时间	工件按时完成	10	未按时完成全扣				
7		安全操作	15	违反操作规程按程度扣分				
8	现场操作规范	工、量具使用	15	工、量具使用错误，每项扣2分				
9		设备维护保养	10	违反维护保养规程，每项扣2分				
10	合计（总分）		100	机床编号		总得分		
11	开始时间		结束时间			加工时间		

（8）结束加工 进行机床维护与保养。

思考与训练

1. 总结本模块所学指令，记住其格式和应用场合。
2. 如图2-20所示，采用G0、G01指令，以增量值编程方式编写加工程序。
3. 如图2-21所示，采用单一固定循环G90指令，以增量值编程方式编写加工程序。
4. 如图2-22所示，采用本模块学习的指令编写加工程序。

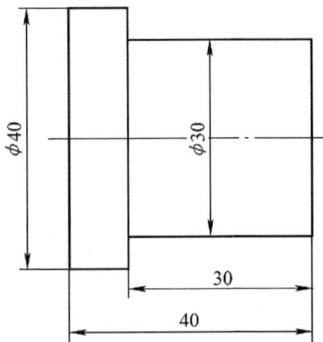

图2-20 题2图

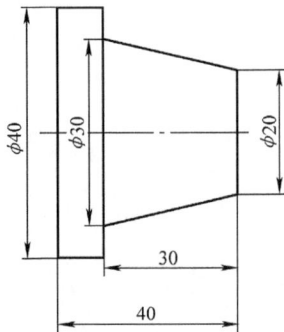

图2-21 题3图

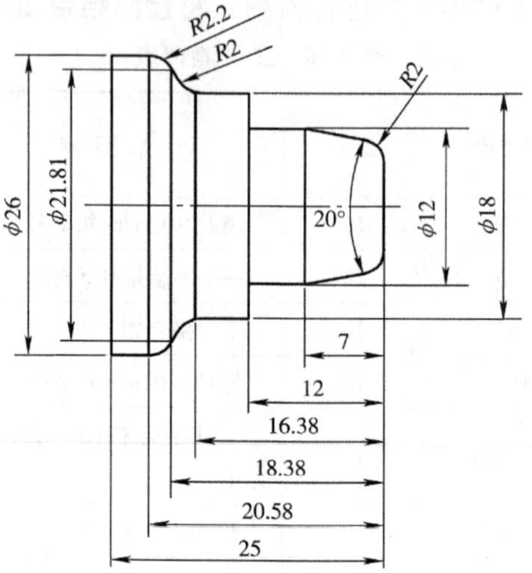

图 2-22 题 4 图

5. 想一想如果遇到如图 2-23 所示的这种零件，需要大背吃刀量的圆弧切削，应该怎样编程？

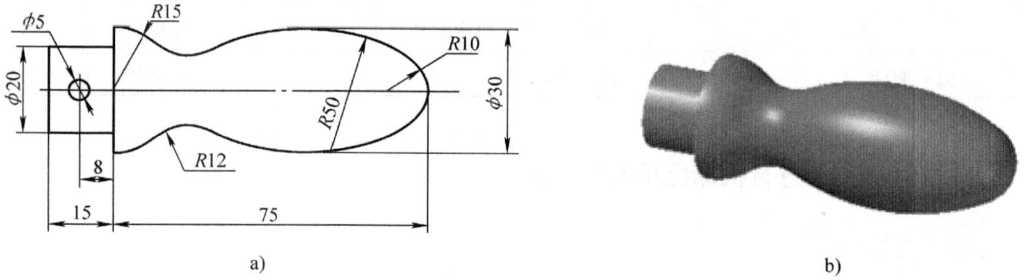

a)

b)

图 2-23 题 5 图

a）零件图 b）实物图

模块三 简单孔类零件编程与加工

情景描述

如图 3-1 所示孔类零件是车削加工中经常遇到的零件。本模块主要讲解简单孔类零件加工工艺及编程指令；掌握直孔和简单内轮廓的编程与加工；熟悉刀具补正的应用。

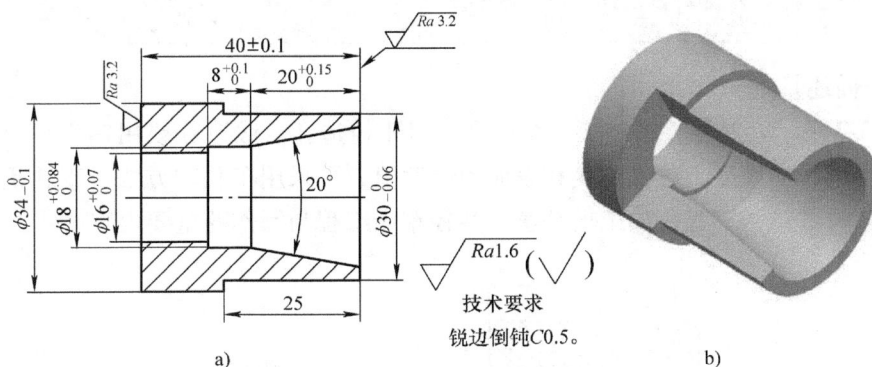

图 3-1 孔类零件

a）零件图 b）实物图

职业目标

- 合理制订孔类零件的加工工艺并进行编程加工。
- 正确选择通孔加工刀具，掌握内孔车刀的对刀方法。
- 掌握孔加工方法及其尺寸控制方法。
- 完成孔类零件的加工。
- 培养沟通能力及团队协作能力。
- 培养安全操作规范意识。

任务一　直孔加工

职业知识

- ◆ 掌握直孔加工工艺。
- ◆ 掌握直孔加工刀具。
- ◆ 掌握直孔的编程方法。
- ◆ 掌握内孔车刀的对刀方法。
- ◆ 刀具补正的应用。

职业技能

- ◆ 能够正确制订直孔的加工工艺并编写加工程序。
- ◆ 能正确选择加工刀具并对直孔进行加工。
- ◆ 合理应用刀具补正来保证切削精度。

【任务描述】

如图 3-2 所示套筒零件需加工一个内孔，对于铸造孔、锻造孔或用钻头钻出的孔，为达到所要求的尺寸精度、位置精度和表面粗糙度值，可采用车孔的方法。直孔是数控车削加工零件常有的结构，直孔加工也是学习数控车床编程与操作的重要内容之一。

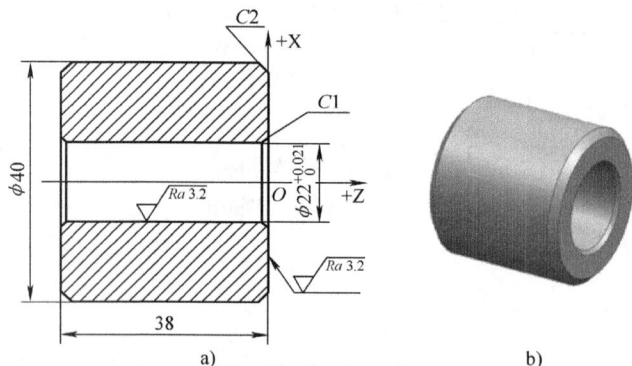

图 3-2　套筒零件

a）零件图　b）实物图

根据零件图内孔的尺寸，设定合理的切削次数与进给量，选定内孔车刀的基准点以及切削起点，选择好刀具。在编制程序时合理选择加工指令，一般简单的孔采用 G01、G90、G94 指令，复杂的孔可以用到后面学习的其他复杂循环指令。

【知识链接】

1. 直孔加工工艺

（1）主要表面的加工方法　加工套类工件内孔的方法有钻孔、扩孔、车孔、铰孔、磨孔、珩磨孔及滚压加工。其中，钻孔、扩孔和车孔为粗加工和半精加工的方法；而铰孔、磨孔、珩磨孔和滚压加工则为孔的精加工方法。

（2）选择定位基面 数控车床套类工件在加工时的定位基面主要是内孔和外圆，多采用内孔定位。

（3）保证套类工件几何公差的装夹方法

1）加工数量较少、精度要求较高的工件，可在一次装夹中尽可能将内、外圆表面和端面全部加工完毕，这样可以获得较高的位置精度。

2）工件以内孔定位时，采用心轴装夹，加工外圆和端面。

3）工件以外圆定位时，用软卡爪或弹簧套筒装夹，加工内孔和端面。

4）加工薄壁工件时，防止变形是关键，常采用开缝套筒、软卡爪和专用夹具装夹。

（4）保证内孔表面质量要求

车套类工件时，数控车床车刀的两侧切削刃组成的平面垂直于螺旋线装夹，使左侧刃的工作前角和右侧刃的工作前角均为0°，或在前面上沿两侧切削刃磨出较大前角的卷屑槽。

2. 直孔加工刀具

（1）刀具材料选用 如图3-3所示。

1）粗加工：YT5含C_o高，能抵抗冲击，增加刀具强度，方便粗加工去除大的余量。

2）精加工：YT15含TiC高，耐磨，且能够达到较高的精度。

（2）刀具参数

1）粗加工：前角20°，$\kappa_r = 75°$，$\lambda_s = 0° \sim +5°$，增大刀头强度，提高刀具寿命。

2）精加工：前角25°，$\kappa_r = 90°$，$\lambda_s = 0° \sim +5°$，保证工件表面质量，可用于车端面、外圆，也可倒角。

图3-3 常见内孔(圆)车刀、刀片与弹簧夹套

3. 直孔的编程方法

在编制程序时合理选择加工指令，一般简单的孔采用G01、G90、G94指令，编程时注意循环起点的选择，防止撞刀。

4. 内孔车刀的对刀

内孔切削对刀的方法与外圆车刀的对刀方法相类似，如图3-4所示。

（1）X向对刀 如图3-4a所示任意车削一内孔直径后，Z向移动刀具远离工件，停

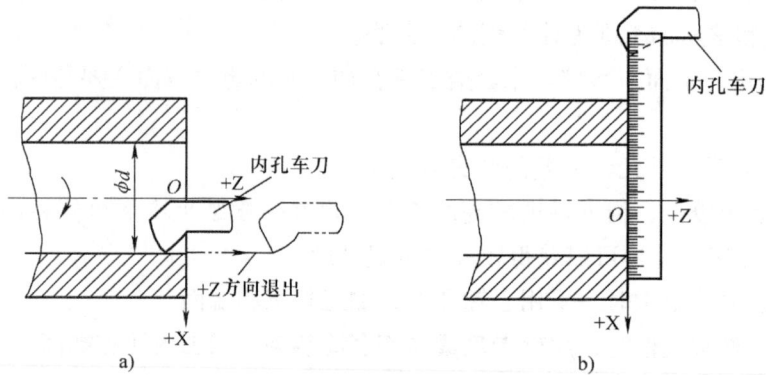

图 3-4　内孔车刀对刀示意图

a）X 向对刀　b）Z 向对刀

车，测量已车削好的内径尺寸。例如，测量值为 ϕ45.56mm，则 X 轴对刀输入："X45.56"按"测量"键。

（2）Z 向对刀　如图 3-4b 所示内孔车刀轻微接触到已加工好的基准面（端面）后，就不可再作 Z 向移动。Z 轴对刀输入："Z0"，按"测量"键。

> 课堂互动
>
> 1）数控车床在加工套类工件时的定位基面为何多采用内孔定位？
>
> 2）内孔车刀如何对刀？
>
> 3）简单的内孔加工常用哪几个指令？G90、G94 指令的格式是什么？
>
> 4）使用 G90 指令加工锥面，循环起点怎样确定？R 怎样取值？

【程序编制】

编写如图 3-2 所示套筒零件的内孔加工程序：工件事先钻好 ϕ18mm 通孔，应用 G90、G94 指令编制内孔的加工程序，参考程序见表 3-1

表 3-1　图 3-2 所示套筒零件的内孔加工程序

程　　序	说　　明
O0301	程序号
N10　G98　G00　X120.0　Z200.0	刀具移至换刀点
N20　T0101；	调用 1 号车刀，1 号刀具补正，93°外圆车刀
N30　M03　S700	主轴正转，转速为 700r/min
N40　G00　X58.0　Z5.0	刀具定位
N50　G94　X0　Z0　F100	平端面
N60　G01　X36.0　Z0；	刀具定位
N70　　X40.0　Z−2.0；	倒角

（续）

程　序	说　明
N80　G00　X100.0　Z100.0;	回换刀点
N90　T0202　S800;	换 2 号车刀，内孔粗车刀
N100　G00　X18.0　Z5.0;	刀具定位
N110　G90　X20.0　Z－40.0　F200;	粗车内孔
N120　X21.5	
N130　G00　Z200.0;	退刀
N140　T0303　S1200	换 3 号刀，精车转速 1200r/min
N150　G00　X18.0　Z5.0;	刀具定位
N160　G01　X24.0　F120;	
N170　Z0;	
N180　X22.0　Z－1.0	倒角
N190　Z－40.0	精车内孔
N200　X20.0	退刀
N210　G0　Z200.0	
N220　X100.0;	
N230　M05;	主轴停
N240　M30;	程序结束

　　同学们可以利用仿真软件进行程序的编制、调试。注意观察刀具的运动轨迹哦！

【实践操作】（编程加工图 3-1 所示工件左端）

1. 加工方案编制

　　如图 3-1 所示工件毛坯为 ϕ40mm×42mm，并预先钻出 ϕ14mm 的通孔。工件的加工分两个工序：工序 1 加工工件的左端部分，包括左端外圆 ϕ34mm 约 20mm 长及 ϕ16mm 通孔，孔留 0.5mm 余量，加工方案见表 3-2。

表 3-2　加工方案综合卡片

加工方案综合卡片	产品名称	零件名称	零件图号	材料
			3-1	45 钢
工序	程序号	工作场地	使用设备和系统	夹具名称
1	O0001	数车实训车间	FANUC 0i	自定心卡盘

（续）

工步	工步内容	切削用量			刀具		工步简图
		主轴转速/ （r/min）	进给速度/ （mm/min）	背吃刀量/ mm	编号	类型	
1	端面车削	700	150	1	T01	93°外圆车刀	
2	粗车外圆	700	200	2	T01	93°外圆车刀	
3	精车外圆、倒钝	1200	120	0.25	T01	93°外圆车刀	
4	粗车内孔	800	200	1	T02	粗镗刀	
5	精车内孔 （$\phi15.5$mm）	1200	120	0.5	T03	精镗刀	
编制		审核		批准		日期	

2. 程序编制（见表 3-3）

选择工件左端面的中心为工件坐标原点。

表 3-3　图 3-1 所示孔类零件左端的加工程序

程序内容	说　明
O0001	程序号
N10　G98　G00　X120.0　Z200.0	刀具移至换刀点
N20　T0101；	调用 1 号车刀，1 号刀具补正，93°外圆车刀
N30　M03　S700	主轴正转，转速为 700　r/min
N40　G00　X42.0　Z5.0	刀具定位
N50　G94　X0　Z0　F150；	平端面
N60　G90　X36.0　Z−20.0　F200；	粗车外圆
N70　X34.5	
N80　S1200；	精车转速 1200r/min
N90　G01　X33.0　F120；	倒钝 C0.5 并精车外圆
N100　Z0；	
N110　X34.0　Z−0.5；	
N120　Z−20.0	
N130　X42.0；	
N140　G0　X100.0；	返回换刀点
N150　Z200.0；	
N160　S800　T0202；	换 2 号车刀，2 号刀具补正，主轴转速 800r/min
N170　G0　X13.0　Z5.0	刀具定位
N180　G90　X15.0　Z−43.0　F200；	内孔粗车
N190　G0　X100.0　Z200.0；	返回换刀点
N200　S1200　T0303；	换 3 号车刀，3 号刀具补正，精车转速 1200r/min

（续）

程序内容	说　明
N210　G00　X17.0；	倒钝 C0.5 并精车内孔
N220　G01　Z0　F120；	
N230　X15.0　Z－1.0；	
N240　Z－43.0；	
N250　X13.0；	
N260　G0　Z200.0；	返回换刀点
N270　X100.0；	
N280　M05；	主轴停
N290　M30；	程序结束

编程提示

⚠

　　1）对于单件或小批量生产，钻中心孔和钻孔可以手动进行，无需编程。

　　2）车孔的进退刀方向与车外圆相反，外圆是从大车到小，内孔是从小车到大，退刀先退 Z 轴再退 X 轴。

　　3）换刀点应远离工件，以内孔车刀为准，确保换刀时刀具和工件不发生干涉。

　　4）孔加工时，其转速、进给速度一般低于外圆加工，主要受刀杆刚度的影响。

3. 零件加工操作

（1）开机、回参考点。

（2）工件装夹　自定心卡盘装夹，须伸出卡盘长度 25mm。

⚠

　　注意：如果工件的材料硬度比较低，装夹工件时要注意夹紧力不宜过大。

（3）刀具装夹　对刀，设定工件坐标原点。

操作提示

　　1）装夹刀具时，不能使用加力杆夹紧。

　　2）装夹刀具时，不宜使用过多的垫片垫高，垫片应尽量少。

　　3）安装内孔车刀时应防止刀具撞到工件。

　　4）内孔车刀伸出的长度应尽量短，一般比加工深度长 5mm 即可。

　　5）注意内孔车刀的后角是否跟工件产生干涉。

（4）程序录入　输入程序并进行程序校验。

（5）工件加工　按下循环启动键，进行工件加工。

（6）工件测量　完成工件加工并进行检测，将检测结果填入表3-4。

表3-4　工件测评表

序号	检测项目	检测内容	配分	检测要求	学生自评		老师测评	
					自测	得分	检测	得分
1	直径	$\phi34mm$	15	超差0.01mm扣5分				
2		$\phi15.5mm$	20	超差0.01mm扣5分				
3	倒角倒钝	内孔 C0.5	5	无倒钝不得分				
		外圆 C0.5	5	无倒钝不得分				
4	表面粗糙度值	$Ra1.6\mu m$	10	一处不合格扣5分				
5		$Ra3.2\mu m$	5	一处不合格扣5分				
6	时间	工件按时完成	10	未按时完成全扣				
7	现场操作规范	安全操作	10	违反操作规程按程度扣分				
8		工、量具使用	10	工、量具使用错误，每项扣2分				
9		设备维护保养	10	违反维护保养规程，每项扣2分				
10	合计（总分）		100	机床编号		总得分		
	开始时间		结束时间			加工时间		

（7）结束加工　进行机床维护与保养。

【知识拓展】

刀具补正及应用

数控车床的刀具补正分为刀具偏移（也称为刀具长度补正）和刀尖圆弧半径补正两种。

1. 刀具长度补正

所谓刀具长度补正，就是刀尖点（对刀点）相对于机械坐标系的位移量。在车床上，这个位移量可以分解为X、Z两轴上的分量。各种切削刀具因其刀尖位置到程序原点的直径和距离各不相同，所以要对每一刀具的位置差异进行设置。设置的过程就是前面讲的对刀。

2. 刀具圆弧半径补正

刀具圆弧半径补正是指在加工中考虑刀具的几何形状，从而使刀具刀尖沿着编程中设定的加工轨迹运动。

（1）刀具圆弧半径补正的目的　车刀刀尖由于磨损或标准定制刀具的原因总有一个圆弧（车刀刀尖不可能是绝对尖的），但是，编程是根据理想刀尖点（A点）来进行刀具轨迹描述的。如图3-5a所示，在车削外圆时，实际切削点是B点。分析可知，B点在水平方向与

A 点一致。因此，车削外圆时刀尖圆弧对加工精度没有影响；车削端面时，实际切削点是 C 点，C 点在垂直方向与 A 点一致，因此车削端面时刀尖圆弧对加工精度也没有影响；但是在车削圆锥和圆弧面时，实际切削点并不是理想刀尖点 A，如图 3-5b 所示，因此就会造成"欠切"或"过切"现象，产生加工表面的形状误差。

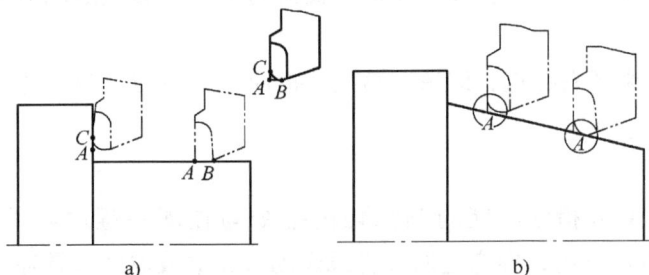

图 3-5 刀尖圆弧对加工产生的影响

a）车削外圆和端面 b）车削锥面

消除车削加工产生误差的方法是采用车床的刀具圆弧半径补正功能，编程时只需按工件轮廓编程，执行刀具圆弧半径补正后，刀具自动补正误差值，从而消除了刀尖圆弧半径对工件形状和尺寸的影响。

（2）刀尖方位号 对应每个刀具补正号，都有一组偏置量 X、Z，刀具圆弧半径补正量 R 和刀尖方位号 T（TIP）。如果在程序中输入"G00 G42 X100.0 Z3.0 T0101"，则数控系统会按照 01 号刀具补正值自动修正刀具的安装误差，并根据刀具圆弧半径补正值，自动将刀具移至正确的位置上。刀尖方位号如图 3-6 所示。

（3）刀具圆弧半径补正指令及使用方法 如图 3-7 所示，刀具圆弧半径 R 值和刀尖方位号通过系统面板上的 OFFSET SETING 参数设置。在程序中使用 G41/G42/G40 指令进行刀具圆弧半径补正。具体注意以下几方面内容。

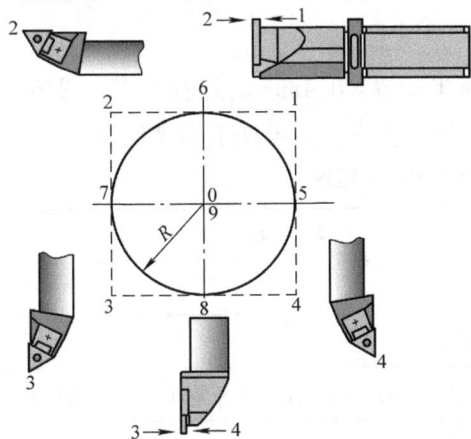

图 3-6 刀尖方位号（后置刀架）

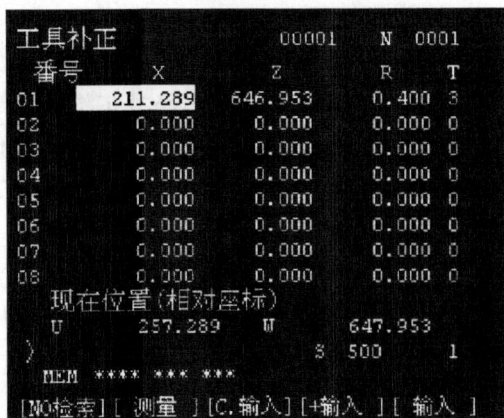

图 3-7 刀补参数输入画面

指令格式：

G41 G01/G00 X ___ Z ___ F ___;　　　刀具圆弧半径左补正

G42 G01/G00 X ___ Z ___ F ___;　　　刀具圆弧半径右补正

G40 G01/G00 X ___ Z ___;　　　　　　取消刀具圆弧半径补正

G41：刀具圆弧半径左补正，即站在第三轴指向上，沿刀具运动方向看，刀具位于工件左侧时的补正。

G42：刀具圆弧半径右补正，即站在第三轴指向上，沿刀具运动方向看，刀具位于工件右侧时的补正。

使用方法：

1）G41、G42、G40指令不能与圆弧切削指令写在同一程序段内，但可以与G00、G01指令写在同一程序段内，即它是通过直线运动来建立或取消刀具补正的。

2）在调用新刀具前或更改刀具补正方向时，中间必须取消刀具补正，避免产生加工误差。

3）G41、G42、G40是模态代码。程序的最后必须以取消偏置状态结束，否则刀具不能在终点定位，而是停在与终点位置偏移一个矢量的位置上。

4）在G41方式中，不能再指定G42方式，否则补正会出错；同样，在G42方式中，不能再指定G41方式。

5）在使用G41或G42指令之后的程序段中，不能出现连续两个或两个以上的不移动指令，否则G41和G42指令会失效。

课堂互动

1）数控加工编程为什么要考虑刀具补正？

2）什么是刀具圆弧半径补正指令？如何判断是左补正还是右补正？

3）使用刀具圆弧半径补正需注意什么问题？

3. 程序编制

需加工的零件如图3-8所示，请选择刀具圆弧半径 $R = 0.4\text{mm}$ 的外圆车刀，设置刀尖方位号3，应用刀具圆弧半径补正指令编写轮廓精加工程序。参考加工程序见表3-5。

表3-5　图3-8工件轮廓精加工参考程序

程　序	说　明
O0301;	程序号
N10　G98　G0　X100.0　Z200.0;	刀具移至换刀点
N20　M03　S1000　T0101;	主轴正转，转速为1000r/min，选择1号车刀，1号刀具补正
N30　G00　X0　Z2.0;	快速定位靠近起点
N40　G42　G01　X0　Z0　F120;	定位至起点，建立刀具圆弧半径右补正

（续）

程　序	说　明
N50　　G03　X20.0　Z－10.0　R 10.0；	加工 R10mm 凸圆弧
N60　　G01　Z－15.0；	加工 φ20mm 外圆
N70　　X40.0　Z－20.0；	加工锥面
N80　　Z－25.0；	加工 φ40mm 外圆
N90　　X46.0；	退刀
N100　G40　G00　X100.0　Z100.0；	退刀至安全点，取消刀具圆弧半径补正
N110　M30；	程序结束

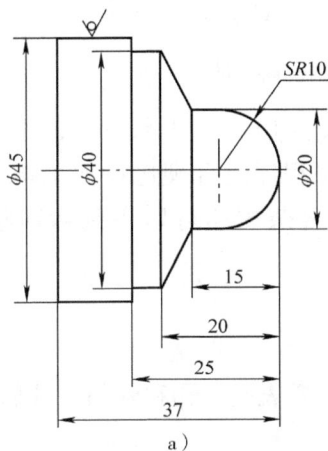

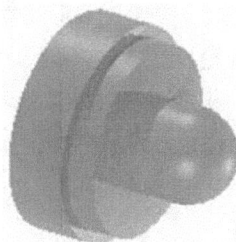

图 3-8　应用刀具圆弧半径补正加工实例

a）零件图　b）实物图

任务二　简单内轮廓加工

职业知识

- 内轮廓加工工艺。
- 内轮廓加工刀具。
- 内轮廓的编程方法。
- 内轮廓的加工。

职业技能

- 能够根据加工要求编制简单内轮廓的车削程序。
- 合理选用内轮廓切削刀具。
- 正确对简单内轮廓工件进行加工。

【任务描述】

如图 3-9 所示带台阶的套筒工件需加工一个台阶孔，生产中经常遇到这样类似的结构，这也是学习数控车床编程与操作的重要内容之一。

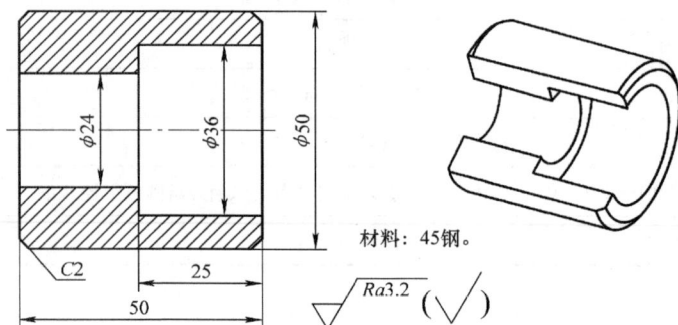

图 3-9　带台阶的套筒工件

根据零件内轮廓的结构和尺寸，选择合理的加工工艺和刀具，设定刀具的基准点以及切削起点。根据毛坯的情况不同，在编制程序时合理选择加工指令，一般内轮廓加工采用 G01、G02/G03、G90、G94 指令，复杂的孔可以用到后面学习的其他复杂循环指令。

【知识链接】

1. 内轮廓加工工艺

内轮廓的加工主要为一些套筒类零件，其主要表面是孔和外圆。其加工的主要技术要求如下：

1）孔的直径尺寸精度一般为 IT7，表面粗糙度值 Ra 为 $2.5 \sim 0.16\mu m$。

2）孔与外圆的同轴度要求。

3）孔轴线与端面的垂直度要求。

对于内轮廓的加工工艺安排，一般为底孔加工——内轮廓粗加工——内轮廓精加工。对于精度要求高的工件精加工前应先安排半精加工后再进行精加工。当孔与外圆有同轴度要求时，工艺安排时应将内孔与外圆在一次装夹中加工出来或通过其他方法予以保证。

2. 内轮廓加工刀具

（1）内轮廓车刀　根据不同的加工情况，内轮廓车刀可分为通孔车刀和盲孔车刀两种。

为了减小径向切削力，防止振动，如图 3-10a 所示通孔车刀的主偏角一般取60°~75°，副偏角取 15°~30°。盲孔车刀如图 3-10b 所示，主要用于车盲孔或台阶孔，其主偏角取90°~93°，刀尖在刀杆的最前端。

（2）内轮廓车刀的安装

安装内轮廓车刀时应注意以下几个问题。

1）刀尖应与工件中心等高或稍高。如果刀尖装得低于中心，由于切削抗力的作用，容易将刀柄压低而产生"扎刀"现象，并可造成孔径扩大。

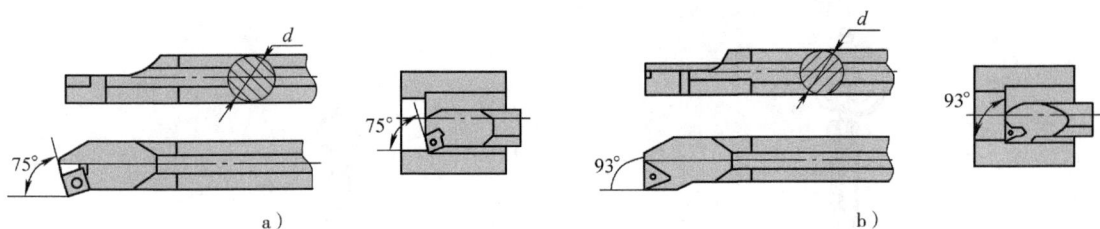

图 3-10　机夹式内孔车刀

a）通孔车刀　b）盲孔车刀

2）刀柄伸出刀架不宜过长，一般比被加工孔长 5～6mm。

3）刀柄基本平行于工件轴线，否则在车削到一定深度时，刀柄后半部容易碰到工件孔口。

4）装夹盲孔车刀时，内偏刀的主切削刃应与孔底平面成 3°～5°的角度，并且在车平面时要求横向有足够的退刀余地。

3. 内轮廓的编程方法

车削加工零件内轮廓的编程，主要为粗、精加工程序的编写，粗加工时可用 G90、G01 等基本指令分层切削。并根据材料、加工精度等因素留 0.1～0.6mm 的精加工余量，对较复杂的内轮廓，可用后面要学习的 G71、G72 等复合循环指令进行加工。

车削内轮廓编程的注意事项如下：

1）刀具起刀点位置的确定。与外轮廓的加工一样，加工前应确定起刀点，一般加工内孔时，刀具起刀点选在比被加工孔的孔径小 2～5mm、Z 轴方向距离加工面 2～5mm 处。

2）零件加工的进给路线。由于内轮廓的加工是在孔中进行的，刀具的运动空间有限，要特别注意刀具路径的规划。在孔内退刀时，注意先退 X 轴（同时退刀量不能太大，以防刀具刀杆后背与工件发生碰撞），再退 Z 轴。

4. 内孔的测量

内径尺寸的控制与测量，是通过编写的程序和量具测量来实现的。测量内径尺寸的一般量具为内径千分尺、内径百分表。

内径百分表用来测量圆柱孔，附有成套的可调测头，使用前必须先进行组合和校对零位，如图 3-11 所示。

因内径百分表同其他精密量具一样属贵重仪器，其好坏与精确程度直接影响到工件的加工精度和其使用寿命。粗加工时工件加工表面粗糙不平而测量不准确，也使测头易磨损。因此，粗加工时，最好先用游标卡尺或内卡钳测量。精加工时再用百分表进行测量。

测量前应根据被测孔径大小用外径百分尺调整好尺寸后才能使用，如图 3-12 所示。在调整尺寸时，正确选用可换测头的长度及其伸出距离，应使被测尺寸在活动测头总移动量的中间位置。

测量时，连杆中心线应与工件中心线平行，不得歪斜，同时应在圆周上多测几个点，找出孔径的实际尺寸，看是否在公差范围以内，如图 3-13 所示。

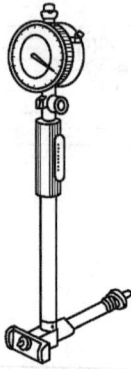

图 3-11　内径百分表

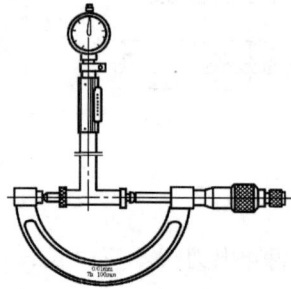

图 3-12　用外径百分尺调整百分表尺寸

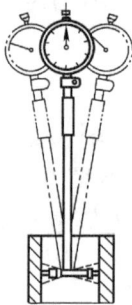

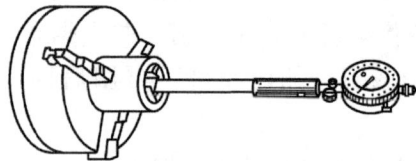

图 3-13　内径百分表的使用方法

【程序编制】

编写如图 3-9 所示工件内孔的加工程序（工件预先钻出 φ20mm 通孔），见表 3-6。

表 3-6　图 3-9 工件内孔加工参考程序

程　序	说　明
O0309；	程序号
N10　G98　G00　X100.0　Z200.0；	程序初始化
N20　T0101；	调 1 号内孔粗车刀，1 号刀具补正
N30　M03　S800；	主轴正转，转速为 800r/min
N40　G00　X18.0　Z3.0；	刀具定位
N50　G90　X22.0　Z-52.0　F200；	内孔粗车
N60　X23.5；	G90 为模态指令
N70　X26.0　Z-25.0；	
N80　X30.0；	
N90　X34.0；	
N100　X35.5	
N110　G00　X100.0　Z200.0；	返回换刀点

（续）

程 序	说 明
N120 T0202 S1200;	调2号内孔精车刀，2号刀具补正，精车转速1200r/min
N130 G00 X37.0 Z3.0;	内孔精车并倒钝
N140 G01 Z0 F120;	
N150 X36.0 Z−0.5;	
N160 Z−25.0;	
N170 X25.0;	
N180 X24.0 Z−25.5;	
N190 Z−52.0;	
N200 X22.0;	退刀
N210 G00 Z200.0;	返回换刀点
N220 X100.0;	
N230 M05;	主轴停
N260 M30;	程序结束

同学们可以利用仿真软件进行程序的编制、调试。注意观察 G90 指令的运动轨迹哦！

【实践操作】（编程加工如图 3-1 所示工件右端未完成部分）

1. 加工方案编制

如图 3-1 所示工件的加工分两个工序，工序 2 加工工件的右端部分，加工过程见表 3-7。

表 3-7 加工方案综合卡片

加工方案综合卡片		产品名称	零件名称	零件图号	材料
				3-1	45 钢
工序	程序号	工作场地	使用设备和系统		夹具名称
2	O0001	数车实训车间	FANUC 0i		自定心卡盘
工步	工步内容	切削用量			刀具		工步简图
		主轴转速/(r/min)	进给速度/(mm/min)	背吃刀量/mm	编号	类型	
1	夹持 φ34mm 外圆，找正，车右端面，保证总长	700	150	1~2	T01	93°外圆车刀	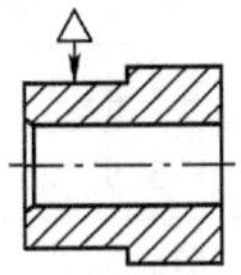

（续）

工步	工步内容	切削用量			刀具		工步简图
		主轴转速/(r/min)	进给速度/(mm/min)	背吃刀量/mm	编号	类型	
2	车 φ30mm 外圆	800	200	2	T01		
3	粗车内轮廓，留0.5mm精加工余量	800	200	1	T02	93°内孔粗车刀	
4	精车内轮廓至尺寸	1200	120	0.25	T03	93°内孔精车刀	
编制		审核		批准		日期	

2. 程序编制

选择工件右端面的中心为工件坐标系原点，加工程序参见表3-8。

表3-8　图3-1 工件右端加工参考程序

程序内容	说　明
O0001	加工右端程序
N10　G98　G00　X100.0　Z200.0；	程序初始化
N20　M03　S700　T0101；	选择1号刀具，1号刀具补正，主轴正转，转速700r/min
N30　G00　X42.0　Z3.0；	刀具定位靠近工件
N40　G94　X10.0　Z0　F150；	车右端面
N50　G90　X36.0　Z-25.0　F200；	粗车外圆
N60　X32.0；	
N70　X30.5；	
N80　S1200；	精车转速1200r/min
N90　G00　X29.0；	倒角并精车外圆
N100　G01　Z0　F120；	
N110　X30.0　Z-0.5	
N120　Z-25.0；	
N130　X42.0；	
N140　G00　X100.0　Z200.0；	返回换刀点
N150　T0202　S800；	选择2号车刀，2号刀具补正，内孔粗车，转速800r/min
N160　G00　X13.0　Z5.0；	刀具定位
N170　G90　X16.0　Z-28.0　F200；	粗车φ18mm内孔至φ17.5mm
N180　X17.5；	
N190　X13.5　Z-20.0　R3.75；	粗车锥面循环
N200　X15.5；	

（续）

程序内容	说　明
N210　X17.5；	
N220　G00　Z200.0　X100.0	返回换刀点
N230　T0303　S1200；	选择 3 号车刀，3 号刀具补正，精车转速 1200r/min
N240　G00　G41　X13.0　Z5.0；	精车刀具定位，并建立刀具圆弧半径左补正
N250　G01　X24.0　F120；	精车内轮廓
N260　Z0	
N270　X18.0　Z－20.0；	
N280　Z－28.0；	
N290　X16.5；	
N300　X16.0　Z－28.5；	
N310　Z－42.0；	
N320　G40　X13.0；	取消刀具圆弧半径补正
N330　G00　Z200.0；	返回换刀点
N340　X100.0；	
N350　M05	主轴停
N360　M30	程序结束

编程提示

1）应用 G90 指令车削内圆锥时，需要计算好 R 值和终点坐标。

2）用循环指令加工内孔，循环起点应设置在毛坯孔之外。

3）内轮廓带有圆锥面，精车时建议采用刀具圆弧半径补正指令。

4）孔加工不能斜线退刀，须让刀尖离开孔壁一定距离，再退 Z 轴。

3. 零件加工操作

（1）开机、回参考点。

（2）工件装夹　夹紧 φ34mm 外圆，用铜皮包裹，以 φ15.5mm 内孔找正工件。

（3）刀具装夹　对刀，设定工件坐标原点。

操作提示

1）装夹刀具时，保持车刀的刀尖始终在其最前方，以利阶梯孔的切削。

2）加工锥面，安装刀具时刀尖要严格对准中心，以防产生双曲线误差。

3）以工件右端面中心为原点建立工件坐标系。

（4）程序录入　输入程序并进行程序校验。

（5）工件加工　按下循环启动键，进行工件加工。

（6）工件测量　完成工件加工并进行检测，将检测结果填入表3-9。

表3-9　工件测评表

序号	检测项目	检测内容	配分	检测要求	学生自评		老师测评	
					自测	得分	检测	得分
1	直径	$\phi16mm$	8	超差不得分				
2		$\phi18mm$	8	超差不得分				
3		$\phi30mm$	8	超差不得分				
4	长度	20mm	5	超差不得分				
5		8mm	5	超差不得分				
6		25mm	5	超差不得分				
7		40mm	8	超差不得分				
8	角度	20°	8	超差1′扣2分				
9	表面粗糙度值	$Ra1.6\mu m$	15	每处3分，共5处；每处不合格不得分				
10		$Ra3.2\mu m$						
11	时间	工件按时完成	5	未按时完成全扣				
12	现场操作规范	安全操作	10	违反操作规程按程度扣分				
13		工、量具使用	10	工、量具使用错误，每项扣2分				
14		设备维护保养	5	违反维护保养规程，每项扣2分				
15	合计（总分）		100	机床编号		总得分		
16	开始时间		结束时间			加工时间		

注意：1）工件加工完要去除毛刺，锐边倒角，表面不能用锉刀等工具进行抛光。

2）用内径百分表测量孔径之前，要用千分尺对其进行校正。

（7）结束加工　进行机床维护与保养。

【知识拓展】

内孔加工质量分析

孔加工误差种类及原因分析见表 3-10。

表 3-10 孔加工误差种类及原因分析

序号	误 差 种 类	可能的原因
1	尺寸不对	测量不正确
2		车刀安装不对，刀柄与孔壁相碰
3		产生积屑瘤，增加刀尖长度，使孔车大
4		工件的热胀冷缩
5	内孔有锥度	刀具磨损
6		刀柄刚度差，产生"让刀"现象
7		刀柄与孔壁相碰
8		机床车头轴线歪斜、床身不水平、床身导轨磨损等机床原因
9	内孔不圆	孔壁薄，装夹时产生变形
10		轴承间隙太小，主轴颈成椭圆
11		工件加工余量和材料组织不均匀
12	内孔不光	车刀磨损
13		车刀刃磨不良，表面粗糙度值大
14		车刀几何角度不合理，装刀低于中心
15		切削用量选择不当
16		刀柄细长，产生振动

思考与训练

1. 按本模块所学习内容，梳理编程的思路，熟练掌握如图 3-1 所示工件的编程、加工方法，以消化本模块的学习内容。

2. 加工如图 3-14 所示工件，试用 G90 指令编程，并进行仿真加工检验。

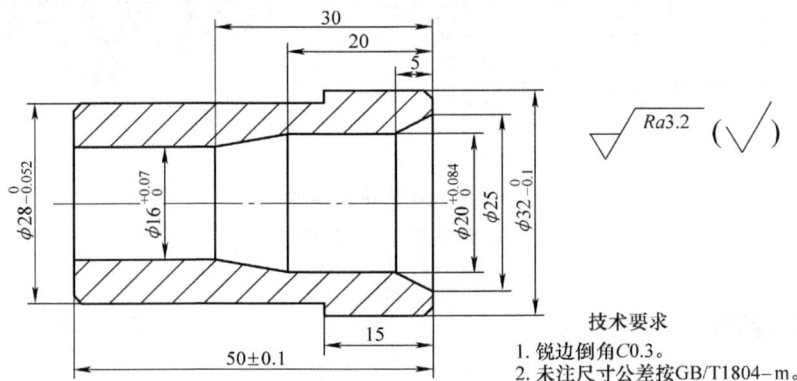

技术要求
1. 锐边倒角C0.3。
2. 未注尺寸公差按GB/T1804-m。

图 3-14 题 2 图

模块四 复杂轮廓零件编程与加工

情景描述

在数控车床上加工工件时，由于采用的毛坯通常是棒料或铸锻件，加工余量大，加工时须进行粗加工，然后再进行精加工。粗加工时，须多次重复切削，才能加工至精加工规定尺寸。利用复合循环指令，给出每次切削的余量或循环次数，机床即可按加工轮廓的进给路线进行分层切削，直到工件加工完成为止。

如图 4-1 所示零件，由于其轮廓形状复杂多变，如果采用前面模块二任务三中介绍的 G90、G94 指令加工完成，则需要考虑多刀加工，而且刀具的进、退刀位置要多次重新定义，加工工艺变得复杂，程序多，且不能保证轮廓连接光滑。因此，需要掌握新的复合循环车削指令编程，合理安排粗加工走刀路线，保证零件的加工轮廓由最后一刀连续加工完成。

本模块主要讲解轴向粗车循环加工、径向粗车循环加工及多次成形粗车循环加工的特点、指令的应用及程序的编制。

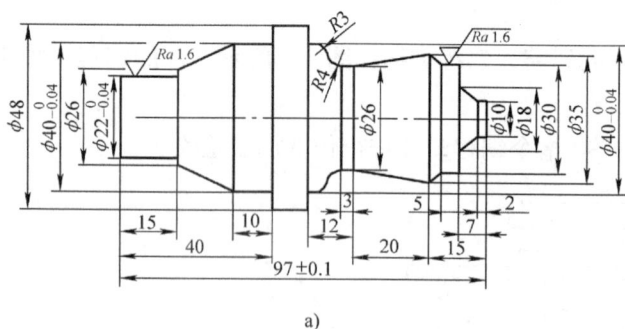

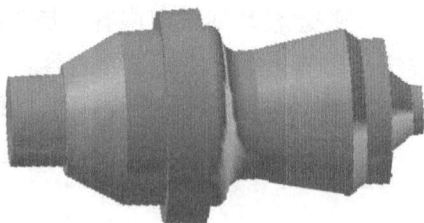

图 4-1 复杂轮廓零件

a）零件图 b）实物图

职业目标

- 能够合理选用复杂轮廓零件切削刀具。
- 能够选择复杂轮廓零件粗、精加工的切削用量。

- 能够确定复杂轮廓零件的加工方案和加工工艺。
- 能够根据零件特征合理选择加工指令，并编制数控加工程序。
- 能够熟练操作数控车床加工复杂轮廓零件。
- 培养沟通能力及团队协作能力。
- 培养安全操作的规范意识。

任务一 轴向粗车循环加工

职业知识

- 掌握复杂轮廓工件加工工艺。
- 掌握复杂轮廓工件加工方案。
- 掌握 G71 和 G70 指令的格式、用途。
- 熟悉使用 G71 与 G70 指令的注意事项。

职业技能

- 能够根据加工要求编制复杂轮廓工件的车削程序。
- 合理选用刀具，确定切削用量。
- 能够熟练操作数控车床，利用轴向粗车循环加工指令完成复杂轮廓工件的加工。

【任务描述】

如图 4-2 所示为齿轮轴毛坯零件，在生产中类似的零件比较多，属于常见的加工内容。学校业务部门接到该齿轮轴毛坯零件的订单，数量为 30，工期为 3 天，来料加工（$\phi 40$mm × 118mm），加工尺寸如图 4-2a 所示，现安排我班组完成此任务的车削内容。

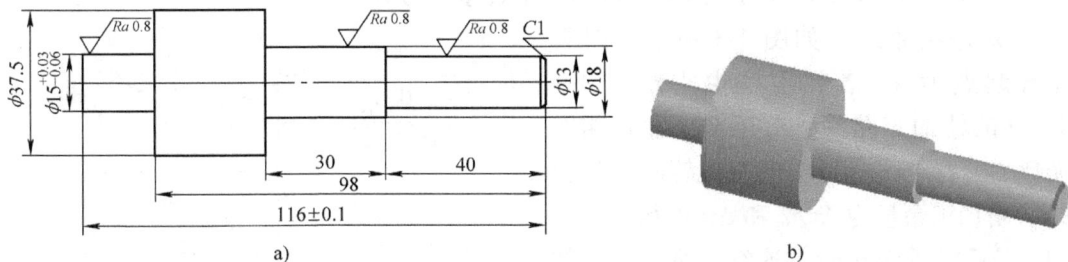

图 4-2 齿轮轴毛坯零件
a）零件图 b）实物图

分析该齿轮轴零件图及加工要求，图样尺寸完整，轮廓清楚；表面粗糙度值

为 $Ra\,0.8\,\mu m$，直径尺寸有公差要求；毛坯轴向切削余量较大，需要分层多次切削才能完成，如果用普通加工指令 G01、G00 等指令编程，程序较长，占用内存多，而且程序容易出错，所以适合应用轴向粗车循环加工指令编程；该零件需调头加工才能完成。

【知识链接】

车削台阶轴指令介绍（一）

1）使用 G01 指令可编制简单轴加工程序，切削路径短，效率高，详见模块二任务二 G00、G01 指令的应用。

2）G71 轴向粗车循环加工指令　适用于圆柱毛坯粗车外圆或圆筒毛坯粗车内孔时、需切除大部分加工余量的情况，其切削循环路径都平行于 Z 轴，所以该指令称为轴向走刀粗车循环。

① 指令格式：

G71 U(Δd)　R(e)；

G71　P(ns)　Q(nf))　　U(Δu)　W(Δw)　F(f)　S(s)　T(t)；

N(ns)……；

…；

……F____ S____；

…；

N(nf)……；

② 参数含义：

Δd：径向背吃刀量，半径值，不带正负号(mm)；

e：每次切削结束后退刀量，无符号(mm)；

ns：精加工路径第一程序段的段号；

nf：精加工路径最后程序段的段号；

Δu：X 方向精加工余量，有正负区别，表示直径值(mm)；

Δw：Z 方向精加工余量(mm)；

f，s，t：粗加工时所用的进给速度、主轴转速、刀具号。

③ 进给路线　如图 4-3 所示，刀具循环起点为 A，若在程序中指定了 A—A'—B 的精加工路线，应用 G71 轴向粗车循环加工指令，就可实现每次背吃刀量为 Δd，精加工余量为 Δu/2 和 Δw 的粗加工车削，最后沿着粗车轮廓连续车削一刀，使精加工余量均匀，再退回至循环起点 A，完成粗车循环。C 点为粗车加工循环的起刀点。

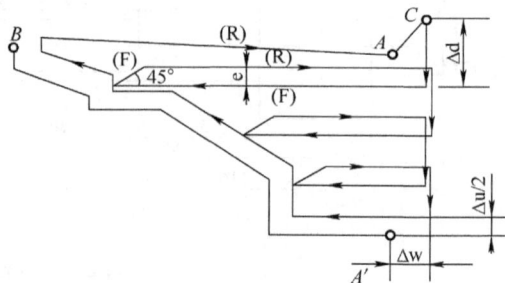

图 4-3　轴向粗车外圆进给路线

1）G71 指令适用于什么类型零件的加工？

2）G71 粗加工循环起点一般设在哪里？

3）使用 G71 指令加工完成后，零件是否就可以达到图样要求尺寸？

4）G71 指令能否用于切削内孔？

【程序编制】

应用 G71 指令编制的齿轮轴毛坯零件（图 4-2）右侧轮廓加工程序见表 4-1。

表 4-1　图 4-2 所示齿轮轴毛坯零件右侧轮廓加工程序

程　序	说　明
O0001；	程序号
N10　T0101　S800　M03；	1 号粗车刀，1 号刀具补正，左刀尖对刀，主轴正转
N20　G00　X41.0　Z2.0　M08；	快速定位到循环起点，切削液开
N30　G71　U2.0　R1.0；	轴向粗车循环，径向背吃刀量为 2mm，退刀量 1mm
N40　G71　P50　Q130　U0.5　W0.25　F0.2；	指定精车程序段、精车余量、进给量
N50　G00　X11.0；	精车程序第一段，定位到精车起点
N60　G01　Z0　F0.1；	直线切削至零件端面
N70　X13.0　Z-1.0；	直线车削 C1 倒角
N80　Z-40.0；	直线车削 φ13mm 外圆，长度 40mm
N90　X18.0；	径向退刀至 φ18mm
N100　Z-70.0；	直线车削 φ18mm 外圆，长度 30mm
N110　X37.5；	径向退刀至 φ37.5mm
N120　Z-98.0；	直线车削 φ37.5mm 外圆，长度 28mm
N130　X41.0；	精车程序最后一段；径向退刀至 φ41mm
N140　G00　X100.0　Z100.0　M09；	返回换刀点，关闭切削液
N150　M05；	主轴停
N160　M30；	程序结束，光标返回程序起点

刀具首先分多次轴向粗车零件，然后沿粗车轮廓粗车一遍使精车余量均匀，完成加工。

同学们可以利用仿真软件进行程序的编制、调试。注意观察刀具的运动轨迹哦！

1）同学们通过软件仿真模拟后，有没有发现按表 4-1 编制程序加工后的零件尺寸要比图样要求的尺寸大呢？大家想一下问题出在哪里？

2）G71 是轴向粗车循环加工指令，那么 G71 加工完是不是还没有精加工？有没有专用的精加工指令呢？

G70 精车循环加工指令

当使用 G71、G72、G73 粗车循环加工指令后，可以使用 G70 指令进行精车，切除粗加工中留下的余量，使工件达到所要求的尺寸精度和表面粗糙度。

（1）指令格式　G70　P(ns)　Q(nf)；

（2）参数含义

ns：精加工路径第一程序段的段号；

nf：精加工路径最后程序段的段号。

（3）指令说明

1）精车时的转速。可以于 G70 之前，在换精车刀时指定。

2）循环加工结束后，刀具快速回到循环起点。

3）在精车循环 G70 状态下，ns ~ nf 程序段中指定的 F、S、T 有效；如果 ns ~ nf 程序段中没有指定 F、S、T，粗车循环中指定的 F、S、T 有效。

> 注意：1）G70 指令在程序中不能单独出现，要分别与 G71、G72、G73 配合使用。
>
> 2）G70 指令加工时循环起点的设置要与其他粗加工固定循环起点坐标位置一致。

【实践操作】（编程加工如图 4-1 所示工件左端部分）

1. 加工方案编制

如图 4-1 所示工件毛坯为 $\phi 50mm \times 100mm$ 的来料加工，加工分 3 个工序，工序 1 加工工件的左端部分，加工过程见表 4-2。

表 4-2　加工方案综合卡片

加工方案综合卡片		产品名称		零件名称		零件图号	材料
						4-1	45 钢
工序	程序号	工作场地		使用设备和系统		夹具名称	
1	O0002	数车实训车间		FANUC 0i		自定心卡盘	
工步	工步内容	切削用量			刀具		工步简图
		主轴转速/ (r/min)	进给速度/ (mm/min)	背吃刀量/ mm	编号	类型	
1	粗加工左端外圆	800	120	1.5	T01	外圆车刀	
2	精加工左端外圆	1300	60	0.5	T02	外圆车刀	
编制		审核		批准		日期	

2. 程序编制（应用 G01、G71、G70 指令）

选择工件左端面的中心为工件坐标原点，加工如图 4-1 所示工件左端部分的参考程序见表 4-3。

表 4-3 图 4-1 所示工件左端部分的参考程序

程 序	说 明
O0002；	程序号
N10 T0101 S800 M03；	1 号外圆车刀，1 号刀具补正，主轴正转 800r/min
N20 G00 X52.0 Z2.0 M08；	快速靠近工件，定位到循环起点，切削液开
N30 G71 U1.5 R1.0；	轴向粗车循环，背吃刀量 1mm（半径值），退刀量 1mm
N40 G71 P50 Q120 U0.5 W0 F120；	循环路线 N50～N120 程序段，X 向精加工余量 0.5mm（直径值）
N50 G00 X22.0；	精车程序开始段，必须走 X 向
N60 G01 Z-15.0 F60；	车 φ22mm 外圆，长 15mm
N70 X26.0；	车台阶面
N80 X40.0 Z-30.0；	车锥面
N90 Z-40.0；	车 φ40mm 外圆
N100 X48.0；	车台阶面
N110 Z-53.0；	车 φ48mm 外圆，多车 3mm
N120 X52.0；	车台阶面，退刀，精车程序最后一段
N130 G00 X100.0 Z100.0；	返回换刀点
N140 T0202 S1300；	换 2 号精车刀，主轴转速 1300r/min
N150 G00 X55.0 Z2.0；	快速定位至循环起点
N160 G70 P50 Q120；	精车循环
N170 G00 X100.0 Z100.0 M09；	返回换刀点，关闭切削液
N180 M05；	停主轴
N190 M30；	程序结束

编程提示

⚠

1）编制程序过程中注意粗车、精车切削参数的区别。

2）使用 G71 指令时，精车程序第一段必须用 G00 或 G01 指令，且不能有 Z 方向移动指令。

3）顺序号 ns 和 nf 的程序不能调用子程序。

4）G71 指令的车削路径（零件轮廓 A'～B）必须是单调增大或减小。

5）换精车刀时要避免撞刀，注意换刀点位置。

6）使用 G70、G71 循环指令，其循环起点一定要在工件毛坯之外。

3. 零件加工操作

（1）开机、回参考点。

（2）工件装夹 自定心卡盘装夹，须伸出卡盘长度 65mm。

（3）刀具装夹 对刀，设定工件坐标原点。

操作提示

1) 安装外圆车刀时，刀尖与工件轴线等高。

2) 外圆车刀主偏角要大于等于90°，才能车削直台阶。

3) 刀体不宜伸出过长。

（4）程序录入　输入程序并进行程序校验。

（5）工件加工　按下循环启动键，进行工件加工。

⚠️　注意：工件加工过程中，注意观察程序执行 G71 指令时刀具的走刀路线。

（6）工件测量　完成工件加工并检测，将检测结果填入表4-4。

表 4-4　工件测评表

序号	检测项目	检测内容	配分	检测要求	学生自评		老师测评	
					自测	得分	检测	得分
1	长度	15mm	10	超差 0.02mm 扣 2 分				
2		10mm	8	超差 0.02mm 扣 2 分				
3		40mm	10	超差 0.02mm 扣 2 分				
4	直径	ϕ22mm	10	超差 0.01mm 扣 2 分				
5		ϕ40mm	10	超差 0.01mm 扣 2 分				
6		ϕ48mm	8	超差 0.01mm 扣 2 分				
7	锐边倒钝	两处	6	超差 0.1mm 扣 2 分				
8	表面粗糙度值	$Ra1.6\mu m$	8	一处不合格扣 4 分，扣完为止				
9	时间	工件按时完成	10	未按时完成全扣				
10	现场操作规范	安全操作	10	违反操作规程按程度扣分				
11		工、量具使用	5	工、量具使用错误，每项扣 2 分				
12		设备维护保养	5	违反维护保养规程，每项扣 2 分				
13	合计（总分）		100	机床编号		总得分		
14	开始时间		结束时间			加工时间		

（7）结束加工　进行机床维护与保养。

❓　轴向粗车循环指令 G71 能不能加工内轮廓呢？加工内轮廓又如何编程呢？

【知识拓展】

G71 加工内孔

💡在生产中，经常会遇到如图4-4所示相似的零件需要加工内轮廓。这种零件如果应用基本指令进行编程加工，程序段会很多，程序较长容易出错。那么加工这类零件 G71 是一个很好的指令。

1. 加工方案编制

如图4-4所示工件的内孔加工分一个工序即可加工完成，加工方案综合卡片见表4-5。

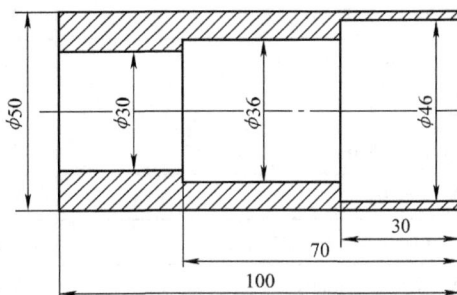

图4-4 阶梯内轮廓加工

表4-5 加工方案综合卡片

加工方案综合卡片	产品名称		零件名称		零件图号	材料
					4-4	45 钢
工序	程序号	工作场地		使用设备和系统		夹具名称
1	O0003	数车实训车间		FANUC 0i		自定心卡盘

工步	工步内容	切削用量			刀具		工步简图
		主轴转速/ (r/min)	进给速度/ (mm/min)	背吃刀量/ mm	编号	类型	
1	粗加工内孔	800	120	1	T01	内孔车刀	
2	精加工内孔	1300	60	0.5	T02	内孔车刀	
编制		审核		批准		日期	

2. 程序编制(应用 G01、G71、G70 指令)

选择工件右端面的中心为工件坐标原点，加工如图4-4所示工件内孔部分的参考程序见表4-6

表4-6 图4-4所示工件内孔部分的参考程序

程 序	说 明
O0003;	程序号
N10 T0101 S800 M03;	1号外圆车刀，1号刀具补正，主轴正转 800r/min
N20 G00 X29.0 Z3.0 M08;	快速靠近工件，定位到循环起点，切削液开
N30 G71 U1.0 R1.0;	轴向粗车循环，背吃刀量1mm(半径值)，退刀量1mm
N40 G71 P50 Q110 U - 0.5 W0 F120;	循环路线 N50 ~ N110 程序段，X 向精加工余量 0.5mm（直径值）
N50 G00 X46.0;	精车程序开始段，必须走 X 向
N60 G01 Z - 30.0 F60;	车削 φ46mm 内孔

（续）

程　　序	说　　明
N70　G01　X36.0;	车台阶面至 ϕ 36mm
N80　Z－70.0;	车 ϕ 36mm 内孔
N90　X30.0;	车台阶面至 ϕ 30mm
N100　Z－105.0;	车 ϕ 30mm 内孔
N110　X29.0;	车台阶面，退刀，精车程序最后一段
N120　G00　X50.0　Z100.0;	返回换刀点
N130　T0202　S1300;	换精车刀，主轴转速1300r/min
N140　G00　X29.0　Z3.0;	快速定位至循环起点
N150　G70　P50　Q110;	精车循环
N160　G00　X100.0　Z100.0　M09;	返回换刀点，关闭切削液
N170　M05;	主轴停
N180　M30;	程序结束

编程提示

⚠

1）注意内孔循环起点的位置。

2）G71指令车削内孔，径向精车余量为负值。

任务二　径向粗车循环加工

职业知识

◆ 掌握复杂轮廓工件加工工艺。

◆ 掌握复杂轮廓工件加工方案。

◆ 掌握G72指令的格式、用途。

◆ 熟悉使用G72指令的注意事项。

职业技能

◆ 能够根据加工要求编制复杂轮廓工件的车削程序。

◆ 合理选用刀具，确定切削用量。

◆ 能够熟练操作数控车床，利用径向粗车循环加工指令完成复杂轮廓工件的加工。

【任务描述】

如图4-5所示为端盖毛坯零件，在生产中类似的零件比较多，属于常见的加工内容。

学校业务部门接到该零件的订单，数量为 30，工期为 3 天，来料加工（$\phi 82\text{mm} \times 25\text{mm}$），加工尺寸如图 4-5a 所示，现安排我班组完成此任务的车削内容。

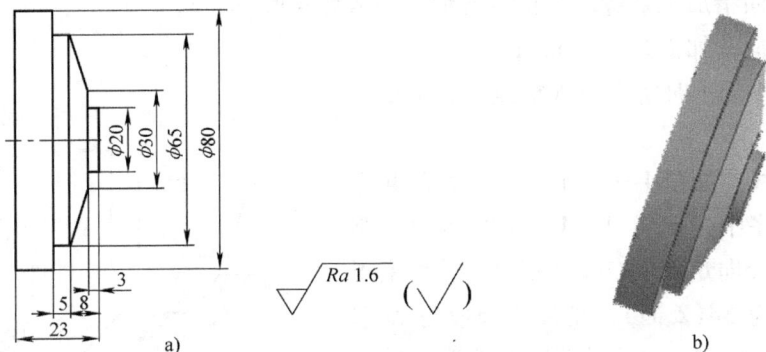

图 4-5　端盖毛坯零件
a）零件图　b）实物图

　　分析该端盖毛坯零件图及加工要求，图样尺寸完整，轮廓清楚；表面粗糙度值为 $Ra1.6\mu\text{m}$；毛坯径向切削余量较大，需要分层多次切削才能完成。如果用普通加工指令 G01、G00 等编程，程序较长，占用内存多，而且程序容易出错；如果使用 G71 指令加工则会有较多空走刀，浪费加工时间；所以适合应用径向粗车循环加工指令编程。

【知识链接】

车削台阶轴指令介绍（二）。

1）使用 G01 指令可编制简单轴加工程序，切削路径短，效率高，详见模块二任务二 G00、G01 指令的应用。

2）G71 轴向粗车循环加工指令适合于轴向切削余量较大的轴类或圆筒类零件，见本模块任务一。

3）G72 径向粗车循环加工指令适用于直径方向的切除余量比轴向余量大时的情况。

① 指令格式：

G72 W(Δd) R(e)；

G72 P(ns)　Q(nf))　　U(Δu)　W(Δw)　F(f)　S(s)　T(t)；

N(ns)……；

…；

……F＿＿　S＿＿；

…；

N(nf)……；

② 参数含义：

Δd：轴向背吃刀量，半径值，不带正负号（mm）；

e：每次切削结束后退刀量，无符号（mm）；

ns：精加工路径第一程序段的段号；

nf：精加工路径最后程序段的段号；

Δu：X 方向精加工余量，有正负区别，表示直径值（mm）；

Δw：Z 方向精加工余量（mm）；

f，s，t：粗加工时所用的进给速度、主轴转速、刀具号。

③进给路线。如图 4-6 所示，刀具循环起点为 A，若在程序中指定了 A—A′—B 的精加工路线，应用 G72 径向走刀粗车循环指令，就可实现每次背吃刀量为 Δd（Z 向），精加工余量为 Δu/2 和 Δw 的粗加工车削，最后沿着粗车轮廓连续车削一刀，使精加工余量均匀，再退回至循环起点 A，完成粗车循环。C 点为粗车加工循环的起刀点。

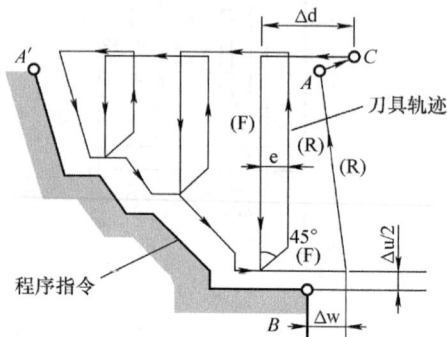

图 4-6 G72 指令的进给路线

1）G72 指令适用于什么类型零件的加工？

2）G72 指令粗加工循环起点一般设在哪里？

3）使用 G72 指令加工完成后，零件是否就可以达到图样要求的尺寸？

4）使用 G72 指令用外圆车刀还是切槽刀？切槽刀可以横向切削吗？

5）G72 指令能否用于切削内孔？

【程序编制】

应用 G72 指令编制的端盖毛坯零件（图 4-5）加工程序见表 4-7

表 4-7 图 4-5 所示端盖毛坯零件加工程序

程　序	说　明
O0004；	程序号
N10　T0101　S800　M03；	1 号粗车刀，1 号刀具补正，左刀尖对刀，主轴正转
N20　G00　X84.0　Z2.0　M08；	快速定位到循环起点，切削液开
N30　G72　W1.0　R1.0；	径向粗车循环加工，轴向背吃刀量为 1mm，退刀量 1mm
N40　G72　P50　Q100　U0.5　W0.25　F0.2；	指定精车程序段、精车余量、进给量
N50　G00　Z−13.0；	精车程序第一段，定位到精车起点
N60　G01　X65.0　F0.1；	切削零件台阶面至 φ65mm
N70　Z−8.0；	直线车削 φ65mm 圆柱面
N80　X30.0　Z−3.0；	直线车削锥面

（续）

程　序	说　明
N90　X20.0；	切削零件台阶面至 φ20mm
N100　Z2.0；	直线车削 φ20mm 圆柱面，并退刀（精车程序最后一段）
N110　G00　X100.0　Z100.0；	返回换刀点
N120　T0202　S1300；	换 2 号精车刀，2 号刀具补正，主轴转速 1300r/min
N130　G00　X84.0　Z2.0；	快速定位到循环起点
N140　G70　P50　Q100；	精加工循环
N150　G00　X100.0　Z100.0　M09；	返回换刀点，关闭切削液
N160　M05；	主轴停
N170　M30；	程序结束，光标返回程序起点

刀具首先分多次径向粗车零件，最后沿粗车轮廓粗车一遍使精车余量均匀，完成粗加工；然后刀具沿精车轮廓精车一遍，得到图样要求尺寸。

> 同学们可以利用仿真软件进行程序的编制、调试。注意观察刀具的运动轨迹哦！

【实践操作】（编程加工图 4-1 所示工件右端部分）

1. 加工方案编制

如图 4-1 所示工件的加工分三个工序，工序 2 加工工件的右端部分，加工方案综合卡片见表 4-8。

表 4-8　加工方案综合卡片

加工方案综合卡片	产品名称		零件名称		零件图号	材料
					4-1	45 钢
工序	程序号	工作场地		使用设备和系统		夹具名称
2	O0005	数车实训车间		FANUC 0i		自定心卡盘
工步	工步内容	切削用量			刀具	工步简图
		主轴转速/ (r/min)	进给速度/ (mm/min)	背吃刀量/ mm	编号	类型	
1	粗加工右端外圆	800	120	1	T01	外圆车刀	
2	精加工右端外圆	1300	60	0.5	T02	外圆车刀	
编制		审核		批准		日期	

2. 程序编制（应用 G01、G72、G70 指令）

选择工件右端面的中心为工件坐标原点，加工如图 4-1 所示工件右端部分的参考程序见表 4-9。

表 4-9　图 4-1 所示工件右端部分的参考程序

程　序	说　明
O0005;	程序号
N10　T0101　S800　M03;	1 号外圆车刀，1 号刀具补正，主轴正转 800r/min
N20　G00　X55.0　Z2.0　M08;	快速靠近工件，定位到循环起点，切削液开
N30　G72　W1.0　R1.0;	径向粗车循环，背吃刀量 1mm（半径值），退刀量 1mm
N40　G72　P50　Q110　U0.5　W0　F120;	精车程序 N50～N110 程序段，确定精车余量
N50　G00　Z-15.0;	精车程序开始段，必须走 Z 向
N60　G01　X35.0　F60;	车削台阶面至 ϕ35mm
N70　G01　X30.0　Z-12.0　F60;	车锥面
N80　Z-7.0;	车削 ϕ30mm 圆柱面
N90　X18.0;	车削台阶面至 ϕ18mm
N100　X10.0　Z-2.0;	车锥面
N110　Z2.0;	车 ϕ10mm 圆柱面并退刀，精车程序最后一段
N120　G00　X100.0　Z100.0;	返回换刀点
N130　T0202　S1300;	换精车刀，主轴转速 1300r/min
N140　G00　X55.0　Z2.0;	快速定位至循环起点
N150　G70　P50　Q110;	精车循环
N160　G00　X100.0　Z100.0　M09;	返回换刀点，关闭切削液
N170　M05;	主轴停
N180　M30;	程序结束

> **编程提示**
>
> 1）编制程序过程中注意粗车、精车切削参数的区别。
>
> 2）使用 G72 指令时，精车程序第一段必须用 G00 或 G01 指令，且不能有 X 方向移动指令。
>
> 3）顺序号 ns～nf 的程序不能调用子程序。
>
> 4）车削路径（零件轮廓 A'～B）必须是单调增大或减小。
>
> 5）换精车刀时要避免撞刀，注意换刀点位置。
>
> 6）使用 G70、G72 循环指令，其循环起点一定要在工件毛坯之外，且为同一点。

3. 零件加工操作

（1）开机、回参考点

（2）工件装夹　卡盘加紧 ϕ40mm 圆柱面，以 ϕ48mm 圆柱端面定位。

（3）刀具装夹　对刀，设定工件坐标原点。

操作提示

  1）安装切槽刀时，主切削刃应平行于工件轴线，且主切削刃与工件轴线等高。

  2）切槽刀刀体一定要垂直于工件的轴线，刀体不能倾斜，以免发生摩擦。

  3）刀体不宜伸出过长。

  4）切槽刀 Z 轴对刀时，注意加工程序选用的对尖点。

（4）程序录入　输入程序并进行程序校验。

（5）工件加工　按下循环启动键，进行工件加工。

  注意：工件加工过程中，注意观察程序执行 G72 指令时刀具的进给路线。

（6）工件测量　完成工件加工并进行检测，将检测结果填入表4-10。

表 4-10　工件测评表

序号	检测项目	检测内容	配分	检测要求	学生自评		老师测评	
					自测	得分	检测	得分
1	长度	2mm	10	超差0.02mm扣2分				
2		7mm	8	超差0.02mm扣2分				
3		5mm	8					
4		15mm	10	超差0.02mm扣2分				
5	直径	ϕ10mm	10	超差0.01mm扣2分				
6		ϕ18mm	8	超差0.02mm扣2分				
7		ϕ30mm	8	超差0.01mm扣2分				
8	表面粗糙度值	Ra1.6μm	8	一处不合格扣4分，扣完为止				
9	时间	工件按时完成	10	未按时完成全扣				
10	现场操作规范	安全操作	10	违反操作规程按程度扣分				
11		工、量具使用	5	工、量具使用错误，每项扣2分				
12		设备维护保养	5	违反维护保养规程，每项扣2分				
13	合计（总分）		100	机床编号		总得分		
14	开始时间		结束时间			加工时间		

（7）结束加工　进行机床维护与保养。

  径向粗车循环加工指令 G72 能不能用于加工内轮廓呢？加工内轮廓又如何编程？

【知识拓展】

G72 指令加工内孔

在生产中，经常会遇到与如图 4-7 所示相似的零件需要加工内轮廓。这种零件如果应用基本指令编程加工，程序段会很多，程序较长，容易出错。那么加工这类零件，G72 是一个很好的指令。

图 4-7　内孔加工

1. 加工方案编制

如图 4-7 所示工件的内孔分一个工序加工，加工方案综合卡片见表 4-11。

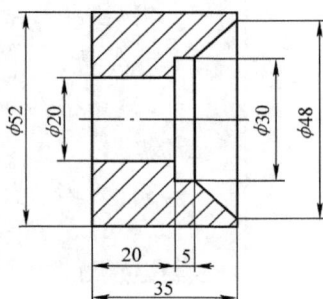

表 4-11　加工方案综合卡片

加工方案综合卡片		产品名称	零件名称	零件图号	材料
				4-1	45 钢
工序	程序号	工作场地	使用设备和系统		夹具名称
1	00006	数车实训车间	FANUC 0i		自定心卡盘
工步	工步内容	切削用量			刀具		工步简图
		主轴转速/ (r/min)	进给速度/ (mm/min)	背吃刀量/ mm	编号	类型	
1	粗加工内孔	800	120	1	T01	内孔车刀	
2	精加工内孔	1300	60	0.5	T02	内孔车刀	
编制		审核	批准		日期	

2. 程序编制(应用 G01、G72、G70 指令)

选择工件右端面中心为工件坐标原点，加工如图 4-7 所示工件右端部分的参考程序见表 4-12。

表 4-12　图 4-7 所示工件右端部分的参考程序

程　序	说　明
00006;	程序号
N10　T0101　S800　M03;	1 号外圆车刀，1 号刀具补正，主轴正转 800r/min
N20　G00　X19.0　Z3.0　M08;	快速靠近工件，定位到循环起点，切削液开
N30　G72　W1.0　R1.0;	径向粗车循环，背吃刀量 1mm，退刀量 1mm
N40　G72　P50　Q110　U-0.5　W0　F120;	循环路线 N50～N110 程序段，X 向精加工余量 0.5mm（直径值）
N50　G00　Z-36.0;	精车程序开始段，必须走 Z 向

（续）

程　序	说　明
N60　G01　X20.0　F60；	车削至 $\phi20$mm，进给速度 60mm/min
N70　G01　Z－15.0；	车削 $\phi20$mm 内圆柱面
N80　X30.0；	车削台阶面至 $\phi30$mm
N90　Z－10.0；	车削 $\phi30$mm 内圆柱面
N100　X48.0　Z0；	车削内圆锥面
N110　Z2.0；	退刀，精车程序段最后一段
N120　G00　X50.0　Z100.0；	返回换刀点
N130　T0202　S1300；	换 2 号精车刀，主轴转速 1300r/min
N140　G00　X19.0　Z3.0；	快速定位至循环起点
N150　G70　P50　Q110；	精车循环
N160　G00　X100.0　Z100.0　M09；	取消刀具补正，返回换刀点，关闭切削液
N170　M05；	主轴停
N180　M30；	程序结束

编程提示

⚠

1）注意内孔循环起点的位置。
2）用 G72 指令车削内孔，径向精车余量为负值。
3）注意内孔车刀的对刀点。

任务三　多次成形粗车循环加工

职业知识

- 掌握异成形面零件加工工艺。
- 掌握复杂轮廓工件加工方案。
- 掌握 G73 指令的格式，用途。
- 熟悉使用 G73 指令的注意事项。

职业技能

- 能够根据加工要求编制复杂轮廓工件的车削程序。
- 合理选用刀具，确定切削用量。
- 能够熟练操作数控车床，利用多次成形粗车循环加工指令完成复杂轮廓工件的加工。

【任务描述】

如图 4-8 所示为异形轴零件图，在生产中类似的零件比较多，属于常见的加工内容。

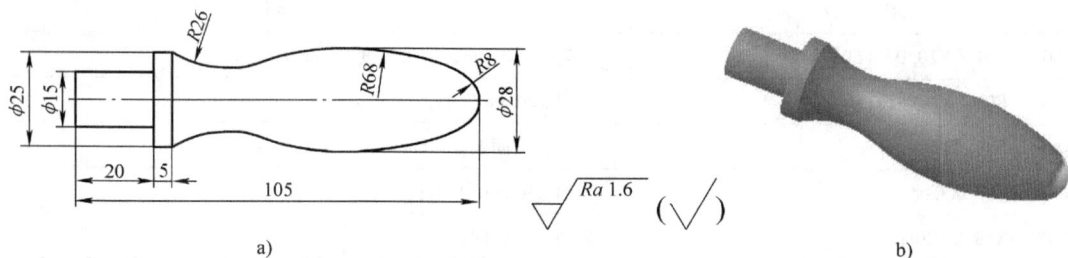

图 4-8　异形轴零件

a）零件图　b）实物图

学校业务部门接到该零件的订单，数量为 30，工期为 3 天，来料加工，加工尺寸如图 4-8a 所示，现安排我班组完成此任务的车削内容。

分析该异形轴零件图及加工要求，图样尺寸完整，轮廓清楚；表面粗糙度值为 1.6μm，毛坯余量较大，需要分层多次切削才能完成，如果用普通加工指令 G01、G02、G03、G00 等编程，程序较长，占用内存多，而且程序容易出错，用 G71 或 G72 指令编程空走刀太多，而且该零件不是单调变化，也不适用 G71 或 G72 指令。有没有一种指令既可以使其编程简单，又能提高加工效率呢？

【知识链接】

车削异形轴指令介绍。

G73 多次成形粗车循环加工指令　可以有效地切削铸造成形、锻造成形或已粗车成形的零件。这类零件的毛坯轮廓形状与零件轮廓形状基本接近，如果仍用 G71 或 G72 指令，则会产生许多空走刀而浪费加工时间，效率不高。

由于使用 G73 指令时，刀具切削路径始终平行于工件轮廓，且与工件轮廓相同，因此该循环也称为仿形粗车循环。

（1）指令格式

G73　U(Δi)　W(Δk)　R(d)；

G73　P(ns)　Q(nf)　U(Δu)　W(Δw)　F(f)　S(s)　T(t)；

N(ns)……；

…；

……F＿＿　S＿＿；

…；

N(nf)……；

（2）参数含义

Δi：沿 X 轴的退刀距离(半径值)和方向，当 X 轴正向退刀时，该值为正，反之为负(mm)；

Δk：沿 Z 轴的退刀距离和方向，当 Z 轴正向退刀时，该值为正，反之为负(mm)；

d：车削次数；

ns：精加工路径第一程序段的段号；

nf：精加工路径最后程序段的段号；

Δu：X 方向精加工余量，有正负区别，表示直径值（mm）；

Δw：Z 方向精加工余量（mm）；

f，s，t：粗加工时所用的进给速度、主轴转速、刀具号。

（3）进给路线 如图 4-9 所示，刀具循环起点为 A，若在程序中指定了 A—A′—B 的精加工路线，应用 G73 仿形粗车循环指令，每一刀的切削路线的轨迹是相同的，只是位置不同。每走一刀就把切削轨迹向工件移动一个位置，移动距离的大小与参数 Δi、Δk 和 d 值有关。粗加工最后一刀留下径向精加工余量 Δu 和轴向精加工余量 Δw，循环结束，刀具返回起刀点。

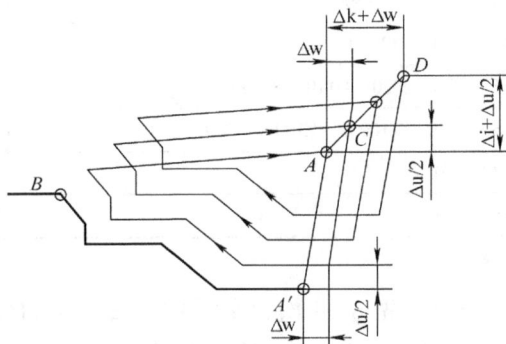

图 4-9 G73 进给路线

课堂互动

1）G73 指令适用于什么类型零件的加工？

2）G73 指令粗加工循环起点一般设在哪里？使用 G73 指令时，如何实现精加工？

3）G73 指令格式中的参数如何设置？

4）G73 指令能否用于切削内孔？

【程序编制】

应用 G73 指令编制异形轴零件（图 4-8）右侧加工程序，见表 4-13。

表 4-13 图 4-8 所示异形轴零件右侧参考程序

程 序	说 明
O0008；	程序号
N10 T0101 S800 M03；	1 号外圆车刀，1 号刀具补正，主轴正转 800r/min
N20 G00 X30.0 Z2.0 M08；	快速靠近工件，定位到循环起点，切削液开
N30 G73 U14.0 W1.0 R14；	仿形粗车循环，X 退刀量 14mm，分 14 次切削
N40 G73 P50 Q110 U0.6 W0 F120；	循环 N50～N110 程序段，X 向精加工余量 0.3mm
N50 G00 X0；	精车程序开始段
N60 G01 Z0 F60；	车削至零件端面
N70 G03 X14.4 Z-4.51 R8.0 F60；	车削 R8mm 的圆弧
N80 X19.94 Z-57.21 R68.0；	车削 R68mm 的圆弧
N90 G02 X25.0 Z-80.0 R26.0；	车削 R26mm 圆弧

（续）

程　序	说　明
N100　G01　Z－85.0；	车削φ25mm外圆
N110　X30.0；	退刀，精车程序最后一段
N120　G00　X100.0　Z100.0；	返回换刀点
N130　T0202　S1300；	换精车刀，主轴转速1300r/min
N140　G00　X30.0　Z2.0；	快速定位至循环起点
N150　G70　P50　Q110　S1300；	精车循环
N160　G00　X100.0　Z100.0　M09；	返回换刀点，关闭切削液
N170　M05；	主轴停
N180　M30；	程序结束

刀具首先分14次粗车零件，每次走刀轨迹与零件轮廓相同，完成粗加工；然后刀具沿精车轮廓精车一刀，达到图样要求的尺寸精度。

同学们可以利用仿真软件进行程序的编制、调试。注意观察刀具的运动轨迹哦！

【实践操作】（编程加工如图4-1所示工件中间部分）

1. 加工方案编制

如图4-1所示工件的加工分三个工序，工序3加工工件的中间部分，加工方案综合卡片见表4-14。

表4-14　加工方案综合卡片

加工方案综合卡片		产品名称	零件名称	零件图号	材料
				4-1	45钢
工序	程序号	工作场地	使用设备和系统		夹具名称
3	O0009	数车实训车间	FANUC 0i		自定心卡盘
工步	工步内容	切削用量			刀具		工步简图
		主轴转速/(r/min)	进给速度/(mm/min)	背吃刀量/mm	编号	类型	
1	粗加工中间外轮廓	800	120	1	T01	外圆车刀	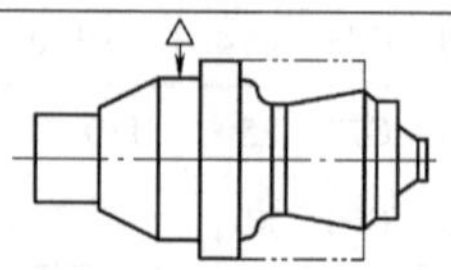
2	精加工中间外轮廓	1300	60	0.5	T02	外圆车刀	
编制		审核		批准		日期	

2. 程序编制（应用G01、G73、G70指令）

选择工件右端面中心为工件坐标原点，加工如图4-1所示工件中间部分的参考程序见

表 4-15。

表 4-15 图 4-1 所示工件中间部分的参考程序

程 序	说 明
O0009;	程序号
N10 T0101 S800 M03;	1 号外圆车刀，1 号刀具补正，主轴正转 800r/min
N20 G00 X55.0 Z-10.0 M08;	快速靠近工件，定位到循环起点，切削液开
N30 G73 U11.0 W1.0 R11.0;	仿形粗车循环，X 退刀量 11mm，分 11 次切削
N40 G73 P50 Q110 U0.5 W0 F120;	循环 N50~N110 程序段，X 向精加工余量 0.5mm（直径值）
N50 G0 X35.0 Z-15.0;	精车程序开始段
N60 G01 X26.0 Z-35.0 F60;	车削锥面
N70 Z-38.0;	车削 φ26mm 外圆
N80 G02 X34.0 Z-42.0 R4.0;	车削 R4mm 的圆弧
N90 G03 X40.0 Z-45.0 R3.0;	车削 R3mm 圆弧
N100 G01 Z-47.0;	车削 φ40mm 外圆
N110 X55.0;	退刀，精车程序最后一段
N120 G00 X100.0 Z100.0;	返回换刀点
N130 T0202 S1300;	换 2 号精车刀，改变主轴转速，准备精车
N140 G00 X55.0 Z-10.0;	重新定位到循环起点
N150 G70 P50 Q110;	精车循环
N160 G00 X100.0 Z100.0 M09;	返回换刀点，关闭切削液
N170 M05;	主轴停
N180 M30;	程序结束

编程提示

⚠

1）编制程序过程中注意粗车、精车切削参数的区别。

2）合理指定 G73 参数以提高切削加工效率。

3）圆弧加工注意编程格式完整，不要忘了半径 R 以及顺、递时针圆弧指令的判断。

4）G73 指令适用于毛坯轮廓形状与零件轮廓形状基本接近的铸、锻毛坯件或已经粗车成形的工件。

5）顺序号 ns~nf 的程序不能调用子程序。

6）使用 G70、G72 循环指令，其循环起点一定要在工件毛坯之外，且为同一点。

3. 零件加工操作

（1）开机、回参考点

（2）工件装夹　卡盘夹紧 ϕ40mm 圆柱面，以 ϕ48mm 圆柱端面定位。

（3）刀具装夹　对刀，设定工件坐标原点。

操作提示

1）异形件加工注意刀具选择，防止干涉。

2）安装刀具时，刀尖与工件轴线等高。

3）刀体不宜伸出过长。

（4）程序录入　输入程序并进行程序校验。

（5）工件加工　按下循环启动键，进行工件加工。

> 注意：工件加工过程中，注意观察程序执行 G73 指令时刀具的进给路线。

（6）工件测量　完成工件加工并进行检测，将检测结果填入表4-16。

表4-16　工件测评表

序号	检测项目	检测内容	配分	检测要求	学生自评		老师测评	
					自测	得分	检测	得分
1	长度	15mm	8	超差 0.02mm 扣 2 分				
2		20mm	8	超差 0.02mm 扣 2 分				
3		12mm	8	超差 0.02mm 扣 2 分				
4	直径	ϕ35mm	8	超差 0.01mm 扣 2 分				
5		ϕ26mm	8	超差 0.01mm 扣 2 分				
6		ϕ40mm	8	超差 0.01mm 扣 2 分				
7	圆弧	R4mm	8	超差 0.06mm 扣 2 分				
8		R3mm	8	超差 0.06mm 扣 2 分				
9	表面粗糙度值	Ra1.6μm	6	一处不合格扣 2 分，扣完为止				
10	时间	工件按时完成	10	未按时完成全扣				
11	现场操作规范	安全操作	10	违反操作规程按程度扣分				
12		工、量具使用	5	工、量具使用错误，每项扣 2 分				
13		设备维护保养	5	违反维护保养规程，每项扣 2 分				
14	合计（总分）		100	机床编号		总得分		
15	开始时间		结束时间			加工时间		

（7）结束加工 进行机床维护与保养。

多次成形粗车循环加工指令 G73 能不能加工内轮廓呢？加工内轮廓又如何编程？

【知识拓展】

G73 指令加工内轮廓

在生产中，经常会遇到与如图 4-10 所示相似的零件需要加工内轮廓。这种零件已经铸造成形，如果应用基本指令编程加工，程序段会很多，程序较长，容易出错。应用 G71、G72 指令显然不合适，那么加工这类零件，G73 是一个很好的指令。

1. 加工方案编制

如图 4-10 所示工件的内孔分一个工序加工，加工方案综合卡片见表 4-17。

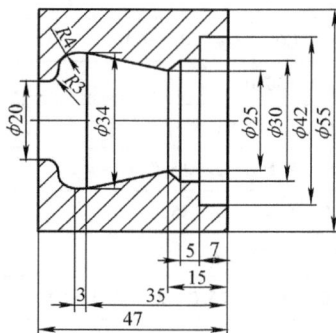

图 4-10 内孔轮廓加工

表 4-17 加工方案综合卡片

加工方案综合卡片	产品名称		零件名称		零件图号		材料
					4-10		45 钢
工序	程序号	工作场地		使用设备和系统		夹具名称	
1	O0010	数车实训车间		FANUC 0i		自定心卡盘	
工步	工步内容	切削用量			刀具		工步简图
		主轴转速/ (r/min)	进给速度/ (mm/min)	背吃刀量/ mm	编号	类型	
1	粗加工内孔	800	120	1	T01	内孔车刀	
2	精加工内孔	1300	60	0.5	T02	内孔车刀	
编制		审核		批准		日期	

2. 程序编制

选择工件右端面的中心为工件坐标原点，加工如图 4-10 所示工件内轮廓的参考程序见表 4-18。

表 4-18　图 4-10 所示工件内轮廓的参考程序

程　序	说　明
O0010；	程序号
N10　　T0101　S800　M03；	1 号内孔车刀，1 号刀具补正，主轴正转 800r/min
N20　　G00　X19.0　Z3.0　M08；	快速靠近工件，定位到循环起点，切削液开
N30　　G73　U－17.0　W1.0　R17；	仿形粗车循环，X 退刀量 17mm，分 17 次切削
N40　　G73　P50　Q150　U－0.5　W0　F120；	循环路线 N50～N110 程序段，X 向精加工余量 0.25mm
N50　　G00　X42.0；	精车程序开始段
N60　　G01　Z－7.0　F60；	车削内圆柱面 ϕ42mm
N70　　X30.0；	车削台阶面至 ϕ30mm
N80　　Z－12.0；	车削内圆柱面 ϕ30mm
N90　　X25.0　Z－15.0；	车削锥面
N100　　X34.0　Z－35.0；	车削锥面
N110　　Z－38.0；	车削内圆柱面 ϕ34mm
N120　　G03　X26.0　Z－42.0　R4.0；	车削 R4mm 内圆弧面
N130　　G02　X20.0　Z－45.0　R3.0；	车削 R3mm 内圆弧面
N140　　G01　Z－49.0；	车削内圆柱面 ϕ20mm
N150　　X19.0；	精车程序最后一段，径向退刀
N160　　G00　X50.0　Z100.0；	返回换刀点
N170　　T0202　S1000；	换 2 号精车刀，改变主轴转速，准备精车
N180　　G00　X19.0　Z3.0；	重新定位到循环起点
N190　　G70　P50　Q150；	精车循环
N200　　G00　X100.0　Z100.0　M09；	取消刀具补正，返回换刀点，关闭切削液
N210　　M05；	主轴停
N220　　M30；	程序结束

⚠ 编程提示

　　1）注意内孔循环起点的位置。

　　2）G73 指令车削内孔，径向精车余量为负值，径向退刀量 Δi 也必须为负值。

思考与训练

　　1. 如图 4-11 所示工件，选用合适的粗、精循环加工指令编程，并用仿真软件进行仿真加工检验。

　　2. 如图 4-12 所示工件，选用合适的粗、精循环加工指令编程，并用仿真软件进行仿真加工检验。

3．如图4-13所示工件，选用合适的粗、精循环加工指令编程，并用仿真软件进行仿真加工检验。

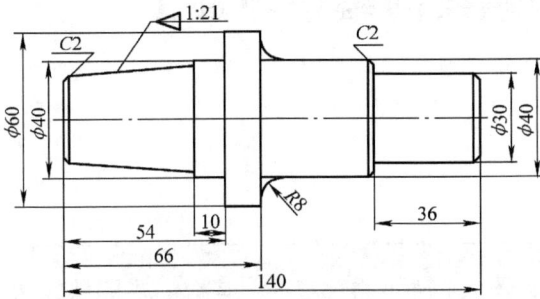

图4-11　题1图

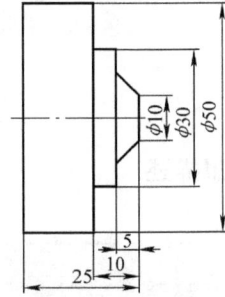

图4-12　题2图

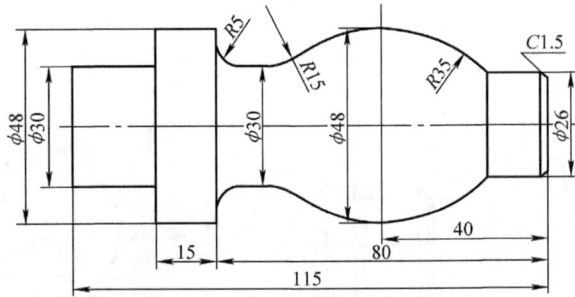

图4-13　题3图

模块五 槽和螺纹的编程与加工

情景描述

在数控车削加工中，经常会出现如图 5-1 所示槽及螺纹类工件，本模块主要讲解槽及螺纹加工的特点、指令的应用及程序的编制。

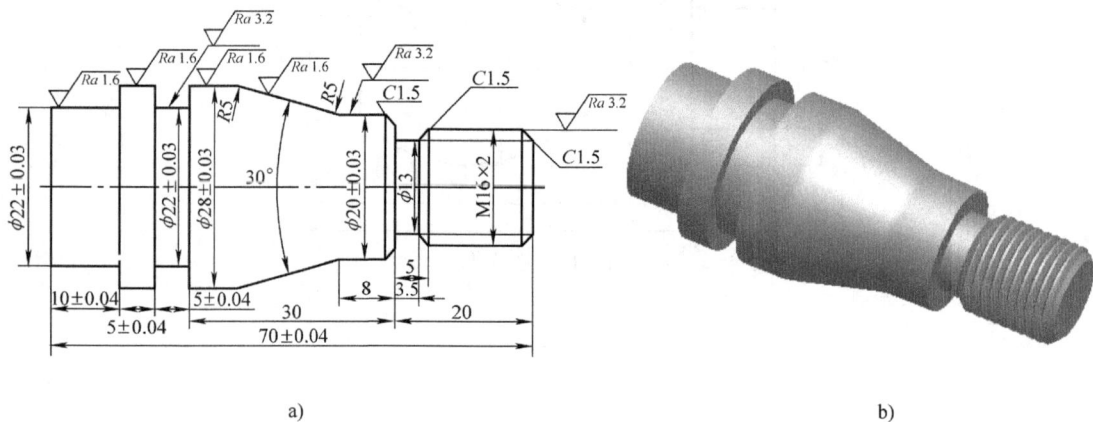

图 5-1 槽及螺纹类工件

a) 零件图 b) 实物图

职业目标

- 能够合理选用切槽及螺纹车刀。
- 能够选择切槽及螺纹加工的切削用量。
- 能够编制切槽及螺纹的数控加工程序。
- 能够熟练操作数控车床加工带有槽及螺纹的零件。
- 培养沟通能力及团队协作能力。
- 培养安全操作规范意识。

任务一　切槽加工

> **职业知识**
> - ◆ 掌握外径槽的加工工艺。
> - ◆ 掌握槽类零件加工方案。
> - ◆ 掌握子程序指令的格式。
>
> **职业技能**
> - ◆ 能够根据加工要求编制外径槽的车削程序。
> - ◆ 合理选用刀具，确定切削用量。
> - ◆ 掌握子程序在程序编写中的应用。

【任务描述】

如图 5-2 所示离合器零件需加工一个宽槽且有一定的深度，在生产中类似的零件比较多，属于常见的加工内容，这样的槽用宽刃刀直接切出是不现实的。

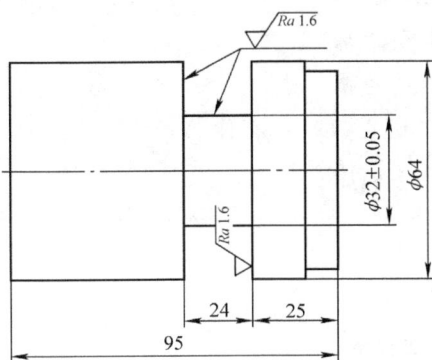
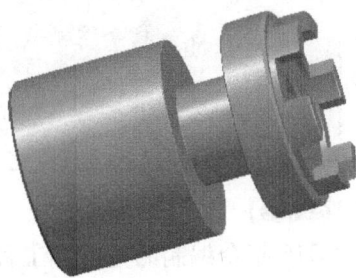

a)　　　　　　　　　　　　　　　　b)

图 5-2　离合器零件

a) 零件图　b) 实物图

根据离合器零件图槽的尺寸，设定合理的切槽次数与进给量，选定切槽刀的基准点以及切槽起点，明确切槽刀的宽度。在编制程序时合理选择 G01 与 G75 指令，一般简单的槽采用 G01 指令，类似本例的宽槽或有尺寸相同的重复凹槽，可采用 G75 径向切槽指令。

【知识链接】

切槽指令介绍。

1. G01 指令

G01 可编制简单的切槽指令，一般常见的槽类加工均用 G01 指令编制，详见模块二任务二 G00、G01 指令的应用。

2. G75 径向切槽循环指令

指令格式：

G75 R(e)；

G75 X(U)＿ Z(W)＿ P(Δi) Q(Δk) R(Δd) F ＿；

参数含义：

R(e)：每次径向进给后的径向退刀量(mm)；

X：切削终点的 X 轴绝对坐标值(mm)；

U：切削终点与起点的 X 轴相对坐标的差值(mm)；

Z：切削终点的 Z 轴绝对坐标值(mm)；

W：切削终点与起点的 Z 轴相对坐标的差值(mm)；

P(Δi)：径向(X 轴)进给，X 轴断续进给的进给量(μm,半径值)，无符号；

Q(Δk)：沿径向切完一个刀宽后退出，轴向(Z 轴)移动量(μm)，无符号，Z 向移动量必须小于刀宽；

R(Δd)：切削至终点时，在槽底沿-Z 向的退刀量，(μm)，最好取 0，以免断刀；

F：进给速度(mm／min)。

课堂互动

1) 常用于切槽加工的指令有哪几个？
2) G01 指令主要适合加工哪些类型的槽？
3) G75 指令主要适合加工哪些类型的槽？
4) 用 G75 指令切槽，是怎样实现进退刀的？有什么好处？
5) G75 指令格式中各参数值的单位是什么？

【程序编制】

应用 G75 指令编制的宽槽加工程序见表 5-1。

表 5-1 宽槽加工程序

程 序	说 明
O0001；	程序号
N10 T0101 S400 M03；	1 号外槽车刀刀宽 4mm，1 号刀具补正，右刀尖对刀，启动主轴
N20 G00 X67.0 Z-25.2 M08；	快速定位，槽侧面留余量 0.2mm，切削液开
N30 G75 R1.0；	径向退刀量
N40 G75 X32.2 Z-44.8 P5000 Q3900 F50；	背吃刀量 5mm，位移 3.9mm(侧面及槽底各留余量 0.2mm)
N50 G01 X67.0 Z-25.0 F200；	定位准备精加工
N60 X32.0 F30；	右侧面精加工
N70 Z-45.0；	槽底精加工
N80 X66.0；	左侧面精加工
N90 G00 X100.0 Z100.0 M09；	返回参考点，关闭切削液
N100 M05；	主轴停
N110 M30；	程序结束

在切槽过程中，刀具从槽的一侧开始切削，切入过程中有退刀断屑动作，且切到槽底后 X 轴退至切入的起点，然后位移一个小于刀宽的距离，再次开始切槽。完成整个槽宽度的切削后，对槽的两个侧面和槽底进行精加工。

同学们可以利用仿真软件进行程序的编制、调试。注意观察刀具的运动轨迹哦！

【实践操作】（编程加工如图 5-1 所示工件左端）

1. 加工方案编制

如图 5-1 所示工件的加工分两个工序，工序 1 加工工件的左端部分，加工方案综合卡片见表 5-2。

表 5-2 加工方案综合卡片

加工方案综合卡片		产品名称		零件名称		零件图号		材料
						5-1		45 钢
工序	程序号	工作场地		使用设备和系统			夹具名称	
1	O0002	数车实训车间		FANUC 0i			自定心卡盘	
工步	工步内容	切削用量			刀具		工步简图	
		主轴转速/ (r/min)	进给速度/ (mm/min)	背吃刀量/ mm	编号	类型		
1	粗加工左端 外圆	800	120	1	T01	外圆车刀		
2	精加工左端 外圆	1300	60	0.5	T02	外圆车刀		
3	加工端面	400	50	0.5	T03	切槽刀		
4	切槽	400	20	4	T03	切槽刀		
编制		审核		批准		日期		

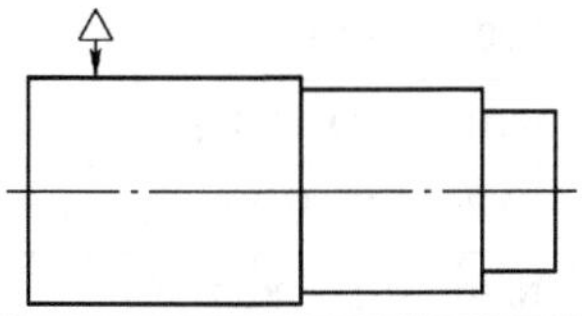

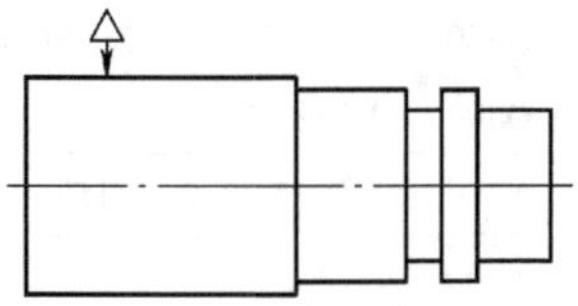

2. 程序编制（应用 G01、G71、G70、G75 指令）

选择工件左端面的中心为工件坐标原点，加工如图 5-1 所示工件左端部分的参考程序见表 5-3。

表 5-3 图 5-1 所示工件左端部分的参考程序

程 序	说 明
O0002；	程序号
N10 T0101 S800 M03；	1 号外圆车刀 4mm，1 号刀具补正，启动主轴，转速 800r/min
N20 G00 X80.0 Z80.0 M08；	快速定位，切削液开，注意检测对刀是否正确

（续）

程　　序	说　　明
N30　X32.0　Z2.0；	快速靠近工件
N40　G71　U1.0　R0.5；	轴向粗车循环，背吃刀量1mm（半径值），退刀量0.5mm
N50　G71　P60　Q120　U0.5　W0　F120；	循环N60～N120程序段，X向精加工余量0.5mm
N60　G0　X20.0；	循环开始段，必须走X向
N70　G01　Z0；	
N80　X22.0　Z−1.0　F60；	
N90　Z−10.0；	
N100　X28.0；	
N110　Z−35.0	
N120　X32.0	循环最末段，刀具沿X向退出
N130　G0　X80.0　Z80.0；	快速离开工件
N140　M05；	主轴停
N150　M00；	程序暂停，可以观察及检测工件，并进行刀具补正的修正
N160　S1300　M03　T0202；	启动主轴，转速1300r/min，换2号外圆精车刀
N170　G0　X32.0　Z2.0；	精车刀快速定位到精加工起点
N180　G70　P60　Q120；	精加工循环程序
N190　G0　X80.0　Z80.0；	快速离开工件
N200　T0303；	换3号切槽刀
N210　S400　M03；	启动主轴，转速400r/min
N220　G0　X29.0　Z−19.0；	快速定位到切槽起点
N230　G75　R0.5；	
N240　G75　X22.2　Z−20.0　P3000 Q3000　F20；	切槽，并在槽底留0.2mm的精加工余量
N250　G01　X22.0　F15；	精加工槽底
N260　Z−20.0；	
N270　X29.0；	退刀
N280　G00　X80.0　Z80.0　M09；	返回参考点，关闭切削液
N290　M05；	主轴停
N300　M30；	程序结束

编程提示 ⚠

　　1）槽类零件加工过程中，切槽起点X方向的定位非常重要，编程时要重视，以免出现撞刀。

　　2）编程时须根据标注情况选择切槽刀左右两个刀位点。

　　3）切宽槽时应注意计算刀宽、槽宽及对刀点三者的关系。

3. 零件加工操作

（1）开机、回参考点

（2）工件装夹 自定心卡盘装夹，须伸出卡盘长度50mm。

（3）刀具装夹 对刀，设定工件坐标原点。

> **操作提示**
>
> 　　1）安装切槽刀时，主切削刃应平行于工件轴线，且主切削刃与工件轴线等高。
>
> 　　2）切槽刀刀体一定要垂直于工件的轴线，刀体不能倾斜，以免发生摩擦。
>
> 　　3）刀体不宜伸出过长。
>
> 　　4）切槽刀Z轴对刀时，如果以刀具的右刀位点对刀时，Z方向的试切长度值不再为0，而是刀具的刀宽值。

（4）程序录入 输入程序并进行程序校验。

（5）工件加工 按下循环启动键，进行工件加工。

> ⚠ 注意：工件加工过程中，注意观察程序执行G75指令时刀具的走刀路线。

（6）工件测量 完成工件加工并进行检测，将检测结果填入表5-4。

表5-4　工件测评表

序号	检测项目	检测内容	配分	检测要求	学生自评		老师测评	
					自测	得分	检测	得分
1	长度	10mm	8	超差0.01mm扣2分				
2	宽度	5mm	8	超差0.01mm扣2分				
3	槽宽	5mm	8	超差0.01mm扣2分				
4	直径	$\phi22$mm	8	超差0.01mm扣2分				
5		$\phi28$mm	8	超差0.01mm扣2分				
6		$\phi22$mm	8	超差0.01mm扣2分				
7		$\phi28$mm	8	超差0.01mm扣2分				
8	表面粗糙度值	$Ra1.6\mu$m	10	一处不合格扣4分，扣完为止				
9		$Ra3.2\mu$m	4	一分不合格扣4分				
10	时间	工件按时完成	10	未按时完成全扣				
11	现场操作规范	安全操作	10	违反操作规程按程度扣分				
12		工、量具使用	5	工、量具使用错误，每项扣2分				
13		设备维护保养	5	违反维护保养规程，每项扣2分				
14	合计（总分）		100	机床编号		总得分		
15	开始时间		结束时间			加工时间		

（7）结束加工　进行机床维护与保养

切槽加工时如出现多处尺寸相同的槽时，加工程序又该如何编写呢？

【知识拓展】

子程序指令调用

在生产中，经常会遇到与如图5-3所示零件相似的多槽加工。这种零件槽多且尺寸相同，在编制其加工程序时会出现内容重复的现象，增加编程的工作量。为此，采用子程序调用指令来编制该类零件的加工程序。

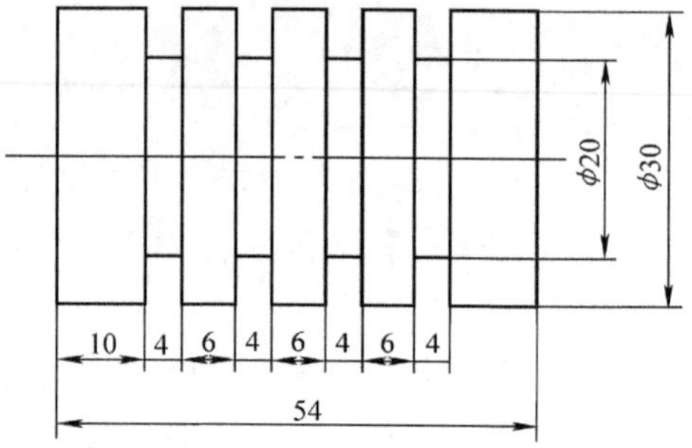

图5-3　多槽零件

1. 子程序的定义

机床的加工程序可分为主程序和子程序，不同的主程序号用于不同的零件。在编制加工程序过程中，有时会遇到一组程序段在一个程序中多次出现，或者几个程序中都要用到它的情况。这组典型的加工程序段可编成固定程序，并单独予以命名，称为子程序。

2. 子程序的作用

使用子程序可以减少不必要的编程重复，达到简化编程的目的。

3. 子程序的调用（M98）

指令格式：M98 P AAA BBBB；

参数含义：M98：子程序调用字；

　　　　　AAA：调用次数（1~999）；

　　　　　BBBB：调用的子程序号，必须为4位数。

在主程序中，调用子程序的指令是一个程序段。子程序可以嵌套，即主程序调用一个子程序，而子程序又可调用另一个子程序。子程序的嵌套层数由具体的数控系统决定，主程序也可以重复调用子程序多次。

4. 子程序的返回（M99）

指令格式：M99 P 0000；

参数含义：0000 表示返回主程序执行的程序段号，P 省略时，返回到 M98 指令后的程序段。

课堂互动

1）什么是子程序？子程序有什么作用？

2）M98、M99 指令格式中的参数如何表示？各是什么意义？

3）M98、M99 指令如何搭配使用，来组成子程序的调用及返回功能？

5. 程序编制（应用 M98 子程序调用指令）

加工如图 5-3 所示多槽零件的参考程序，见表 5-5。

表 5-5　图 5-3 所示多槽零件的参考程序

程　　序	说　　明
O0003；	主程序号
N10　T0101　S500　M03；	1 号外槽车刀刀宽 4mm，1 号刀具补正，左刀尖对刀，正转转速 500r/min
N20　G00　X32.0　Z−14.0　M08；	快速靠近工件，同时开切削液
N30　M98　P41002；	调用 O1002 子程序 4 次
N40　G00　Z−58.0；	Z 向移动到工件的长度位置
N50　G01　X−1.0　F20；	切断工件
N60　G00　X80.0；	X 轴向退刀
N70　Z80.0　M05　M09；	Z 轴向退刀回参考点，主轴停，切削液关
M80　M30；	主程序结束
O1002；	子程序号（切槽子程序）
N110　G01　U−12.0　F30；	X 轴增量进给 12mm，切第一条槽
N120　G04　X1.0；	刀具在槽底暂停 1s
N130　G00　U12.0；	X 轴增量退刀 12mm
N140　W−10.0；	Z 轴增量进给 10mm
N150　M99；	子程序结束，返回主程序

任务二　螺　纹　加　工

职业知识

- ◆ 掌握螺纹的加工工艺。
- ◆ 掌握螺纹类零件加工方案。
- ◆ 掌握螺纹加工指令的格式。

职业技能

- ◆ 能够根据加工要求编制外螺纹的车削程序。
- ◆ 合理选用刀具，确定切削用量。
- ◆ 掌握螺纹加工指令在程序编写中的应用。

【任务描述】

如图 5-4 所示螺纹零件需加工螺纹 M20×1.5，在生产中类似的零件非常多，螺纹加工是最能体现数控车床加工优势的一项加工内容。

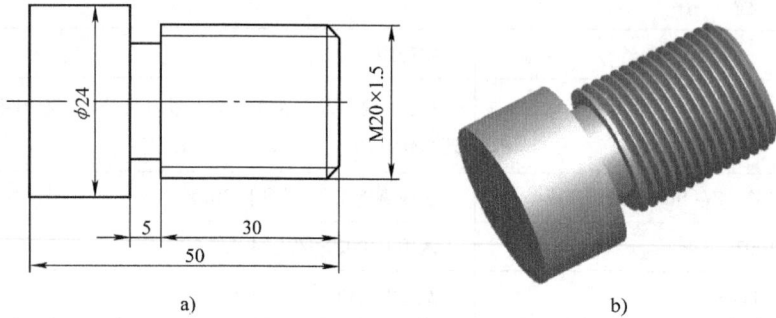

图 5-4　螺纹零件
a）零件图　b）实物图

根据螺纹零件图中螺纹的尺寸，设定合理的切削次数与进给量，选定螺纹刀的基准点以及螺纹切削起点，选用合理的螺纹加工工艺，明确切削的分刀次数，确保螺纹加工质量。类似图 5-4 螺纹工件的加工一般选用 G32 与 G92 螺纹加工指令。

【知识链接】

1. 螺纹加工指令介绍

（1）G32 等螺距螺纹切削指令

指令格式：

G32 X(U)＿　Z(W)＿　F＿；

参数含义：

X、Z：螺纹终点的绝对坐标值(mm)；

U、W：螺纹终点相对于起点的增量(mm)；

F：螺纹导程(mm)。

指令说明：

X(U)省略时为圆柱螺纹切削；Z(W)省略时为端面螺纹切削；起点和终点 X、Z 坐标值都不相同时为锥螺纹切削。G32 指令近似于 G01 指令，如图 5-5 所示为 G32 指令执行轨迹，刀具从 B 点以每转进给一个导程/螺距的速度切削至 C 点，其切削前的进刀和切削后的退刀都要通过其他的程序段来实现，如图中的 AB、CD、DA 程序段。

（2）G92 等螺距螺纹切削固定循环

指令格式：

G92 X(U)＿　Z(W)＿　F＿　R＿；

参数含义：

X、Z：螺纹终点的绝对坐标值(mm)；

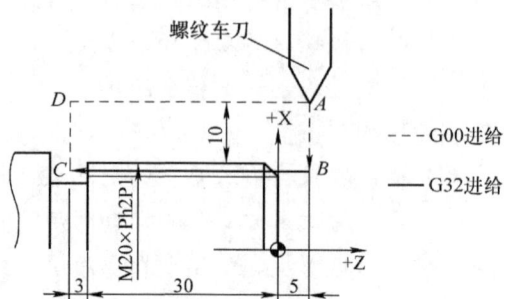

图 5-5　G32 指令执行轨迹

U、W：螺纹终点相对于起点的增量(mm)；

F：螺纹导程(mm)；

R：圆锥螺纹切削起点处的 X 坐标减其终点处的 X 坐标之值的 1/2，R 值为零时，在程序中可省略不写，此时的螺纹为圆柱螺纹。

指令说明：

1）G92 是单一固定循环，每执行一次，可完成快速进给—螺纹切削—快速退刀—返回起点的过程，如图 5-6 所示，如果在单段方式下执行 G92 循环，则每执行一次循环必须按 4 次循环启动按钮。

2）G92 代码可以分多次进刀完成一道螺纹的加工。G92 指令是模态指令，当 Z 轴移动量没有变化时，只需对 X 轴指定其移动指令即可重复执行固定循环动作。

3）执行 G92 代码，在螺纹加工末端有螺纹退尾过程：在距离螺纹切削终点固定长度（称为螺纹的退尾长度）处，在 Z 轴继续进行螺纹插补的同时，X 轴沿退刀方向加速退出，Z 轴到达切削终点后，X 轴再以快速移动速度退刀，如图 5-6 所示。

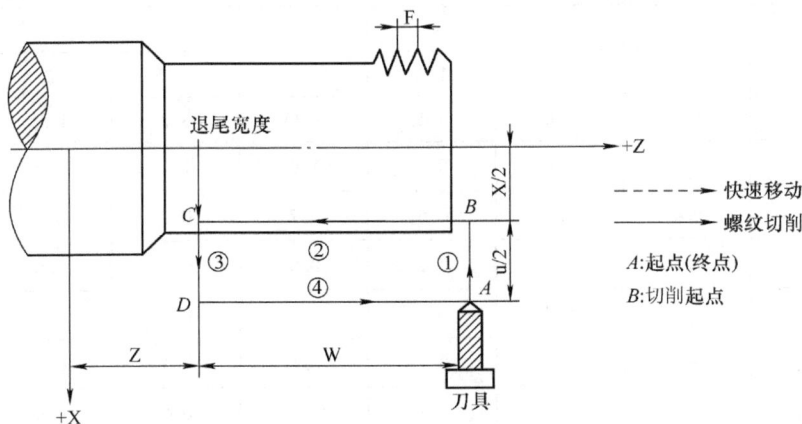

图 5-6 G92 指令执行轨迹

2. 螺纹加工工艺介绍

（1）普通螺纹牙型高度　螺纹牙型高度是指在螺纹牙型上，牙顶到牙底之间垂直于螺纹轴线的距离，它是车削时车刀总背吃刀量。三角螺纹牙型高度 H 可按下式计算

$$h = 0.65P$$

式中　P——螺距。

（2）螺纹直径尺寸的确定　车螺纹时，由于受车刀挤压会使螺纹大径尺寸胀大，所以车螺纹前大径一般应车得比基本尺寸小 0.2～0.4mm 约(0.13P)，车好螺纹后牙顶处有 0.125P 的宽度。同理，车削内螺纹前的孔径要比内螺纹小径略大些，可采用下列近似公式计算

车削外螺纹　　　　　　　$D_底 = D - 0.13P$

车削塑性金属的内螺纹：　　$D_孔 \approx d - P$

车削脆性金属的内螺纹：　　$D_孔 \approx d - 1.05P$

式中　$D_{底}$——外螺纹的小径；

　　　$D_{孔}$——车螺纹前的孔径；

　　　D、d——螺纹公称直径；

　　　P——螺距。

（3）螺纹轴向起点和终点尺寸的确定　螺纹加工时必须保证主轴每转一圈，螺纹车刀在工件移动一个导程的距离。但是，实际切削螺纹开始时伺服系统有一个加速过程，结束前有一个相应的减速过程。在这两个过程中，螺距得不到有效的保证，故必须设置合理的导入距离 δ_1 和导出距离 δ_2。一般 δ_1 取 $2 \sim 3P$，对大螺纹和高精度的螺纹则取较大值；δ_2 一般取 $1 \sim 2P$。

（4）螺纹切削的进给次数及背吃刀量　当螺纹牙型较深时，要分多次进给切削，每次进给的背吃刀量依递减规律分配。对于精度要求不太高的螺纹，进给次数及实际背吃刀量见表5-6。

表5-6　常用米制螺纹切削的进给次数及实际背吃刀量　　　　（单位：mm）

螺　距		1	1.5	2	2.5	3	3.5	4
牙深（半径值）		0.65	0.975	1.3	1.625	1.95	2.275	2.6
总背吃刀量（直径值）		1.3	1.95	2.6	3.25	3.9	4.55	5.2
切削次数及背吃刀量（直径值）	1 次	0.7	0.8	0.9	1.0	1.2	1.5	1.5
	2 次	0.4	0.6	0.6	0.7	0.7	0.7	0.8
	3 次	0.2	0.4	0.6	0.6	0.6	0.6	0.6
	4 次	—	0.15	0.4	0.4	0.4	0.6	0.6
	5 次	—	—	0.1	0.4	0.4	0.4	0.4
	6 次	—	—	—	0.15	0.4	0.4	0.4
	7 次	—	—	—	—	0.2	0.2	0.4
	8 次	—	—	—	—	—	0.15	0.3
	9 次	—	—	—	—	—	—	0.2

课堂互动

1）目前学习过的用于螺纹加工的指令有哪几个？

2）G32螺纹指令主要参数有哪些？加工螺纹时所需要的参数有哪些？

3）G92螺纹指令主要参数有哪些？加工螺纹时所需要的参数有哪些？

4）计算加工 M28×2 时所需要的参数？

5）结合螺纹加工说说怎样确定螺纹加工起点和终点及注意事项。

【程序编制】

应用 G92 指令编制如图 5-4 所示螺纹工件的加工程序，见表 5-7。

表 5-7　图 5-4 所示螺纹工件的加工程序

程　序	说　明
O0004；	程序号
N10　G00　X80.0　Z80.0　S500　M03；	回参考点，启动主轴
N20　T0101；	1 号外圆车刀，1 号刀具补正
N30　G00　X26.0　Z2.0　M08；	定位循环起点，切削液开
N40　G71　U1.5　R0.5；	轴向粗车循环，背吃刀量 1.5mm(半径值)，退刀量 0.5mm
N50　G71　P60　Q100　U0　W0　F120；	循环 N60～N100 程序段，不留精加工余量
N60　G00　X0；	循环开始段，必须走 X 向
N70　G01　Z0　F80；	
N80　X16.0；	
N90　X19.8　Z－2；	精加工轨迹描述
N100　Z－35.0；	
N110　G00　X80.0　Z80.0；	回参考点
N120　T0202；	换 2 号切槽刀，2 号刀具补正
N130　G00　X26.0　Z－30.0；	定位切槽起点
N140　G75　R0.5	
N150　G75　X18.0　Z－32.0　P2000　Q2000　F30；	切螺纹退刀槽
N160　G00　X80.0　Z80.0　M05；	回参考点，主轴停
N170　T0303　S600　M03；	换 3 号螺纹车刀，3 号刀具补正，启动主轴
N180　G00　X21.0　Z3.0；	定位螺纹切削起点
N190　G92　X19.3　Z－32.0　F1.5；	
N200　X19.0；	
N210　X18.7；	
N220　X18.5；	螺纹切削
…	
N230　X18.15；	
N240　G00　X80.0　Z80.0　M05；	回参考点，主轴停
N250　M30；	程序结束

同学们可以利用仿真软件进行程序的编制、调试。注意观察 G92 指令的运动轨迹哦！

【实践操作】（编程加工图 5-1 所示工件右端未完成部分）

1. 加工方案编制

如图 5-1 所示工件的加工分两个工序，工序 2 加工工件的右端部分，加工方案综合卡片见表 5-8。

表 5-8　加工方案综合卡片

加工方案综合卡片	产品名称		零件名称		零件图号		材料
					5-1		45 钢
工序	程序号	工作场地		使用设备和系统		夹具名称	
2	00004	数车实训车间		FANUC 0i		自定心卡盘	
工步	工步内容	切削用量			刀具		工步简图
		主轴转速/ (r/min)	进给速度/ (mm/min)	背吃刀量/ mm	编号	类型	
1	粗加工右端轮廓	600	120	1.5	T01	外圆车刀	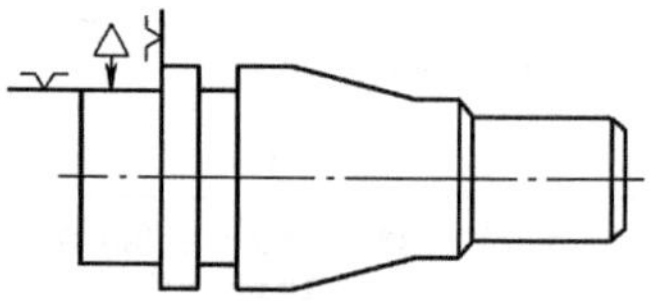
2	精加工右端轮廓	1200	60	0.3	T02	外圆车刀	
3	切槽	400	20	4	T03	切槽刀	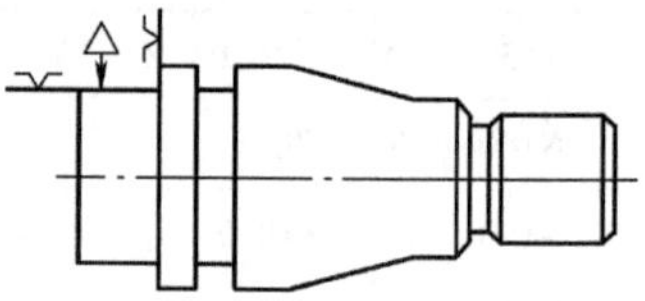
4	螺纹加工	600			T04	螺纹车刀	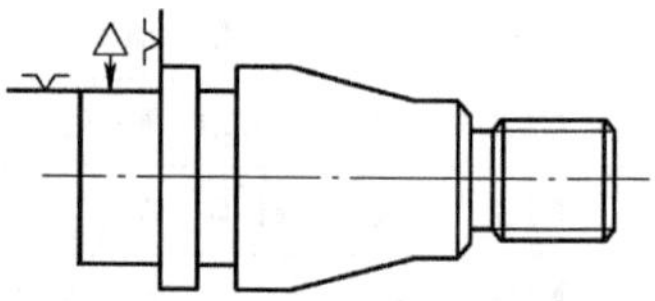
编制		审核		批准		日期	

2. 程序编制（应用 G71、G70、G92 指令）

以工件已加工柱面 $\phi22$mm 位置装夹定位，选择工件右端面的中心为工件坐标系原点，加工如图 5-1 所示工件右端未完成部分的参考程序见表 5-9。

表 5-9　图 5-1 所示工件右端未完成部分的参考程序

程　　　序	说　　　明
00004；	程序号
N10　G00　X80.0　Z80.0　S600　M03；	回参考点，启动主轴
N20　T0101；	1 号外圆车刀，1 号刀具补正
N30　G00　X31.0　Z3.0　M08；	定位循环起点，切削液开

（续）

程 序	说 明
N40 G71 U1.5 R0.5;	轴向粗车循环，背吃刀量1.5mm（半径值），退刀量
N50 G71 P60 Q160 U0.5 W0 F120;	循环N60~N160程序段，精加工余量0.5mm
N60 G00 X13.0;	循环开始段，必须走X向
N70 G01 Z0 F60;	
N80 X15.75 Z-1.5;	
N90 Z-20.0;	
N100 X17.0;	
N110 X20.0 Z-21.5;	
N120 Z-27.34;	精加工轨迹描述
N130 G02 X20.34 Z-28.64 R5.0;	
N140 G01 X27.66 Z-42.29;	
N150 G03 X28 Z-43.59 R5.0;	
N160 G01 Z-50.0;	
N170 G00 X80.0 Z80.0 M09 M05;	回参考点，关闭切削液，主轴停
N180 M00;	停止程序，等待按循环启动
N190 S1200 M03 T0202;	启动主轴，换2号外圆车刀，2号刀具补正
N200 G00 X31.0 Z1.0 M08;	定位精加工起点
N210 G70 P70 Q160;	执行外圆精加工
N220 G00 X80.0 Z80.0 M09 M05;	回参考点，关闭切削液，主轴停
N230 M00;	停止程序，等待按循环启动
N240 S400 M03;	启动主轴
N250 T0303;	换3号切槽刀，3号刀具补正
N260 G00 X20.0 Z-16.5 M08;	定位切槽起点
N270 G01 X13.2 F15;	切螺纹退刀槽
N280 G00 X16.0;	退刀并定位倒角起点
N290 Z-15.0;	
N300 G01 X13.0 Z-16.5 F15;	倒角及精加工槽底
N310 G00 X17.0;	退刀并定位端面加工起点
N320 Z3.5	
N330 G01 X-0.5	加工工件右端面
N340 G00 X80.0 Z80.0 M05 M09;	回参考点，停止主轴，关闭切削液
N350 S600 M03 T0404;	启动主轴，换4号螺纹车刀，4号刀具补正
N360 G00 X16.0 Z4.0 M08;	定位螺纹切削起点，开切削液

（续）

程　　序	说　　明
N370　G92　X15.0　Z-16.5　F2；	
N380　X14.5；	
N390　X14.1；	
N400　X13.8；	
N410　X13.6；	螺纹切削
N420　X13.5；	
N430　X13.45；	
N440　X13.4；	
N450　X13.4；	
N460　G00　X80.0　Z80.0　M05　M09；	回参考点，主轴停，关闭切削液
N470　M30；	程序结束

3. 零件加工操作

（1）开机、回参考点

（2）工件装夹　自定心卡盘装夹工件左端已加工外圆，并以台阶定位（注意用铜片包住外圆）。

（3）刀具装夹　对刀，设定工件坐标原点。

> 操作提示
>
> 1）安装螺纹车刀需保证刀尖角的角平分线与工件的轴线相垂直，否则加工出来的螺纹会倒牙。
>
> 2）刀尖应略高于工件中心 0.1～0.2mm，以防止振动和"扎刀"。

（4）程序录入　输入程序并进行程序校验。

（5）工件加工　按下循环启动键，进行工件加工。

> 操作提示
>
> 1）螺纹加工时转速不能太高，加工过程中不应变换转速。
>
> 2）螺纹切削过程中，进给速度倍率及主轴速度倍率均无效。
>
> 3）螺纹切削过程中按下循环暂停键时，执行 G32 指令的刀具将在非螺纹切削的程序段后停止，而执行 G92 指令的刀具立即按斜线回退，然后先回到 X 轴的起点，再回到 Z 轴的起点。
>
> 4）进行螺纹切削时，应注意退刀位置，加工过程中不能用手摸螺纹表面，更不能用纱布擦螺纹表面。

（6）工件检测　完成工件加工并进行检测，将检测结果填入表 5-10。

注意：出现 M0 指令注意测量工件尺寸，按实测尺寸修改刀具补正值后再进行精加工。

表 5-10 工件测评表

序号	检测项目	检测内容	配分	检测要求	学生自评		老师测评	
					自测	得分	检测	得分
1	长度	20mm	4	超差 0.01mm 扣 1 分				
2		30mm	4	超差 0.01mm 扣 1 分				
3		70mm	6	超差 0.01mm 扣 2 分				
4	槽宽	3.5mm	4	超差 0.01mm 扣 1 分				
5	直径	ϕ13mm	4	超差 0.01mm 扣 1 分				
6		ϕ20mm	6	超差 0.01mm 扣 2 分				
7		ϕ28mm	6	超差 0.01mm 扣 2 分				
8	圆弧过渡	R5mm	4	不合格不给分				
9	锥度	30°	8	超差 1′扣 2 分				
10	螺纹	M16×2	16	合格给分，不合格视配合程度扣分				
11	表面粗糙度值	Ra1.6μm	6	一处不合格扣 3 分，扣完为止				
12		Ra3.2μm	6	一处不合格扣 3 分，扣完为止				
13	时间	工件按时完成	8	未按时完成全扣				
14	现场操作规范	安全操作	8	违反操作规程按程度扣分				
15		工、量具使用	5	工、量具使用错误，每项扣 2 分				
16		设备维护保养	5	违反维护保养规程，每项扣 2 分				
17	合计（总分）		100	机床编号		总得分		
18	开始时间		结束时间			加工时间		

（7）结束加工 进行机床维护与保养。

【知识拓展】

复合固定循环加工螺纹

在生产中，经常会遇到如图 5-7 所示梯形螺纹零件的加工。由于梯形螺纹的截面尺寸较大，采用直进法切削很容易出现扎刀现象，在螺纹加工指令中使用斜进法或交错切削法进行切削，可防止螺纹加工过程中三个切削刃同时参加切削，是避免扎刀现象的有效手段。复合循环螺纹切削指令 G76 可以实现这种功能。

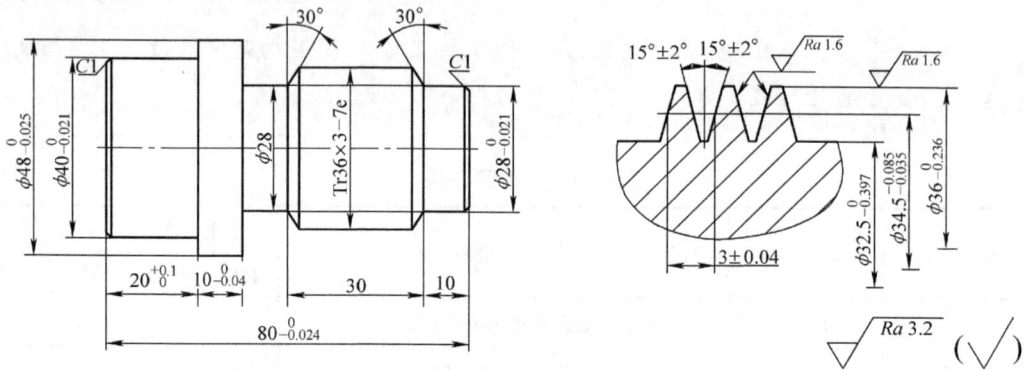

图 5-7　梯形螺纹件

1. G76 复合循环螺纹切削指令

指令格式：

G76 P$\underline{m}$$\underline{r}$$\underline{a}$　Q$\underline{\Delta dmin}$　R$\underline{d}$ ；

G76 X(U)___　Z(W)___　R$\underline{i}$　P$\underline{k}$　Q$\underline{\Delta d}$　F___ ；

参数含义：

m：螺纹精加工重复次数 01～99（次），在螺纹精车时，每次的进给切削量等于螺纹精车的切削量 d 除以精车次数 m；

r：倒角量，即螺纹切削退尾处的 Z 向退刀距离，当导程（螺距）由 L 表示时，可以从 $0.1L$～$9.9L$ 设定，系数应为 0.1 的整数倍；

a：螺纹刀尖角度（螺纹牙型角），可以选择 80°、60°、55°、30°、29° 和 0° 六种中的一种，由两位数规定；

举例：当 m = 2，r = 1.2L，a = 60° 时，指令如下（L 为螺距）：

$$\underset{\text{m}}{\text{G76 P}\underset{\text{r}}{\underline{02}}\ \underset{\text{r}}{\underline{12}}\ \underset{\text{a}}{\underline{60}}}$$

Δdmin：螺纹粗车时的最小切削量（μm，半径值）；

当 $(\sqrt{n} - \sqrt{n-1})\Delta d < \Delta dmin$ 时，以 Δdmin 作为本次粗车的切削量；

d：精加工余量（mm，半径值）；

X(U)___　Z(W)___：螺纹切削终点处的绝对坐标或相对坐标；

i：螺纹半径差，i = 0 时是普通直螺纹切削（mm，半径值）；

k：螺纹牙高，螺纹总背吃刀量（μm，半径值）；

Δd：第一次螺纹背吃刀量（μm，半径值）；

F：螺纹导程。

指令说明：

G76 螺纹切削复合循环的运动轨迹如图 5-8a 所示，刀具从循环起点 A 处，以 G00 方式沿 X 向进给至螺纹牙顶 X 坐标处（B 点，该点的 X 坐标值 = 螺纹小径 + 2k），然后沿与基本牙型一侧平行的方向进给，如图 5-8b 所示，X 向背吃刀量为 Δd，再以螺纹切削方式切削至离 Z 向终点距离为 r 处，倒角退刀至 D 点，再 X 向退刀至 E 点，最后返回 A 点，准备第二刀切削循环。如此分多刀切削循环，直至循环结束。

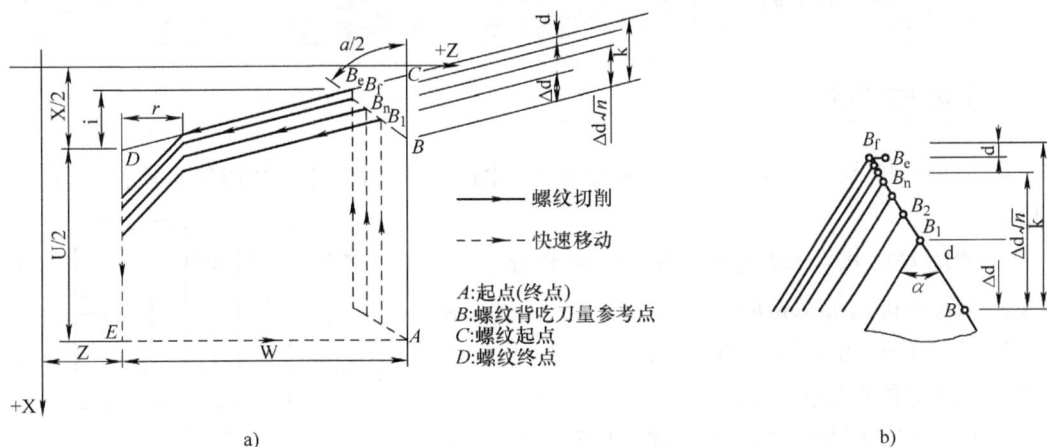

图 5-8　G76 指令的循环和进刀方式

a）G76 指令循环的运动轨迹　b）G76 指令循环进给方式

G76 指令进给方式如图 5-8b 所示，第一刀切削循环背吃刀量为 Δd，第二刀的背吃刀量为 $(\sqrt{2}-1)\Delta d$，第 n 刀的背吃刀量为 $(\sqrt{n}-\sqrt{n-1})\Delta d$，每次背吃刀量逐步递减。同时，螺纹车刀向深度方向并沿基本牙型一侧的平行方向进刀，实现单侧切削刃螺纹切削，减小了切削阻力，有利于保护刀具，提高螺纹精度。

> 1）加工螺纹时倒角有什么作用？
> 2）G76 指令格式中各参数代表的含义是什么？应怎样设置？
> 3）螺纹加工的进给方式有哪些？其优缺点各是什么？
> 4）G92 与 G76 指令加工螺纹有哪些不同点？

2. 程序编制（应用 G76 复合循环螺纹切削指令）

加工如图 5-7 所示零件梯形螺纹部分的参考程序见表 5-11。

表 5-11　图 5-7 所示零件梯形螺纹部分的参考程序

程　　序	说　　明
O0005；	程序号
N10　T0303　S100　M03；	1 号 30°梯形螺纹刀（$L=3$mm），1 号刀具补正，启动主轴
N20　G00　X37.0　Z−4.0　M08；	快速定位至螺纹循环车削起点，同时开切削液
N30　G76　P020530　Q50　R0.08；	多重复合螺纹循环车削
N40　G76　X32.3　Z−43.5　P1750　Q500　F3.0；	多重复合螺纹循环车削
N50　G00　X100.0　Z50.0　M09；	快速返回换刀点，切削液关
N60　M05；	主轴停
N60　M30；	程序结束

> **注意**：加工梯形螺纹时，宜采用单独的程序段，以便修改 Z 向刀具偏置后重新进行加工。

思考与训练

1. 试用 G75 及子程序调用指令编程加工如图 5-9 所示工件，并用仿真软件进行仿真加工检验。

2. 试用 G92 指令编程加工如图 5-10 所示工件，并进行仿真加工检验。

3. 试用 G76 指令编程加工如图 5-11 所示工件，并进行仿真加工检验。

4. 按本模块所学习的内容，梳理编程的思路，熟练掌握图 5-1 所示工件的编程、加工方法，以消化本模块的学习内容。试对图 5-12 所示综合工件进行编程，并进行仿真加工检验。

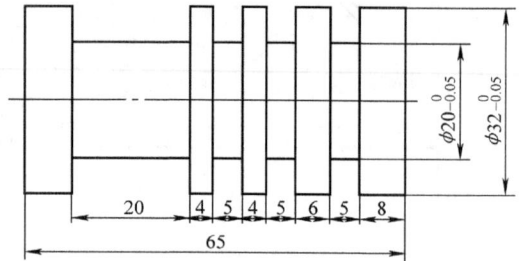

图 5-9 题 1 图

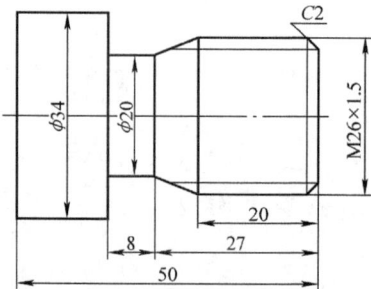

图 5-10 题 2 图

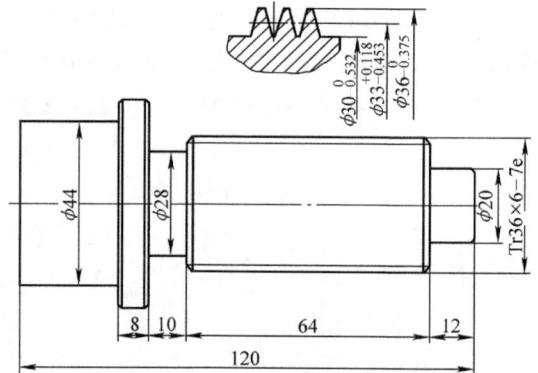

图 5-11 题 3 图

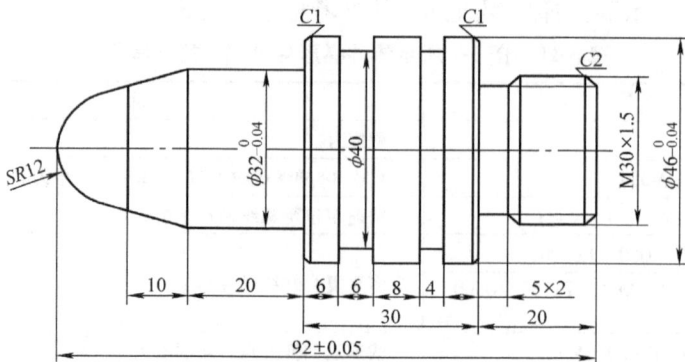

图 5-12 题 4 图

模块六 数控车削综合实例

情景描述

职业技能鉴定是一项基于职业技能水平的考核活动,是对专业技能掌握情况的一种认证手段。通过本模块的任务训练,进一步提高编程加工的技能,为顺利通过中级职业技能鉴定打下基础。

职业目标

- 熟悉数控加工工序及各种工序卡片的填写方法。
- 能综合分析零件图样,制订相应的加工工艺。
- 编制一般轴类零件的数控车削加工程序,并能熟练操作机床加工零件。

任务一 中级技能加工实例(一)

职业知识
- 对典型零件进行综合工艺分析。
- 数控车床中级技能。

职业技能
- 能综合分析零件图样,制订相应的加工工艺。
- 编制一般轴类零件的数控车削加工程序,并能熟练操作机床加工零件。

【任务描述】

如图 6-1 所示为一球头螺纹轴,试用数控车 FANUC 系统编写其加工程序,并进行加工。

【任务准备】

1. 选择机床

选用机床为 FANUC 0i Mate-TD 系统的 CK6141 型数控车床。

2. 材料

选择毛坯材料为 45 钢,尺寸为 $\phi45\text{mm} \times 80\text{mm}$。

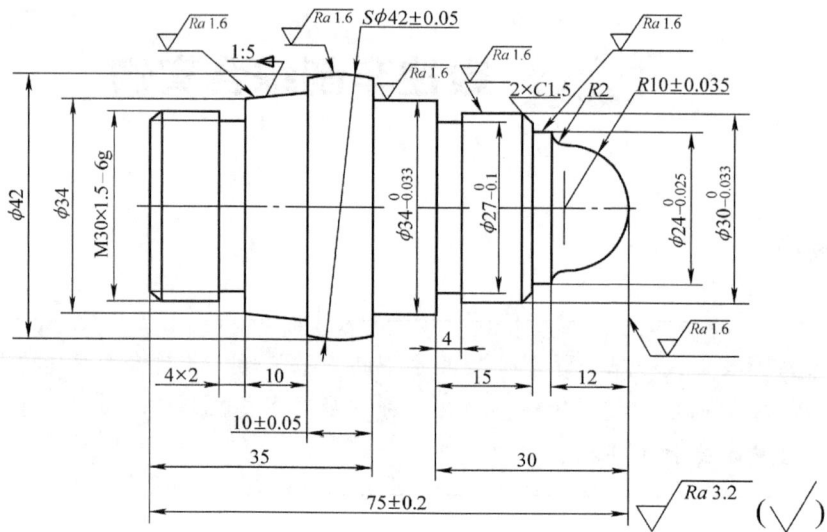

图6-1　球头螺纹轴

3. 工具、量具、刀具及材料清单（表6-1）

表6-1　工具、量具、刀具及材料清单

序号	名称	规格	数量	备注
1	95°外圆车刀	—	1	
2	93°外圆车刀	—	1	35°副偏角
3	切槽刀	刀头宽4mm	1	
4	切断刀	刀宽<5mm，背吃刀量<22mm	1	
5	外螺纹车刀	M30×1.5、M24×1.5	1	
6	内孔车刀	孔径≥20mm，孔深≤30mm	1	
7	游标卡尺	0.02/0~150	1	
8	外径千分尺	0.01/0~25	1	
9	外径千分尺	0.01/25~50	1	

（续）

序号	名称	规格	数量	备注
10	游标深度尺	0.01/0～200	1	
11	内径百分表	0.02/18～25	1	
12	数显卡尺	0.01/0～150	1	
13	螺纹环规	M30×1.5－6H、M24×1.5－6H	各1	
14	半径样板	$R1～R6.5\,mm$、$R7～R14\,mm$、$R15～R25\,mm$、$R26～R80\,mm$	各1	
15	中心钻及钻夹头	A3 $\phi1～\phi13\,mm$	各1	
16	麻花钻及钻套	$\phi20\,mm$，$L\leqslant45\,mm$	各1	
17	其他	铜棒、铜皮、毛刷等常用工具		选用
		计算机、计算器、编程用书等		

【知识链接】

常用的数控工艺文件包括数控加工编程任务书、数控加工工序卡片、数控刀具调整单、数控机床调整单、数控加工进给路线图、数控加工程序单等。其中，数控加工工序卡片和数控刀具调整单中的数控刀具明细表最为重要，前者是说明加工顺序和加工要素的文件，后者是刀具使用的依据。

1. 数控加工编程任务书

数控加工编程任务书主要包括数控加工工序的技术要求、工序说明、编程前工件余量等内容，详见表6-2。

表6-2 数控加工编程任务书

××× 数控车间	数控编程任务书	零件名称	零件图号	材料
		球头螺纹轴	6-1	45钢

主要工艺说明及技术要求：

（1）$S\phi42\,mm$ 圆球尺寸公差控制

（2）零件调头装夹找正

设备	CK6141	工艺员		编程员		收到日期	
编制		审核		批准		共 页 第 页	

2. 数控加工工序卡片

数控加工工序卡片主要用于反映使用的辅助工具、夹具、刀具规格、切削用量参数、切削液、加工工步等内容。数控加工工序卡片见表6-3。

表 6-3　数控加工工序卡片

××× 数控车间		数控加工工序卡片	零件名称	零件图号	材料
			球头螺纹轴	6-1	45 钢
工艺序号	编程序号	夹具名称	夹具编号	使用设备和系统	工作场地
××	××	自定心卡盘	××	CK6141 FANUC 0i	数控实训车间
工步号	工步内容	刀具号	刀具规格	主轴转速 $n/\mathrm{r \cdot min^{-1}}$	进给量 $f/\mathrm{mm \cdot r^{-1}}$	背吃刀量 a_p/mm
---	---	---	---	---	---	---
1	粗车右端外轮廓	T0101	MVJNR-2020K16	600	0.2	1.5
2	精车右端外轮廓	T0101	MVJNR-2020K16	1200	0.1	0.25
3	车槽	T0202	CFMR QA2020K04	400	0.05	4
…	……	…	…	…	…	…
编制		审核		批准		共　页　第　页

注意：在数控车床上只加工零件的一个工步时，可不填写工序卡。在工序加工内容不十分复杂时，可将零件草图反映在工序卡上，并注明对刀点和编程原点。

3. 数控刀具调整单

数控刀具调整单主要包括数控刀具卡片（简称刀具卡）和数控刀具明细表（简称刀具表）两部分。

数控刀具卡片分别记录了每一把数控刀具编号、刀具结构、组合件名称代号、刀片型号和材料等，它是组装刀具和调整刀具的依据。

数控刀具明细表是调刀人员调整刀具输入的主要依据。数控刀具明细表见表 6-4。

表 6-4　数控刀具明细表

零件图号	零件名称	材料	数控刀具明细表			程序编号	车间	使用设备
6-1	球头螺纹轴	45 钢				×××		CK6141
刀号	刀具名称	刀具号	刀尖号	刀 具		刀具补正地址		加工部位
				位置/mm	刀尖圆弧 半径/mm			
				X 向　　Z 向		直径　　长度		
T01	外圆车刀	01	3	由每把刀具 的对刀值确定	0.4	T0101		外轮廓
T02	外槽车刀	02	3		0.4	T0202		槽
T03	外螺纹车刀	03	8		0.2	T0303		外三角螺纹
编制		审核		批准		年　月　日		共　页　第　页

【任务实施】

1. 加工工艺分析

（1）分析零件图样

1）尺寸精度。本工件中精度要求较高的尺寸主要有：外圆 $\phi 34_{-0.033}^{0}$ mm、$\phi 30_{-0.033}^{0}$ mm、$\phi 24_{-0.025}^{0}$ mm；螺纹 M30×1.5 –6g；长度 10±0.05mm、75±0.2mm 等。

对于尺寸精度要求，主要通过在加工过程中的准确对刀、正确设置刀具补正及磨耗，以及正确制订合适的加工工艺等措施来保证。

2）几何精度。本例中主要的几何精度是调头以后零件的同轴度。对于几何精度要求，主要通过调整机床的机械精度、制订合理的加工工艺及工件的装夹、定位与找正等措施来保证。

3）表面粗糙度值。外圆表面粗糙度值要求为 $Ra1.6\mu m$。对于表面粗糙度要求，主要通过选用合适的刀具，正确的粗、精加工路线，合理的切削用量及冷却等措施来保证。

（2）编程原点的确定 由于工件在长度方向的尺寸精度要求较低，根据编程原点的确定原则，该工件的编程原点取在工件的左、右端面与主轴轴线相交的交点上。

（3）制订加工方案及加工路线 本例采用两次装夹后完成粗、精加工的加工方案，先加工右端外形，完成粗、精加工后，调头加工另一端。进行数控车削加工时，加工的起始点定在离工件毛坯2mm的位置。尽可能采用沿轴向切削的方式进行加工，以提高加工过程中工件与刀具的刚度。

（4）工件的定位、装夹及刀具的选用

1）工件的定位及装夹。加工工件两端时，均采用自定心卡盘进行定位与装夹。

装夹工件时的夹紧力要适中，既要防止工件的变形与夹伤，又要防止工件在加工过程中产生松动。装夹工件过程中，应对工件进行找正，以保证工件轴线与主轴轴线同轴。

加工工件右端前，先将毛坯端面光出，车削 $\phi 40$mm 外圆约 20mm 长，再装夹该外圆开始加工右端轮廓。

2）刀具的选用。根据实际条件，可选用机夹式标准车刀，刀片材料均选用硬质合金或涂层刀具。本例工件选择外圆车刀、外槽车刀和外三角螺纹车刀进行加工。

（5）编制加工工序卡片 通过以上分析，本课题的加工工艺卡片见表6-5。

表6-5 数控加工工序卡片

××× 数控车间	数控加工工序卡片	零件名称	零件图号	材料
		球头螺纹轴	6-1	45 钢
工艺序号	程序编号	夹具名称	夹具编号	使用设备	车 间
××	××	自定心卡盘	××	CK6141	××

工步	工序内容	刀具号	刀具规格	主轴转速 $n/r \cdot min^{-1}$	进给量 $f/mm \cdot r^{-1}$	背吃刀量 a_p/mm
1	粗车右端外轮廓	T0101	MVJNR-2020K16	600	0.2	1.5
2	精车右端外轮廓	T0101	MVJNR-2020K16	1200	0.1	0.25

（续）

工步	工序内容	刀具号	刀具规格	主轴转速 $n/r \cdot min^{-1}$	进给量 $f/mm \cdot r^{-1}$	背吃刀量 a_p/mm
3	车槽	T0202	CFMR QA2020K04	400	0.05	4
4	调头粗车左端外轮廓	T0101	MVJNR-2020K16	600	0.2	1.5
5	精车左端外轮廓	T0101	MVJNR-2020K16	1200	0.1	0.25
6	车螺纹退刀槽	T0202	CFMR QA2020K04	400	0.05	4
7	车三角螺纹	T0303	CRE QA2020M16CQHD	800	1.5	—
编制		审核		批准		共 页 第 页

注意：表中加工参数的确定取决于实际加工经验、工件的加工精度及表面质量、工件材料的性质、刀具的种类及刀具形状、刀柄的刚度等诸多因素。

2. 程序编制

图 6-1 所示球头螺纹轴零件的加工参考程序见表 6-6 和表 6-7。

表 6-6 图 6-1 所示球头螺纹轴右端的加工参考程序

程 序	说 明
O0601;	程序号
M03 S600;	启动主轴，转速 600r/min
T0101;	选择 1 号刀具(95°外圆车刀)
G00 X46.0 Z2.0;	
G71 U1.5 R2.0;	设定 G71 粗加工参数
G71 P10 Q20 U0.5 W0.1 F0.2;	
N10 G00 X0 S1200;	精加工第一个程序段号
G42 G01 Z0 F0.1;	
G03 X20.0 Z−10.0 R10.0;	加工 R10mm 半球
G02 X24.0 Z−12.0 R2.0;	加工 R2mm 凹弧
G01 Z−15.0;	加工 ϕ24mm 外圆
X26.0;	
X30.0 W−2.0;	C1.5 倒角
Z−30.0;	加工 ϕ30mm 外圆
X34.0;	
Z−40.0;	加工 ϕ34mm 外圆

（续）

程　　序	说　　明
X40.79；	
G03　X40.79　Z－50.0　R21.0；	加工 Sφ42mm 球面
G01　W－1.0；	退刀
N20　G01　X46.0；	精加工最后一个程序段号
G00　X100.0　Z100.0；	退刀
M05；	主轴停
M00；	程序暂停、测量
M03　S1200；	启动主轴，转速 1200r/min
T0101；	执行刀具补正
G00　X46.0　Z2.0；	定位到精加工起点
G70　P10　Q20；	外轮廓精加工
G00　X100.0　Z100.0；	快速退刀
M05；	
M00；	
M03　S400；	转速 400r/min
G00　X35.0　Z－30.0；	快速定位
G01　X26.95　F0.05	切削退刀槽
G04　X1.0；	暂停 1s
G01　X35.0　F0.05；	
G00　X100.0　Z100.0；	退刀
M30；	程序结束

表 6-7　图 6-1 所示球头螺纹轴左端的加工参考程序

程　　序	说　　明
O0602；	程序号
M03　S600；	启动主轴，转速 600r/min
T0101；	选择 1 号刀具（95°外圆车刀）
G00　X46.0　Z2.0；	
G71　U1.5　R2.0；	设定 G71 粗加工参数
G71　P10　Q20　U0.5　W0.1　F0.2；	
N10　G00　X26.8　S1200；	精加工第一个程序段号
G01　Z0　F0.1；	
X29.8　Z－2.0；	

（续）

程　　序	说　　明
X34.0；	
X36.0　W－10.0；	
N20　G01　X46.0；	精加工最后一个程序段号
G00　X100.0　Z100.0；	退刀
M05；	主轴停
M00；	程序暂停、测量
M03　S1200；	启动主轴，转速1200r/min
T0101；	执行刀具补正
G00　X46.0　Z2.0；	定位到精加工起点
G70　P10　Q20；	外轮廓精加工
G00　X100.0　Z100.0；	快速退刀
M05；	
M00；	
M03　S400；	转速400r/min
T0202；	选择2号刀具(4mm外槽车刀)
G00　X35.0　Z－15.0；	快速定位
G01　X26.0　F0.05	切削退刀槽
G04　X1.0；	暂停1s
G01　X35.0　F0.05	
G00　X100.0　Z100.0；	退刀
T0303　S800；	换外三角螺纹车刀
G00　X32.0　Z5.0；	快速定位至螺纹加工起点
G92　X29.3　Z－12.0　F1.5；	加工螺纹
X28.0；	
X28.5；	
X28.15；	
X28.05；	
G00　X100.0　Z100.0；	退刀
M30；	程序结束

【任务测评】

任务测评见表6-8。

表6-8 任务测评表

考核时间					工件编号		
序号	项目与权重	技术要求	配分		评分标准	检测记录	得分
			IT	Ra			
1	工件加工（75%）	$S\phi 42 \pm 0.05\,mm$	6	2	超差不得分		
2		$\phi 34_{-0.033}^{\ 0}\,mm$	5	2	超差不得分		
3		$\phi 30_{-0.033}^{\ 0}\,mm$	5	2	超差不得分		
4		$\phi 27_{-0.1}^{\ 0}\,mm$	5	2	超差不得分		
5		$\phi 24_{-0.025}^{\ 0}\,mm$	5	2	超差不得分		
6		锥度 $1:5$	5	2	错误不得分		
7		$R10 \pm 0.035\,mm$ 自然过渡	6	2	超差不得分		
8		$M30 \times 1.5 - 6g$	6	2	超差不得分		
9		$10 \pm 0.05\,mm$	3		超差不得分		
10		$75 \pm 0.2\,mm$	3		错误不得分		
11		$C1.5$（两处）	2		错误不得分		
12		$R2\,mm$	1		错误不得分		
13		$4\,mm \times 2\,mm$ 槽			错误不得分		
14		未注公差	5		超差不得分		
15	程序与加工工艺(25%)	程序格式规范	5		扣1分/处		
16		程序正确、完整	10		扣1分/处		
17		加工工艺正确	5		扣1分/处		
18		安全文明生产	5		违规全扣		
合计			100		总得分		

任务二 中级技能加工实例（二）

职业知识
- 对典型零件进行综合工艺分析。
- 数控车床中级技能。

职业技能
- 编制一般轴类零件的数控车削加工程序，并能熟练操作机床加工零件。
- 能进行径向直槽轴类零件的质量检验。

【任务描述】

如图 6-2 所示球头连接轴，试用数控车 FANUC 系统编写其加工程序，并进行加工。

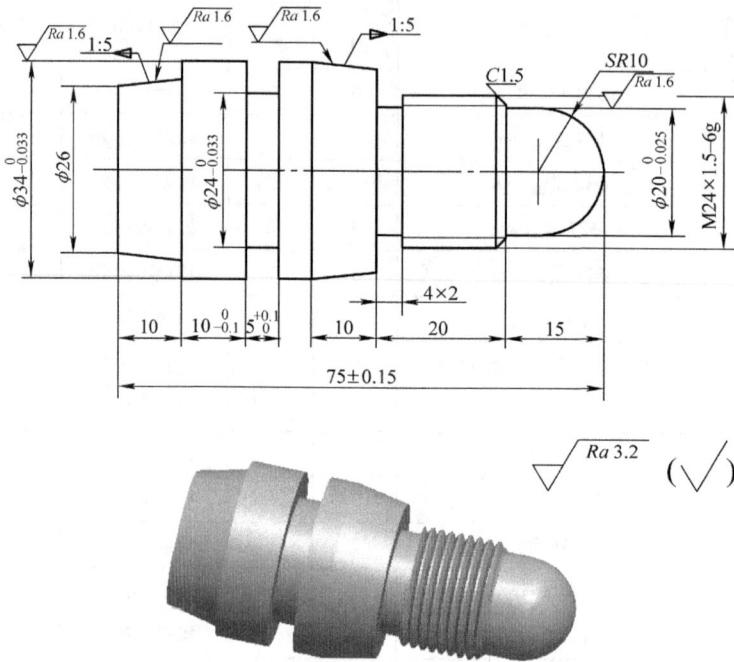

图 6-2　球头连接轴

【任务准备】

1. 选择机床

选用机床为 FANUC 0i Mate-TD 系统的 CK6141 型数控车床。

2. 材料

选择毛坯材料为 45 钢，尺寸为 $\phi45mm \times 80mm$。

3. 工具、量具、刀具及材料清单（表 6-9）

表 6-9　工具、量具、刀具及材料清单

序号	名称	规格	数量	备注
1	95°外圆车刀	—	1	
2	93°外圆车刀	—	1	35°副偏角
3	切槽刀	刀头宽 4mm	1	
4	切断刀	刀宽＜5mm，背吃刀量＜22mm	1	
5	外螺纹车刀	M30×1.5、M24×1.5	1	
6	内孔车刀	孔径≥20mm，孔深≤30mm	1	
7	游标卡尺	0.02/0～150	1	

（续）

序号	名称	规格	数量	备注
8	外径千分尺	0.01/0 ~ 25	1	
9	外径千分尺	0.01/25 ~ 50	1	
10	游标深度尺	0.01/0 ~ 200	1	
11	内径百分表	0.02/18 ~ 25	1	
12	数显卡尺	0.01/0 ~ 150	1	
13	螺纹环规	M30 × 1.5-6H、M24 × 1.5-6H	各1	
14	半径样板	$R1 \sim R6.5$mm、$R7 \sim R14$mm、$R15 \sim R25$mm、$R26 \sim R80$mm	各1	
15	中心钻及钻夹头	A3 $\phi1 \sim \phi13$mm	各1	
16	麻花钻及钻套	$\phi20$mm，$L \leqslant 45$mm	各1	
17	其他	铜棒、铜皮、毛刷等常用工具		选用
		计算机、计算器、编程用书等		

【任务实施】

1. 加工工艺分析

（1）分析零件图样

1）尺寸精度。本工件中精度要求较高的尺寸主要有：外圆 $\phi34_{-0.033}^{0}$mm、$\phi20_{-0.025}^{0}$mm；螺纹 M24 × 1.5 − 6g；槽底径 $\phi24_{-0.033}^{0}$mm；长度 75mm ± 0.15mm、$5_{0}^{+0.1}$mm、$10_{-0.1}^{0}$mm 等。对于尺寸精度要求，主要通过在加工过程中的准确对刀、正确设置刀具补正及磨耗，以及正确制订合适的加工工艺等措施来保证。

2）几何精度。本例中主要的几何精度是调头以后零件的同轴度。对于几何精度要求，主要通过调整机床的机械精度、制订合理的加工工艺及工件的装夹、定位与找正等措施来保证。

3）表面粗糙度。外圆表面粗糙度值要求为 $Ra1.6\mu$m。对于表面粗糙度要求，主要通过选用合适的刀具，正确的粗、精加工路线，合理的切削用量及冷却等措施来保证。

（2）编程原点的确定 由于工件在长度方向的尺寸精度要求较低，根据编程原点的确定原则，该工件的编程原点取在工件的左、右端面与主轴轴线相交的交点上。

（3）数控加工工艺过程 该件数控加工工艺过程卡片见表6-10。

表 6-10　数控加工工艺过程卡片

数控加工工艺过程综合卡片		使用设备	夹具名称	零件名称	零件图号	材料
×××数控车间		CK6141	自定心卡盘	球头连接轴	6-2	45 钢
序号	工步内容及要求	工序简图			设备	工夹具
1	（1）车工艺外圆 （2）加工左端外圆和槽				CK6141	自定心卡盘
2	加工右端外轮廓和螺纹				CK6141	自定心卡盘

（4）选择刀具及确定切削用量　通过以上分析，本任务的加工刀具及切削用量参数见表 6-11。

表 6-11　数控加工刀具及切削用量参数明细表

工步号	工序内容	刀具号	刀具规格	主轴转速 $n/r \cdot min^{-1}$	进给量 $f/mm \cdot r^{-1}$	背吃刀量 a_p/mm
1	粗车左端外轮廓	T0101	MVJNR-2020K16	600	0.2	1.5
2	精车左端外轮廓	T0101	MVJNR-2020K16	1200	0.1	0.25
3	粗加工槽	T0404	CFMR QA2020K04	400	0.05	—
4	精加工槽	T0404	CFMR QA2020K04	1200	0.05	—
5	粗车右端外轮廓	T0101	MVJNR-2020K16	600	0.2	1.5
6	精车右端外轮廓	T0101	MVJNR-2020K16	1200	0.1	0.25
7	加工退刀槽	T0404	CFMR QA2020K04	400	0.05	—
8	车三角螺纹	T0303	CRE QA2020M16CQHD	800	1.5	
编制		审核		批准	共　页　第　页	

注意：表中加工参数的确定取决于实际加工经验、工件的加工精度及表面质量、工件材料的性质、刀具的种类及刀具形状、刀柄的刚度等诸多因素。

2. 程序编制

图 6-2 所示球头连接轴的加工参考程序见表 6-12 和表 6-13。

表 6-12 图 6-2 所示球头连接轴左端的加工参考程序

程 序	说 明
O0603；	程序号
M03　S600；	启动主轴，转速 600r/min
T0101；	选择 1 号刀具(95°外圆车刀)
G00　X46.0　Z2.0；	
G71　U1.5　R2.0；	设定 G71 粗加工参数
G71　P10　Q20　U0.5　W0.1　F0.2；	
N10　G00　X26.0　S1200；	精加工第一个程序段号
G01　Z0　F0.1；	
X28.0　Z-10.0；	
X34.0；	
Z-30.0；	
X32.0　W-10.0；	
W-2.0；	
N20　G01　X46.0；	精加工最后一个程序段号
G70　P10　Q20；	执行精加工
G00　X100.0　Z100.0；	退刀
T0404　S400	换 4 号刀(切槽刀)
G00　X36.0　Z-24.7；	粗加工中间直槽
G01　X24.3　F0.05；	
G04　U0.5；	
G00　X36.0　S1200；	精加工中间直槽
Z-25.0；	
G01　X24.0　F0.05；	
W0.5；	

（续）

程　　序	说　　明
G04　X0.5；	
G00　X36.0；	
Z－24.0；	
G01　X24.0　F0.05；	
W－0.5；	
G04　X0.5；	
G00　X100.0　Z100.0；	退刀
M30；	程序结束

表 6-13　图 6-2 所示球头连接轴右端加工的参考程序

程　　序	说　　明
O0604；	程序号
M03　S600；	启动主轴，转速 600r/min
T0101；	选择 1 号刀具(95°外圆车刀)
G00　X46.0　Z2.0；	
G71　U1.5　R2.0；	设定 G71 粗加工参数
G71　P10　Q20　U0.5　W0.1　F0.2；	
N10　G00　X0　S1200；	精加工第一个程序段号
G01　Z0　F0.1；	
G03　X20.0　Z－10.0　R10.0；	
G01　Z－15.0；	
X21.0	
X23.8　Z－16.5；	
Z－35.0；	
N20　G01　X46.0；	精加工最后一个程序段号
G70　P10　Q20；	执行精加工程序
G00　X100.0　Z100.0；	退刀
T0404　S400；	选择切槽刀，转速 400r/min
G00　X34.0　Z－35.0；	
G01　X20.0　F0.05；	
G04　X0.5；	
G00　X100.0　Z100.0；	

（续）

程　序	说　明
T0303　S800;	选择外螺纹车刀，加工三角螺纹
G00　X24.0　Z-10.0;	定位到螺纹加工起点
G92　X26.0　Z-32.0　F1.5	
X23.3;	
X22.7;	
X22.15;	
X22.05;	
G00　X100.0　Z100.0;	退刀
M30;	程序结束

【任务测评】

任务测评见表6-14。

表6-14　任务测评表

考核时间					工件编号		
序号	项目与权重	技术要求	配分		评分标准	检测记录	得分
			IT	Ra			
1		SR10mm	5	2	超差不得分		
2		$\phi34_{-0.033}^{0}$（两处）mm	10	4	超差不得分		
3		$\phi24_{-0.033}^{0}$mm	5	2	超差不得分		
4		$\phi20_{-0.025}^{0}$mm	5	2	超差不得分		
5		锥度1:5（两处）	10	4	错误不得分		
6	工件加工	M24×1.5-6g	8	2	超差不得分		
7	（75%）	$5_{0}^{+0.1}$mm	3		超差不得分		
8		$10_{-0.1}^{0}$mm	3		超差不得分		
9		75±0.15mm	2		超差不得分		
10		退刀槽4mm×2mm	1		错误不得分		
11		倒角C1.5	2		错误不得分		
12		未注公差	5		超差不得分		
13		程序格式规范	5		扣1分/处		
14	程序与加工	程序正确、完整	10		扣1分/处		
15	工艺（25%）	加工工艺正确	5		扣1分/处		
16		安全文明生产	5		违规全扣		
	合计		100		总得分		

思考与训练

1. 如图 6-3 所示球头轴，试用数控车床 FANUC 系统编写其加工程序并进行加工。

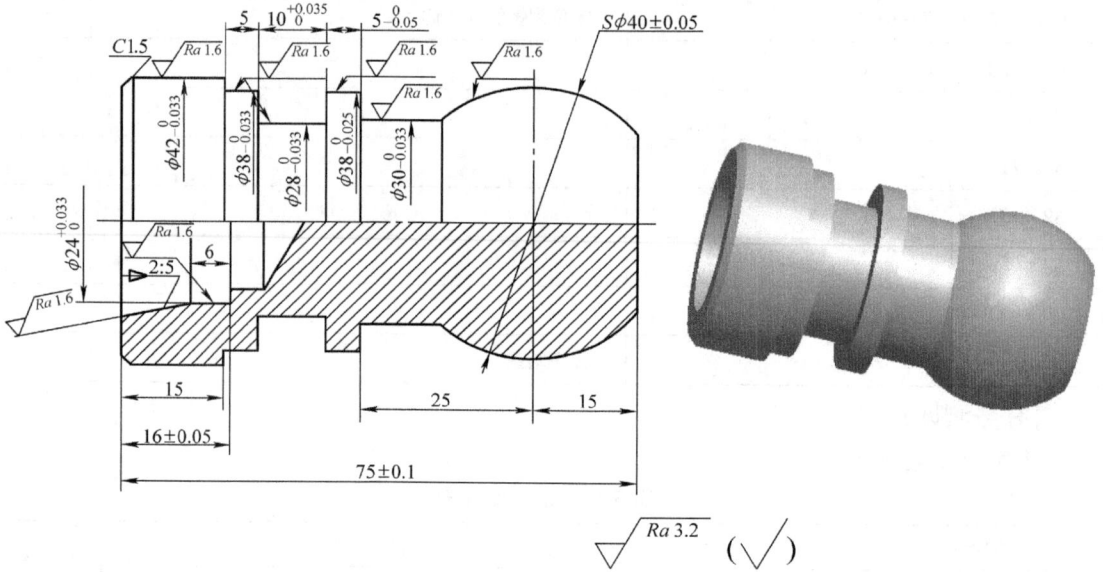

图 6-3　球头轴

2. 如图 6-4 所示传动轴，试用数控车床 FANUC 系统编写其加工程序并进行加工。

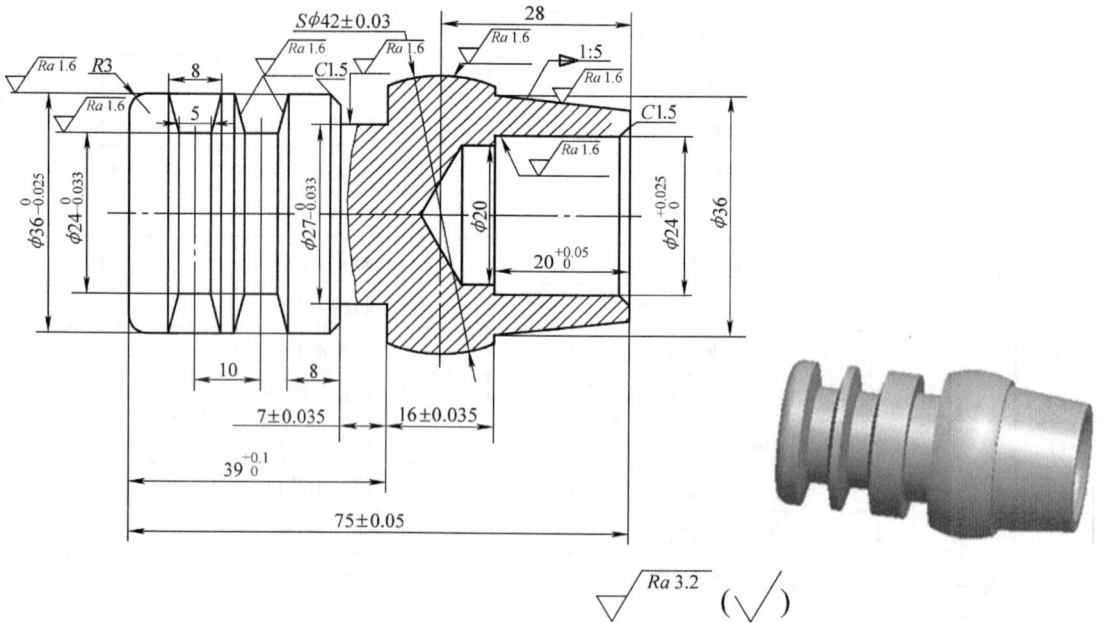

图 6-4　传动轴

模块七　自动编程与数控DNC网络应用

情景描述

在数控车削中，经常出现如图7-1所示复杂轮廓零件，需要借助自动编程软件对图形进行自动编程。自动编程是利用 CAD 技术进行计算机辅助设计，再利用 CAM 技术进行辅助数控编程，通过 DNC 技术传送到数控机床进行加工，从而完成整个复杂零件的数控加工的过程。

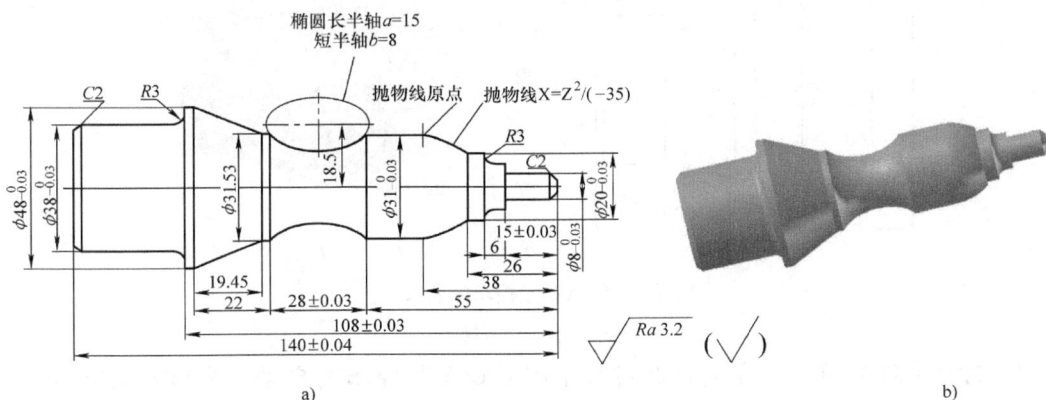

图7-1　复杂轮廓零件

a）零件图　b）实物图

职业目标

- 能够熟悉 CAXA 数控车削自动编程软件。
- 能够应用 CAXA 数控车削自动编程软件完成简单加工实例。
- 能够了解数控网络系统的现状和应用。
- 能够了解数控技术的发展趋势。

任务一　自动编程

职业知识

◆ 掌握 CAXA 数控车削自动编程软件的基本绘图方式。

◆ 掌握 CAXA 数控车削自动编程软件的基本刀具路径设置方法。

◆ 掌握 CAXA 数控车削自动编程软件后处理程序的生成方法。

职业技能

◆ 能够根据加工要求用 CAXA 数控车削自动编程软件画出零件轮廓图。

◆ 能够熟练地在 CAXA 数控车削自动编程软件中合理选用刀具，确定切削用量等相关参数。

◆ 能够熟练应用 CAXA 数控车削自动编程软件生成数控加工代码，加工零件。

【任务描述】

试采用自动编程方式编写如图 7-2 所示零件的加工程序，并将程序用计算机传输方式输入到数控系统中进行加工。

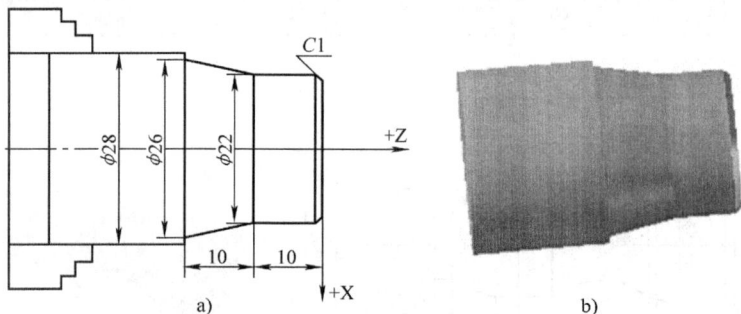

图 7-2　CAXA 数控车零件图

a）零件图　b）实物图

该工件外形较简单，旨在通过此过程了解 CAXA 数控车削自动编程软件（2011 版）的基本操作、刀具路径的设置及数控加工程序的生成方法。

【知识链接】

CAXA 数控车削自动编程软件(以下简称 CAXA 数控车)简介。

（1）用途　此软件是可应用在 PC 平台上的 CAD/CAM 软件，可以建立二维或三维的空间模型，产生刀具路径并模拟切削，通过后处理生成规定数控系统的数控程序。

（2）启动

1）用鼠标左键双击桌面快捷图标■。

2）依次单击"开始"→"程序"→"CAXA 数控车"选项。

（3）工作界面　CAXA 数控车的界面分为标题栏、菜单栏、工具栏、绘图区、工作坐标系图标、光标位置坐标、系统提示区等部分，如图 7-3 所示，各部分的名称和功能见表 7-1。

表 7-1　CAXA 数控车界面各部分的名称及功能

名　　称	功　　能
标题栏	显示当前图形文件的名称及存储路径
菜单栏	列出了数控车可以完成的所有功能，单击相应的菜单项，完成相应的功能

（续）

名　　称	功　　能
绘图工具栏	CAXA 数控车 2011 以后的版本嵌入了 CAXA 电子图版的功能，完成图形的绘制
编辑工具栏	完成图形的剪切、复制、阵列、移动等图形修改功能
数控车工具栏	完成工件轮廓毛坯的定义、加工方式选择、加工参数设置、机床设置、后置处理等
绘图区	用于绘图和修改图形
立即菜单	为实现各种功能提供选择、数据参数交互等
状态栏	提示当前状态及下步如何操作等

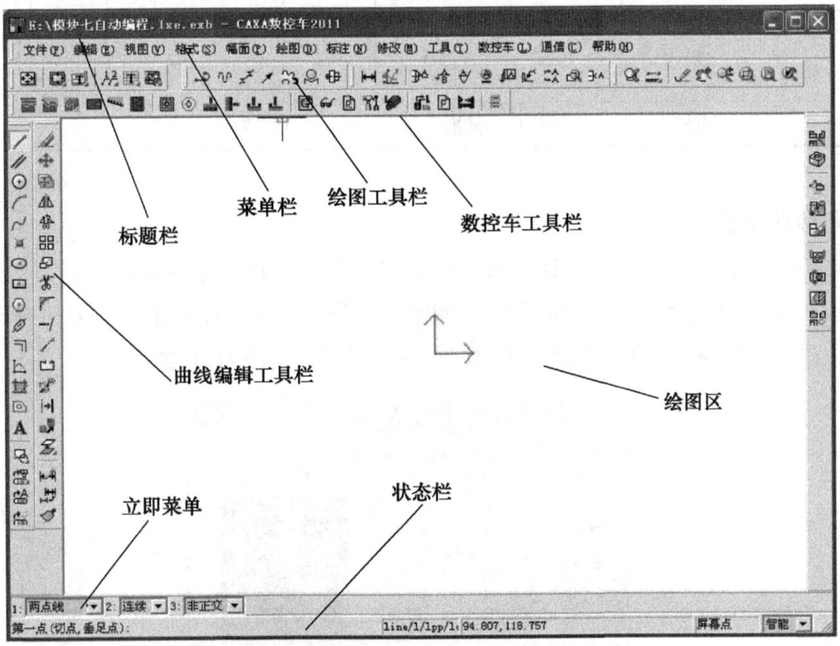

图 7-3　CAXA 数控车基本应用界面

【程序编制】

应用 CAXA 数控车编制如图 7-2 所示零件加工程序的步骤如下：

1. 零件的几何建模

建立零件的几何模型是实现数控加工的基础。在进行零件建模时，由于车削工件一般都是回转体，故无需画出整个零件的模型，只需画出其加工部分的轮廓线即可。绘制零件轮廓如图 7-4 所示。

2. 确定加工方案

根据加工工艺分析，如图 7-2 所示工件的加工采用一次装夹即可完成，加工方案见表 7-2。

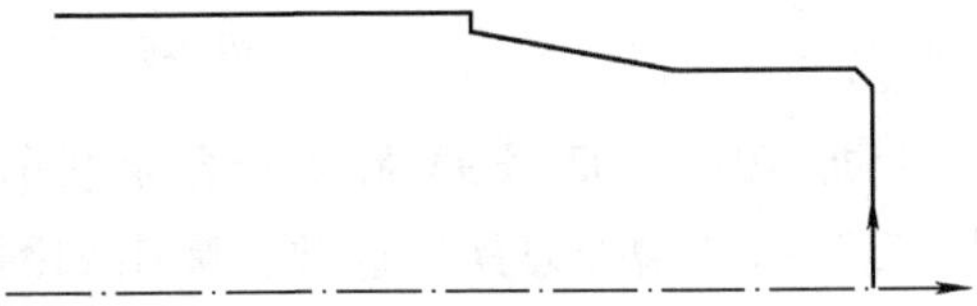

图 7-4　CAXA 零件加工造型

表 7-2　加工方案综合卡片

加工方案综合卡片		产品名称		零件名称		零件图号		材料
						7-2		45 钢
工序	程序号	工作场地		使用设备和系统			夹具名称	
1	00001	数车实训车间		FANUC 0i			自定心卡盘	
工步	工步内容	切削用量			刀具		工步简图	
		主轴转速/ （r/min）	进给速度/ （mm/min）	背吃刀量/ mm	编号	类型		
1	粗加工 外形轮廓	800	120	1.5	T01	外圆 车刀		
2	精加工 外形轮廓	1200	100	0.5	T02	外圆 车刀		
编制		审核		批准			日期	

3. 刀具参数设置

单击数控车工具栏中的图标 🔧，或者在菜单栏中选择"数控车"→"刀具库管理"命令，系统弹出"刀具库管理"对话框，如图 7-5 所示，可以增加、删除和修改"轮廓车刀""切槽刀具""钻孔刀具""螺纹车刀""铣刀具"五种刀具类型。

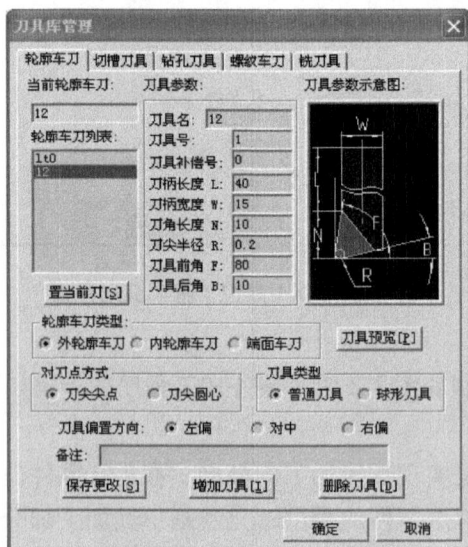

图 7-5　"刀具库管理"对话框

增加 T01、T02 号 93°硬质合金轮廓车刀。依次单击"刀具库管理"对话框中的"轮廓车刀"→"增加刀具"选项，弹出如图 7-6 所示的对话框，在"轮廓车刀类型"中选择"外轮廓车刀"，填入刀具参数后单击"确定"按钮，完成增加 T01 号车刀的操作。用同样的办法，增加 T02 号车刀，如图 7-7 所示。

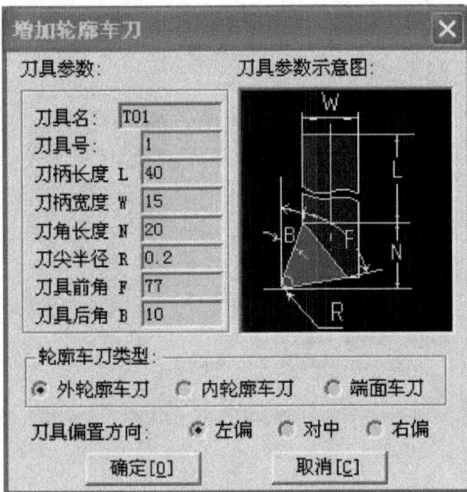

图 7-6　增加刀具 T01

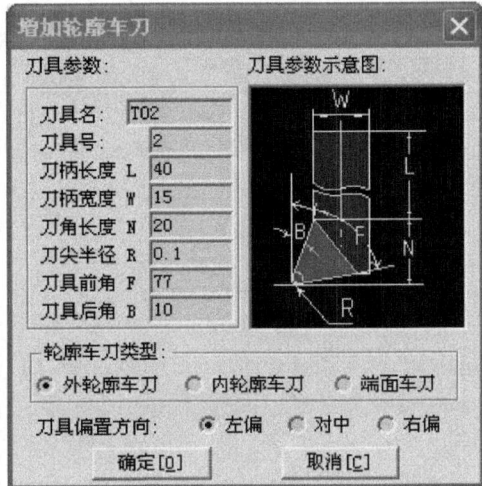

图 7-7　增加刀具 T02

4. 生成刀具轨迹

（1）生成外圆的粗加工轨迹

1）零件轮廓建模。如图 7-8 所示，需要画出零件轮廓表面和毛坯表面。

2）填写粗车参数表。单击数控车工具条中的图标 ，或者在菜单栏中选择"数控车"→"轮廓粗车"命令，系统弹出"粗车参数表"对话框，填写参数。单击"加工参数"选项，按图 7-9 所示填写；单击"进退刀方式"选项，按图 7-10 所示填写；单击"切削用量"选项，按图 7-11 所示填写；单击"轮廓车刀"选项，按图 7-12 所示填写。

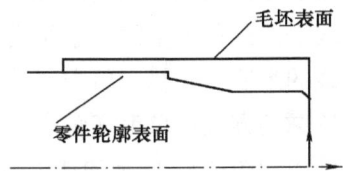

图 7-8　轮廓建模

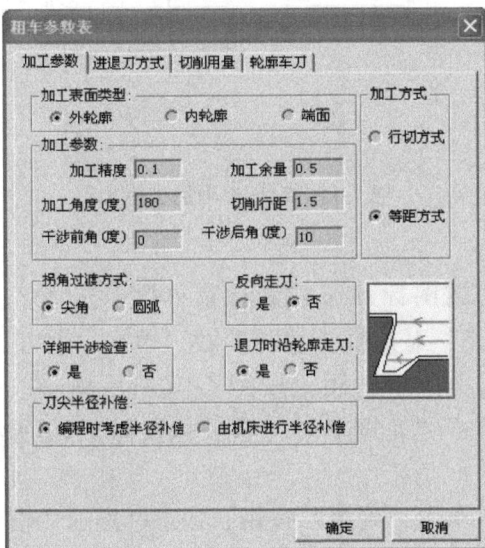

图 7-9　粗车加工参数

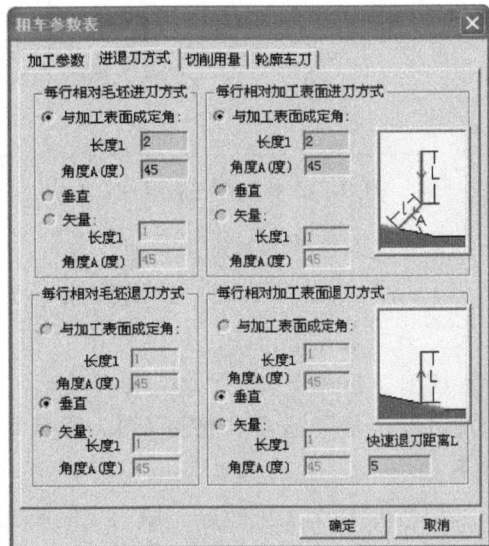

图 7-10　进退刀方式参数

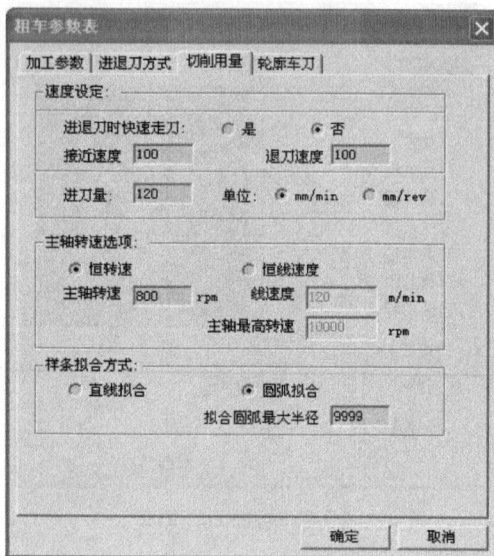

图 7-11　切削用量参数

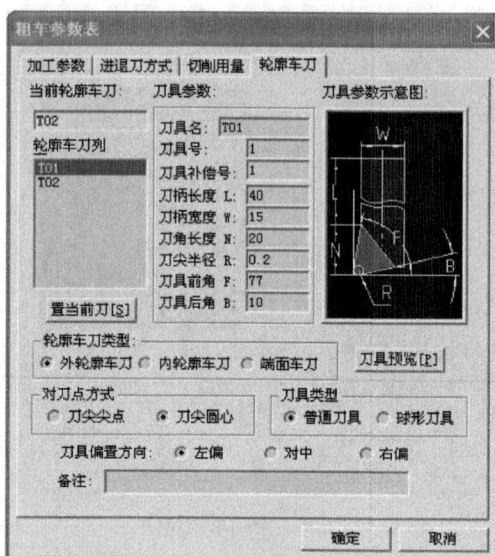

图 7-12　轮廓车刀参数

3）生成粗车加工轨迹。填写完所有参数后，单击"确定"按钮，状态栏提示"拾取被加工表面轮廓"，在立即菜单中选择"限制链拾取"，单击零件轮廓起始线后，此轮廓线变成红色的虚线，系统提示拾取方向，如图 7-13 所示，单击向上的箭头，再拾取轮廓线的最后一条线，单击"确定"按钮，状态栏提示"拾取定义的毛坯轮廓"，按拾取零件轮廓的方式拾取毛坯轮廓并确定。状态栏提示"输入进退刀点"，输入"35，5"后回车，生成如图 7-14 所示的加工轨迹。

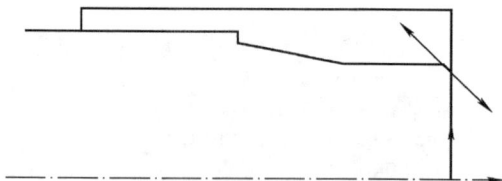

图 7-13　拾取零件轮廓线

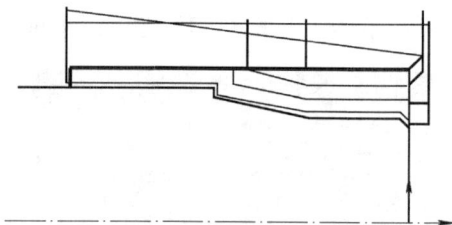

图 7-14　粗车外圆加工轨迹

（2）生成外圆的精加工轨迹

1）填写精车参数表。单击数控车工具条中的图标 ，或者在菜单栏中选择"数控车"→"轮廓精车"，系统弹出"精车参数表"对话框，填写参数。单击"加工参数"选项，按图 7-15 所示填写；单击"进退刀方式"选项，按图 7-16 所示填写；单击"切削用量"选项，按图 7-17 所示填写；单击"轮廓车刀"选项，按图 7-18 所示填写。

2）生成精车加工轨迹。填写完所有参数后，单击"确定"按钮，状态栏提示"拾取被加工表面轮廓"，拾取方式与拾取粗车轮廓相同，状态栏提示"输入进退刀点"，输入"35，5"后回车，生成如图 7-19 所示的加工轨迹。

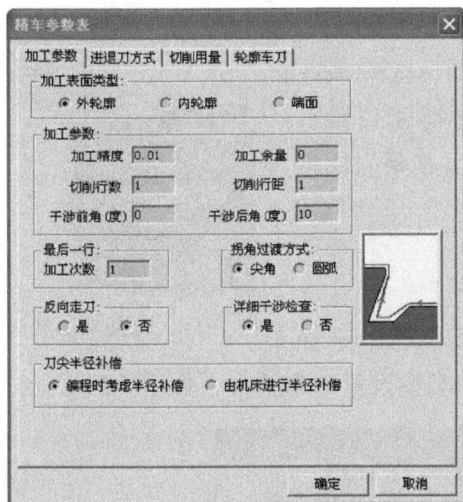

图 7-15 精车加工参数

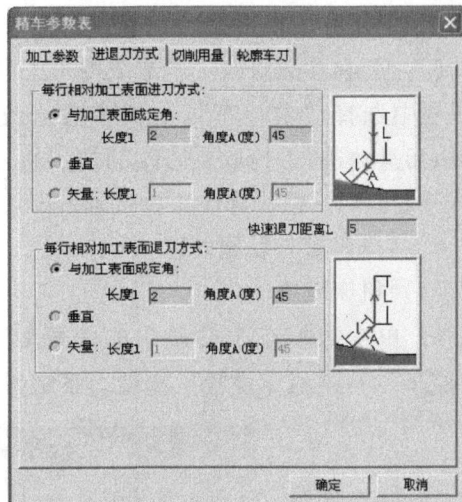

图 7-16 进退刀方式参数

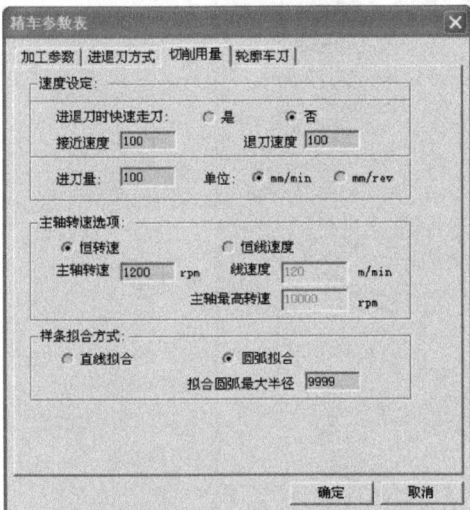

图 7-17 切削用量参数

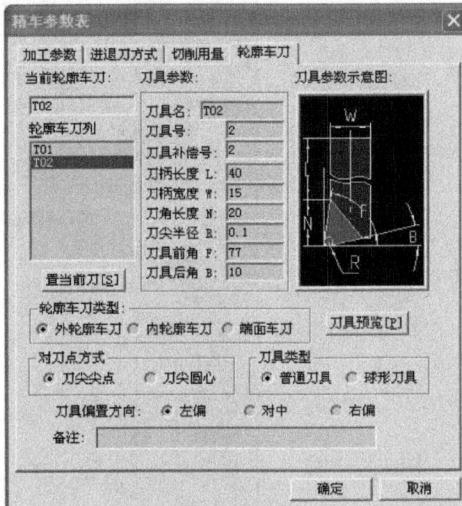

图 7-18 轮廓车刀参数

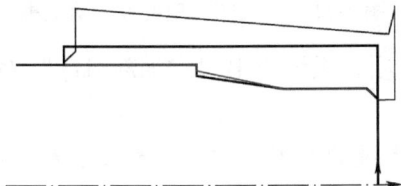

图 7-19 精车外圆加工轨迹

5. 刀具轨迹仿真及刀具参数修改

（1）刀具轨迹仿真　单击数控车工具栏中的图标🛠，或在菜单栏中选择"数控车"→"仿真加工"选项，系统在立即菜单中弹出"选择仿真参数"对话框，选取仿真参数，如图 7-20 所示，状态栏提示"拾取刀具轨迹"，拾取要进行仿真加工的轨迹并

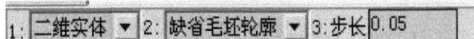

图 7-20 选择仿真参数

确定，如图 7-21 所示。

（2）刀具参数修改　单击数控车工具条中的图标 📷，或在菜单栏中选择"数控车"→"参数修改"选项，状态栏提示"拾取刀具轨迹"，拾取要修改的加工轨迹，系统自动弹出该加工轨迹参数对话框，修改参数后确定即可。

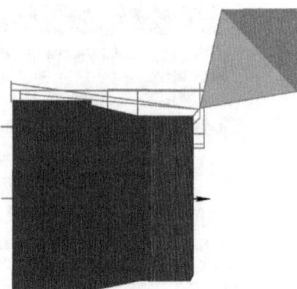

图 7-21　仿真加工轨迹

6. 机床设置与后置处理

（1）机床设置

1）单击数控车工具条中的图标 🛏，或在菜单栏中选择"数控车"→"机床设置"选项，系统弹出"机床类型设置"对话框，如图 7-22 所示。

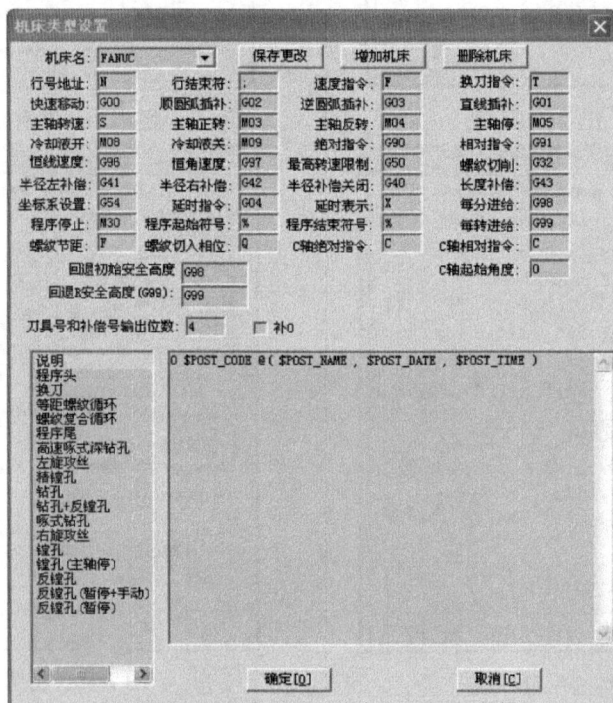

图 7-22　"机床类型设置"对话框

2）单击"增加机床"选项，系统弹出"增加新机床"对话框，如图 7-23 所示，输入"FANUC"并确定。

3）按照 FANUC 0i 数控系统的编程格式填写各项参数，如图 7-22 所示。

（2）后置处理　单击数控车工具条中的图标 🅿，或在菜单栏中选择"数控车"→"后置设置"选项，系统弹出"后置处理设置"对话框，填写各项参数，如图 7-24 所示。

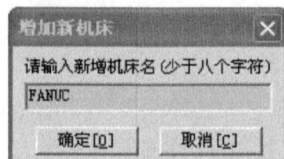

图 7-23　"增加新机床"对话框

7. 数控程序的输出

1）单击数控车工具条中的图标 🖥，或在菜单栏中选择"数控车"→"代码生成"选项，系统弹出"生成后置代码"对话框，如图 7-25 所示。

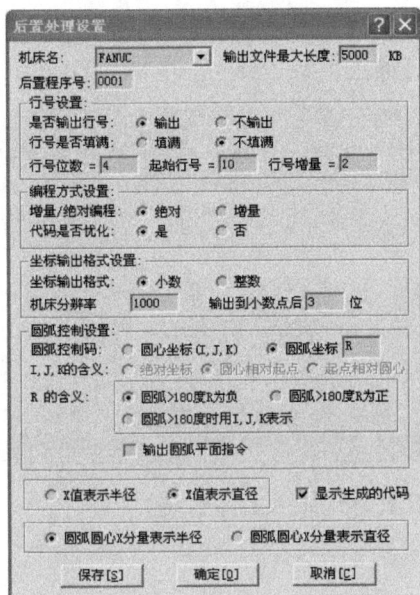

图 7-24　"后置处理设置"对话框

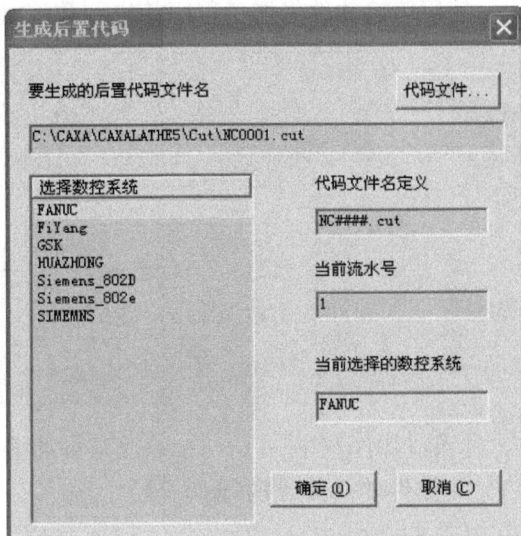

图 7-25　"生成后置代码"对话框

2）单击图 7-25 中的"代码文件"选项，系统弹出"另存为"对话框，选择文件存储路径，填写文件名，如图 7-26 所示，单击"保存"按钮，系统自动回到"生成后置代码"对话框，单击"确定"按钮。

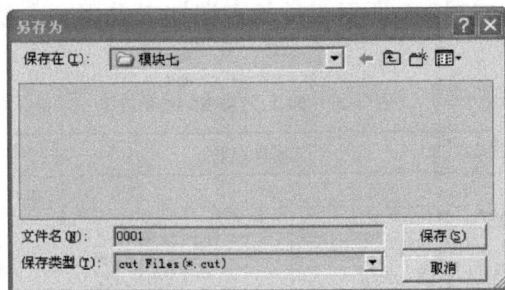

图 7-26　"另存为"对话框

3）状态栏提示"拾取刀具路径"，拾取如图 7-27 所示的外轮廓粗精加工轨迹，单击鼠标右键确定。

4）生成如图 7-28 所示的加工程序，并保存。

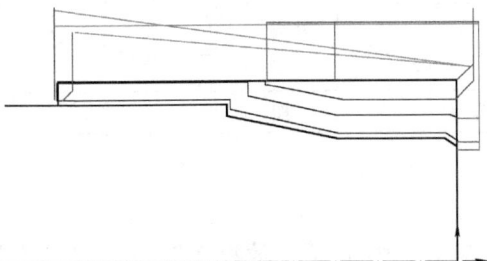

图 7-27　全部加工轨迹

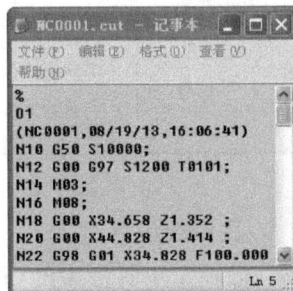

图 7-28　加工程序

8. 数控加工

使用传输软件将加工程序传送到数控机床中进行加工。

> 同学们也可以将程序导入仿真软件进行模拟加工。注意观察刀具的运动轨迹哦!

> 1) 通过以上内容的学习,请同学们说说自动编程有什么好处?
> 2) 自动编程的流程是什么?
> 3) CAXA 数控车除了能车削外轮廓,还能加工哪些类型的零件?

【实践操作】(利用 CAXA 数控车自动编程加工如图 7-1 所示工件右端)

1. 零件的几何建模(图 7-29)

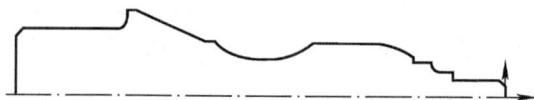

图 7-29　CAXA 零件加工造型

2. 确定加工方案

根据加工工艺分析,如图 7-1 所示工件的右端加工采用一次装夹即可完成,加工方案见表 7-3。

表 7-3　加工方案综合卡片

加工方案综合卡片		产品名称	零件名称	零件图号	材料
				7-1	45 钢
工序	程序号	工作场地	使用设备和系统		夹具名称
1	O0002	数车实训车间	FANUC 0i		自定心卡盘
工步	工步内容	切削用量			刀具		工步简图
		主轴转速/ (r/min)	进给速度/ (mm/min)	背吃刀量/ mm	编号	类型	
1	粗加工 外形轮廓	800	120	1.5	T01	外圆 车刀	
2	精加工 外形轮廓	1200	100	0.5	T02	外圆 车刀	
编制		审核		批准		日期	

3. 刀具参数设置

单击数控车工具栏中的图标 ,或者在菜单栏中选择"数控车"→"刀具库管理",系统弹出"刀具库管理"对话框,增加粗车刀 T01、精车刀 T02 硬质合金轮廓车刀。

> 注意：轮廓车刀的选择须考虑其副偏角跟工件圆弧位置可能存在干涉的问题。

4. 生成刀具轨迹

（1）生成外圆的粗加工轨迹

1）零件轮廓建模。如图7-30所示，需要画出零件轮廓表面和毛坯表面。

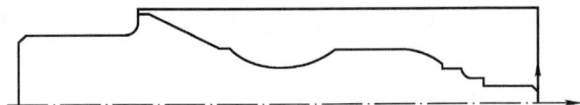

图7-30 轮廓建模

2）填写粗车参数表。单击数控车工具条中的图标 ，或者在菜单栏中选择"数控车"→"轮廓粗车"，系统弹出"粗车参数表"对话框，填写参数。

3）生成粗车加工轨迹。填写完所有参数后，单击"确定"按钮，状态栏提示"拾取被加工表面轮廓"，在立即菜单中选择"限制链拾取"，单击零件轮廓起始线后，此轮廓线变成红色的虚线，系统提示拾取方向，如图7-31所示，单击向上的箭头，再拾取轮廓线的最后一条线，单击"确定"按钮，状态栏提示"拾取定义的毛坯轮廓"，按拾取零件轮廓的方式拾取毛坯轮廓并确定，状态栏提示"输入进退刀点"，输入"55，5"后回车，生成如图7-32所示的加工轨迹。

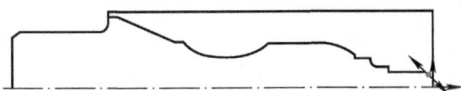

图7-31 拾取零件轮廓线

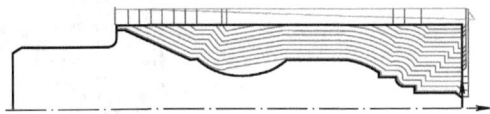

图7-32 粗车外圆加工轨迹

（2）生成外圆的精加工轨迹

1）填写精车参数表。单击数控车工具条中的图标 ，或者在菜单栏中选择"数控车"→"轮廓精车"，系统弹出"精车参数表"对话框，填写参数。

2）生成精车加工轨迹。填写完所有参数后，单击"确定"按钮，状态栏提示"拾取被加工表面轮廓"，拾取方式与拾取粗车轮廓相同，状态栏提示"输入进退刀点"，输入"55，5"后回车，生成如图7-33所示的精加工轨迹。

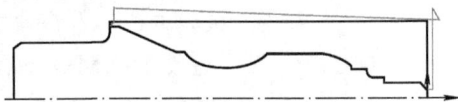

图7-33 精车外圆加工轨迹

5. 刀位验证及刀具轨迹的编辑

单击数控车工具栏中的图标 ，或在菜单栏中选择"数控车"→"仿真加工"选项，系统在立即菜单中弹出"选择仿真参数"对话框，选取参数，如图7-34所示，状态栏提示"拾取刀具轨迹"，拾取要进行仿真加工的轨迹并确定，如图7-35所示。

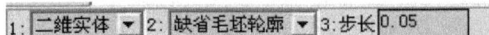

图7-34 选择仿真参数

6. 机床设置与后置处理

（1）机床设置　参考上例。

（2）后置处理　参考上例。

7. 数控程序的输出

1）单击数控车工具条中的图标▣，系统弹出一个需要用户输入文件名的对话框，单击"代码文件"，系统弹出"另存为"对话框，选择文件存储路径，然后单击"确定"按钮。

2）状态栏提示"拾取刀具路径"，顺序拾取如图 7-36 所示的外轮廓粗、精加工轨迹，单击鼠标右键确定。

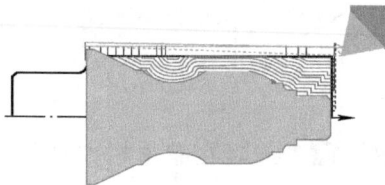

图 7-35　仿真加工轨迹

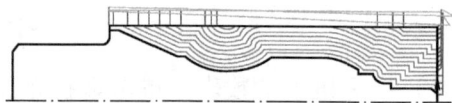

图 7-36　外轮廓粗、精加工轨迹

3）生成如图 7-37 所示的加工程序，并保存。

```
%
O2
(0002,08/15/13,21:45:33)
N10 G50 S10000;
N12 G00 G97 S1200 T11;
N14 M03;
N16 M08;
N18 G00 X60.725 Z6.546 ;
N20 G00 X65.828 Z1.414 ;
N22 G98 G01 X55.828 F100.000 ;
N24 G01 X53.000 Z0.000 ;
N26 G01 Z-10.601 ;
N28 G03 X53.677 Z-11.158 R19.500 ;
N30 G01 X63.677 ;
N32 G00 Z1.414 ;
N34 G01 X52.828 F100.000 ;
```

图 7-37　加工程序

> 1）使用轮廓粗车功能时，加工轮廓与毛坯轮廓必须构成一个封闭区域，被加工轮廓和毛坯轮廓不能单独闭合或自交。
>
> 2）为便于限制链拾取方式，可以将加工轮廓与毛坯轮廓绘成相交，系统自动求出封闭区域。
>
> 3）进行机床设置必须针对不同的机床、不同的数控系统，设置特定的数控代码、数控程序格式及参数。
>
> 4）加工程序生成后，应仔细检查、修改。

8. 零件加工操作

1）开机、回参考点。

2）工件装夹及找正。自定心卡盘装夹，夹住工件左端已加工的 $\phi48$mm 外圆，注意装夹牢固可靠。

3）刀具装夹及校正。以工件右端面中心为原点设定工件坐标系。

操作提示　1）安装外圆车刀时，刀体不宜伸出过长，刀尖与工件轴线等高。

2）外圆车刀主偏角要大于或等于90°，才能车削直台阶。

3）注意该工件有内凹圆弧，应选取副偏角比较大的刀具，避免车削时产生干涉。

4）程序录入。使用传输软件将加工程序传送到数控机床中并进行程序校验。

5）工件加工。按下循环启动键，进行工件加工。

注意：工件加工过程中，注意观察程序执行时刀具的走刀路线，随时处理发生的意外情况。

6）工件测量。完成工件加工并进行检测，将检测结果填入表7-4。

表7-4　工件测评表

序号	检测项目	检测内容	配分	检测要求	学生自评		老师测评	
					自测	得分	检测	得分
1	长度	15mm	6	超差0.02mm扣2分				
2		28mm	4	超差0.02mm扣2分				
3		108mm	6	超差0.02mm扣2分				
4		140mm	6	超差0.02mm扣2分				
5	直径	ϕ8mm	6	超差0.01mm扣2分				
6		ϕ20mm	8	超差0.01mm扣2分				
7		ϕ31mm	8	超差0.02mm扣2分				
8		ϕ38mm	8	超差0.02mm扣2分				
9		ϕ48mm	8	超差0.02mm扣2分				
10	倒角	C2	2	不合格全扣				
11	表面粗糙度值	Ra3.2μm	8	一处不合格扣4分，扣完为止				
12	时间	工件按时完成	10	未按时完成全扣				
13	现场操作规范	安全操作	10	违反操作规程按程度扣分				
14		工、量具使用	5	工、量具使用错误，每项扣2分				
15		设备维护保养	5	违反维护保养规程，每项扣2分				
16	合计（总分）		100	机床编号		总得分		
17	开始时间		结束时间			加工时间		

7）结束加工。进行机床维护与保养。

任务二　数控 DNC 网络应用

职业知识
- 了解数控 DNC 网络。
- 了解数控 DNC 网络的作用。
- 了解数控 DNC 网络的优缺点。

职业技能
- 了解数控 DNC 网络的应用流程。

【任务描述】

将本模块任务一软件生成的程序，通过网络传输到五台机床上，并进行加工。

随着计算机技术、网络技术的不断发展，人们越来越多地使用这些高新技术来提高生产率，采用网络技术来管理数控机床也就成为必然。通过本任务的学习，了解数控 DNC 网络的相关知识，并会使用相关软件。

【知识链接】

1. 什么是 DNC 网络

DNC 网络是 Direct Numerical Control 或 Distributed Numerical Control 的简称，意为直接数字控制或分布数字控制。DNC 最早的含义是直接数字控制，其研究开始于 20 世纪 60 年代。它指的是将若干台数控设备直接连接在一台中央计算机上，由中央计算机负责 NC 程序的管理和传送。当时的研究目的主要是为了解决早期数控设备（NC）因使用纸带输入数控加工程序而引起的一系列问题和早期数控设备的高计算成本等问题。

2. DNC 网络的发展

20 世纪 80 年代以后，随着计算机技术、通信技术和 CIMS（计算机集成制造系统）技术的发展，DNC 网络的内涵和功能不断扩大，与 20 世纪六七十年代的 DNC 网络相比已有很大区别，它开始着眼于车间的信息集成，针对车间的生产计划、技术准备、加工操作等基本作业进行集中监控与分散控制，把生产任务通过局域网分配给各个加工单元，并使信息相互交换。而对物流等系统可以在条件成熟时再扩充，既适用于现有的生产环境，提高了生产率，又节约了成本。

3. DNC 网络的优缺点

DNC 网络系统的主要组成部分是中央计算机及外围存储设备、通信接口、机床及机床控制器。由计算机进行数据管理，从大容量的存储器中取回零件程序并把它传送给机床，然后在这两个方向上控制信息的流动，在多台计算机间分配信息，使各机床控制器能完成各自的操作，最后由计算机监视并处理机床反馈。其中解决计算机与数控机床之间的信息交换和互联，是 DNC 网络的核心问题，它与 FMS（柔性制造系统）的主要差别是没有自动化物流输送系统，因而成本低，容易实现。由于 DNC 网络可以通过计算机网络实现 NC

（数控）程序的直接装载和灵活存储，因此能进行以下工作。

1）消除程序读入装置维护所需的费用。

2）减少程序输入的错误。

3）简化 NC 程序的管理。

4）便于进行生产调度和监控。

DNC 适用于数控机床数量大（一般为 4 ~ 6 台或更多）、NC 程序管理问题多的制造环境（NC 程序太长）及数控机床的程序存储器不能容纳等情况。

【实践操作】

请根据本校实训车间的具体情况进行实践操作（以 ExtremeDNC 通信软件为例）

1. 网络连接

将 ExtremeDNC 软件安装在本地网的一台微型计算机上作为通信服务器，连接 COMTROL 的多端口 HUB 和计算机的网卡，然后由多端口 HUB 引出多条 RJ45 线到机床 RS232 端口处，将 RJ45 线序改为 DB25 线序，并连接到机床的 RS232 端口。

> 注意：使用带屏蔽的 5 类双绞线通信距离可达 100m，超过 100m 可采用长线驱动器。

2. 系统调试

系统调试过程实际上就是修改控制器属性（CSP）的过程。用户可以通过数控系统手册查到相应的通信参数，然后将 ExtremeDNC 软件中的"Setting"标签设置为与之匹配，主要是设置通信端口（CommPort）、波特率（BaudRate）、数据位（DataBits）、停止位（StopBits）、奇偶校验（ParityBit）、流控制（FlowControl）。如果无法查到这些通信参数，ExtremeDNC 提供了连接向导，通过它可以检测到与控制器相匹配的通信参数。其次是设置接收和发送程序的路径（Path）、收件标签（Input）、发件标签（Output）、远程请求命令（Remote），这些设置都根据数控系统的不同而有所改变。当所有这些参数设置好以后，数控机床便可与计算机进行通信了。

3. 程序传输

系统调试完成后，每次使用时只需打开计算机，进入 ExtremeDNC 主界面，由于设置了自动连接，软件自动与所有的数控机床连通，然后在机床端进行操作就可以了，机床操作人员无须操作计算机。

程序输出到计算机时，选中要输出的程序，直接使用 MDI 操作面板上的 Output（或 Dataout，视数控系统而定），程序便输出到 ExtremeDNC 的收件箱（Inbox）中。

要调用计算机中的程序，需要使用远程请求文件。每次使用时先将远程请求文件中的程序名改为要调用的程序名。当然，该程序名必须是发件箱（Outbox）中存在的程序名，然后发送远程请求文件，最后使用 MDI 操作面板上的 Output（或 Datain，视数控系统而定）调入需要的程序。

1）打开远程请求文件 O1234（系统调试时，已经设置请求文件为 O1234）。

```
%
O1234
WWGETP 程序名 WW
M30
%
```

2）修改远程请求文件 O1234，将其中的程序名改为 O0002。

```
%
O1234
WWGETP0002WW
M30
%
```

3）按"Output"键向计算机发送远程请求文件 O1234（此文件并不保存在收件箱中，只是向计算机发出一个远程命令）。

4）按"OUTPUT"键从计算机中调用程序 O0002。

O1234 为远程请求文件，它作为一个数控程序保存在数控系统的程序目录中，要调用计算机中的程序 O0002，则将 O1234 远程请求文件中的程序名改为 O0002，然后按"Output"键发送 O1234，再按"OUTPUT"键调用 O0002，则在数控系统的程序目录中可以看见 O0002 程序了。

远程请求文件 O1234 中的 WW 为命令起始符和命令结束符，GET 为发送一个文件，P 为程序名开头。由于 FANUC 系统固定使用字母 O 作为程序名的开头，故使用 ExtremeDNC 的字母翻译功能将字母 P 翻译为字母 O，才能正常执行远程请求操作。同样，可以使用字母翻译功能将 MDI 操作面板上已有的字母翻译为其他没有的字母，以解决 MDI 操作面板上（特别是老的数控系统）字母不全的问题。

由于在控制器属性的（Path）标签中对每台机床设置了程序输入/输出的路径，每台机床有唯一的程序输入/输出目录，所有输入/输出的程序自动进入每台机床对应的收件箱（Inbox）/发件箱（Outbox）中，这样各机床的程序不会混淆，查找程序非常方便，而且软件对接收到的程序自动重命名为 Receive(X)，这样便不会产生相同程序名的覆盖。

思考与训练

1. CAXA 自动编程软件的优点和缺点是什么？
2. 什么样的情况适合用 CAXA 自动编程软件？什么样的情况可以用手工编程？
3. 数控 DNC 网络的用途是什么？

模块八 中级数控车工职业技能训练

任务一 中级数控车工理论知识

职业技能鉴定国家题库

数控车工中级理论知识试卷（一）

注 意 事 项

1. 本试卷依据《数控车工》国家职业标准命制，考试时间：120min。
2. 请在试卷标封处填写姓名、准考证号和所在单位的名称。
3. 请仔细阅读答题要求，在规定位置填写答案。

一、单项选择题（第 1～160 题。选择一个正确的答案,将相应的字母填入题内的括号中。每题 0.5 分,满分 80 分）

1. 用于批量生产的胀力心轴可用（　　）材料制成。
   A. 45 钢　　　　　　B. 60 钢　　　　　　C. 65Mn　　　　　　D. 铸铁
2. 轴上的花键槽一般都放在外圆的半精车（　　）进行。
   A. 以前　　　　　　B. 以后　　　　　　C. 同时　　　　　　D. 前或后
3. 数控机床开机应空运转约（　　），使机床达到热平衡状态。
   A. 15min　　　　　　B. 30min　　　　　　C. 45min　　　　　　D. 60min
4. 在中低速切槽时，为保证槽底尺寸精度，可用（　　）指令停顿修整。
   A. G00　　　　　　B. G02　　　　　　C. G03　　　　　　D. G04
5. 职业道德是（　　）。
   A. 社会主义道德体系的重要组成部分　　B. 保障从业者利益的前提
   C. 劳动合同订立的基础　　　　　　　　D. 劳动者的日常行为规则
6. 操作系统中采用缓冲技术的目的是为了增强系统（　　）的能力。
   A. 串行操作　　　　B. 控制操作　　　　C. 重执操作　　　　D. 并行操作
7. 过流报警是属于何种类型的报警（　　）。
   A. 系统报警　　　　B. 机床侧报警　　　C. 伺服单元报警　　D. 电动机报警
8. 工件夹紧要牢固、可靠，并保证工件在加工中（　　）不变。
   A. 尺寸　　　　　　B. 定位　　　　　　C. 位置　　　　　　D. 间隙
9. 俯视图反映物体的（　　）的相对位置关系。
   A. 上下和左右　　　B. 前后和左右　　　C. 前后和上下　　　D. 左右和上下

10. 螺纹标记 M24×1.5−5g6g，5g 表示中径公差等级为（   ），基本偏差的位置代号为（   ）。

    A. g，6 级   B. g，5 级   C. 6 级，g   D. 5 级，g

11. 数控机床加工过程中发生危险现象需要紧急处理时应采取（   ）。

    A. 按下主轴停止按钮   B. 按下进给保持按钮

    C. 按下紧急停止按钮   D. 切断电器柜电源

12. 下列说法中，不符合语言规范具体要求的是（   ）。

    A. 语感自然   B. 用尊称，不用忌语

    C. 语速适中，不快不慢   D. 态度冷淡

13. 在切断时，背吃刀量 a_p（   ）刀头宽度。

    A. 大于   B. 等于   C. 小于   D. 小于等于

14. 应用插补原理的方法有多种，其中（   ）最常用。

    A. 逐点比较法   B. 数字积分法   C. 单步追踪法   D. 有限元法

15. 锥度的定义是（   ）。

    A.（大端−小端）/长度   B.（小端−大端）/长度

    C. 大端除以小端的值   D. 小端除以大端的值

16. 选择定位基准时，粗基准（   ）。

    A. 只能使用一次   B. 最多使用两次   C. 可使用 1~3 次   D. 可反复使用

17. 加工外圆直径 $\phi38.5\text{mm}$，实测为 $\phi38.60\text{mm}$，则在该刀具磨耗补偿对应位置输入（   ）值进行修调至尺寸要求。

    A. 0.1mm   B. −0.1mm   C. 0.2mm   D. 0.5mm

18. 用高速钢铰刀铰削铸铁时，由于铸铁内部组织不均引起振动，容易出现（   ）现象。

    A. 孔径收缩   B. 孔径不变   C. 孔径扩张   D. 锥孔

19. 在工作中要处理好同事间的关系，正确的做法是（   ）。

    A. 多了解他人的私人生活，才能关心和帮助同事

    B. 对于难以相处的同事，尽量予以回避

    C. 对于有缺点的同事，要敢于提出批评

    D. 对故意诽谤自己的人，要"以其人之道还治其人之身"

20. 无论主程序还是子程序都由若干（   ）组成。

    A. 程序段   B. 坐标   C. 图形   D. 字母

21. 几何公差的基准代号不管处于什么方向，方框内的字母应（   ）书写。

    A. 水平   B. 垂直   C. 45°倾斜   D. 任意

22. 加工螺距为 3mm 的圆柱螺纹，牙深为（   ），其切削次数为其 7 次。

    A. 1.949mm   B. 1.668mm   C. 3.3mm   D. 2.6mm

23. 用大于 500m/min 的切削速度高速车削铁系金属时，采用（   ）刀具材料的车刀为宜。

    A. 普通硬质合金   B. 立方氮化硼

C. 涂层硬质合金　　　　　　　　　　　　D. 金刚石

24. 优质碳素结构钢的牌号由(　　)数字组成。

A. 一位　　　　　　B. 两位　　　　　　C. 三位　　　　　　D. 四位

25. 切削刃选定点相对于工件的主运动瞬时速度为(　　)。

A. 切削速度　　　　B. 进给量　　　　　C. 工作速度　　　　D. 切削深度

26. 工件上用于定位的表面,是确定工件位置的依据,称为(　　)面。

A. 定位基准　　　　　　　　　　　　　　B. 加工基准

C. 测量基准　　　　　　　　　　　　　　D. 设计基准

27. 零件长度为36mm,切刀宽度为4mm,左刀尖为刀位点,以右端面为原点,则编程时定位在(　　)处切断工件。

A. Z – 36　　　　　B. Z – 40　　　　　C. Z – 32　　　　　D. Z40

28. 程序段序号通常用(　　)位数字表示。

A. 8　　　　　　　　B. 10　　　　　　　C. 4　　　　　　　D. 11

29. 牌号为 T12A 的材料是指平均碳的质量分数为(　　)的碳素工具钢。

A. 1.2%　　　　　　B. 12%　　　　　　C. 0.12%　　　　　D. 2.2%

30. 只将机件的某一部分向基本投影面投影所得的视图称为(　　)。

A. 基本视图　　　　B. 局部视图　　　　C. 斜视图　　　　　D. 旋转视图

31. 任何切削加工方法都必须有一个(　　),可以有一个或几个进给运动。

A. 辅助运动　　　　B. 主运动　　　　　C. 切削运动　　　　D. 纵向运动

32. 螺纹车刀刀尖高于或低于中心时,车削时易出现(　　)现象。

A. 扎刀　　　　　　B. 乱牙　　　　　　C. 窜动　　　　　　D. 停车

33. 按断口颜色不同,铸铁可分为(　　)。

A. 灰铸铁、白口铸铁、麻口铸铁　　　　　B. 灰铸铁、白口铸铁、可锻铸铁

C. 灰铸铁、球墨铸铁、可锻铸铁　　　　　D. 普通铸铁、合金铸铁

34. 刀具圆弧半径补正功能为模态指令,数控系统初始状态是(　　)。

A. G41　　　　　　　　　　　　　　　　B. G42

C. G40　　　　　　　　　　　　　　　　D. 由操作者指定

35. 主要用于钻孔加工的复合循环指令是(　　)。

A. G71　　　　　　　B. G72　　　　　　C. G73　　　　　　D. G74

36. 石墨以片状存在的铸铁称为(　　)。

A. 灰铸铁　　　　　B. 可锻铸铁　　　　C. 球墨铸铁　　　　D. 蠕墨铸铁

37. 用百分表测量平面时,测头应与平面(　　)。

A. 倾斜　　　　　　B. 垂直　　　　　　C. 水平　　　　　　D. 平行

38. 粗车时,一般(　　),最后确定一个合适的切削速度 v_c,就是车削用量的选择原则。

A. 应首先选择尽可能小的背吃刀量 a_p,其次选择较小的进给量 f

B. 应首先选择尽可能小的背吃刀量 a_p，其次选择较大的进给量 f

C. 应首先选择尽可能大的背吃刀量 a_p，其次选择较小的进给量 f

D. 应首先选择尽可能大的背吃刀量 a_p，其次选择较大的进给量 f

39. 按经验公式 $n \leqslant 1800/P - K$ 计算，车削螺距为 3mm 的双线螺纹，转速应 $\leqslant$（   ）r/min。

    A. 2000   B. 1000   C. 520   D. 220

40. 当机件具有倾斜机构，且倾斜表面在基本投影面上投影不反映实形时，可采用（   ）表达。

    A. 斜视图   B. 前视图和俯视图

    C. 后视图和左视图   D. 旋转视图

41. 以下关于非模态指令（   ）是正确的。

    A. 一经指定一直有效   B. 在同组 G 代码出现之前一直有效

    C. 只在本程序段有效   D. 视具体情况而定

42. 可用于端面槽加工的复合循环指令是（   ）。

    A. G71   B. G72   C. G74   D. G75

43. 用来测量零件已加工表面的尺寸和位置所参照的点、线或面为（   ）。

    A. 定位基准   B. 测量基准   C. 装配基准   D. 工艺基准

44. 识读装配图的步骤是先（   ）。

    A. 识读标题栏   B. 看视图配置

    C. 看标注尺寸   D. 看技术要求

45. 影响刀具扩散磨损的最主要原因是切削（   ）。

    A. 材料   B. 速度   C. 温度   D. 角度

46. 车削塑性金属材料的 M40×3 内螺纹时，底孔直径约等于（   ）mm。

    A. 40   B. 38.5   C. 8.05   D. 37

47. 镗孔精度一般可达（   ）。

    A. IT5～IT6   B. IT7～IT8   C. IT8～IT9   D. IT9～IT10

48. 不属于球墨铸铁的牌号为（   ）。

    A. QT400-18   B. QT450-10   C. QT700-2   D. HT250

49. 在精加工工序中，加工余量小而均匀时可选择加工表面本身作为定位基准的为（   ）。

    A. 基准重合原则   B. 互为基准原则

    C. 基准统一原则   D. 自为基准原则

50. （   ）是一种以内孔为基准装夹达到相对位置精度的装夹方法。

    A. 一夹一顶   B. 两顶尖   C. 机用平口钳   D. 心轴

51. G32 或 G33 代码是（   ）。

    A. 螺纹加工固定循环指令   B. 变螺距螺纹车削功能指令

    C. 固定螺距螺纹车削功能指令   D. 外螺纹车削功能指令

52. 刀具进入正常磨损阶段后磨损速度( )。

    A. 上升   B. 下降   C. 不变   D. 突增

53. 指定恒线速度切削的指令是( )。

    A. G94   B. G95   C. G96   D. G97

54. 采用轮廓控制的数控机床是( )。

    A. 数控钻床   B. 数控铣床   C. 数控注塑机床   D. 数控平面床

55. FANUC 系统中程序段 N25 ( )X50 Z-35 I2.5 F2；表示圆锥螺纹加工循环。

    A. G90   B. G95   C. G92   D. G33

56. 粗加工时，应取( )的后角，精加工时，就取( )的后角。

    A. 较小，较小   B. 较大，较小   C. 较小，较大   D. 较大，较大

57. 在 FANUC 系统数控车床上，用 G90 指令编程加工内圆柱面时，其循环起点的 X 坐标要( )待加工圆柱面的直径。

    A. 小于   B. 等于

    C. 大于   D. 小于、等于、大于都可以

58. 数控车刀具指令 T 由后面的( )数指定。

    A. 一位   B. 两位   C. 四位   D. 两位或四位

59. 不能做刀具材料的有( )。

    A. 碳素工具钢   B. 碳素结构钢   C. 合金工具钢   D. 高速钢

60. 深度千分尺的测微螺杆移动量是( )。

    A. 85mm   B. 35mm   C. 25mm   D. 15mm

61. 在 FANUC 系统中，( )指令用于大角度锥面的循环加工。

    A. G92   B. G93   C. G94   D. G95

62. 用于加工螺纹的复合加工循环指令是( )。

    A. G73   B. G74   C. G75   D. G76

63. V 形块用于工件外圆定位，其中短 V 形块限制( )个自由度。

    A. 6   B. 2   C. 3   D. 8

64. 钻中心孔时，应选用( )的转速。

    A. 低   B. 较低

    C. 较高   D. 低，较低，较高均不对

65. 程序段 G90 X48 W-10 F80；应用的是( )编程方法。

    A. 绝对坐标   B. 增量坐标   C. 混合坐标   D. 极坐标

66. 外径千分尺分度值一般为( )。

    A. 0.2m   B. 0.5mm   C. 0.01mm   D. 0.1cm

67. 三个支撑点对工件是平面定位，能限制( )个自由度。

    A. 2   B. 3   C. 4   D. 5

68. 用 ϕ1.73mm 三针测量 M30×3 的中径，三针读数值为( )mm。

    A. 30   B. 30.644   C. 30.821   D. 31

69. FANUC 系统的车床用增量方式编程时的格式是(　　　)。

  A. G90　G01　X __　Z __　　　　　　B. G91　G01　X __　Z __

  C. G01　U __　W __　　　　　　　　　D. G91　G01　U __　W __

70. G20 代码是(　　　)制输入功能，它是 FANUC 数控车床系统的选择功能。

  A. 英　　　　　　　　B. 公　　　　　　　　C. 米　　　　　　　　D. 国际

71. 数控机床的核心是(　　　)。

  A. 伺服系统　　　　　B. 数控系统　　　　　C. 反馈系统　　　　　D. 传动系统

72. 以半径样板测量工件凸圆弧，若仅两端接触，是因为工件的圆弧半径(　　　)。

  A. 过大　　　　　　　　　　　　　　　　B. 过小

  C. 准确　　　　　　　　　　　　　　　　D. 大、小不均匀

73. 刀具材料在高温下能够保持其硬度的性能是(　　　)。

  A. 硬度　　　　　　　B. 耐磨性　　　　　　C. 耐热性　　　　　　D. 工艺性

74. 数控车床上车削内圆锥面时，若程序中没有用刀具圆弧半径补正指令，不考虑其他因素的影响，则所加工的圆锥面直径会比程序中指定的直径(　　　)。

  A. 小　　　　　　　　　　　　　　　　　B. 大

  C. 相等　　　　　　　　　　　　　　　　D. 小、大、相等都有可能

75. 定位方式中(　　　)不能保证加工精度。

  A. 完全定位　　　　　　　　　　　　　　B. 不完全定位

  C. 欠定位　　　　　　　　　　　　　　　D. 过定位

76. 一般数控系统由(　　　)组成。

  A. 输入装置，顺序处理装置　　　　　　　B. 数控装置，伺服系统，反馈系统

  C. 控制面板和显示装置　　　　　　　　　D. 数控柜，驱动柜

77. 粗加工应选用(　　　)。

  A. (3~5)%乳化液　　　　　　　　　　　B. (10~15)%乳化液

  C. 切削液　　　　　　　　　　　　　　　D. 煤油

78. 程序段 G02　X50　Z-20　I28　K5　F0.3；中 I28 K5 表示(　　　)。

  A. 圆弧的始点　　　　　　　　　　　　　B. 圆弧的终点

  C. 圆弧的圆心相对圆弧起点的坐标　　　　D. 圆弧的半径

79. 在车削高精度的零件时，粗车后，在工件上的切削热达到(　　　)后再进行精车。

  A. 热平衡　　　　　　B. 热变形　　　　　　C. 热膨胀　　　　　　D. 热伸长

80. 车床的类别代号是(　　　)。

  A. Z　　　　　　　　B. X　　　　　　　　C. C　　　　　　　　D. M

81. FANUC 系统程序段 G04　P1000 中，P 指令表示(　　　)。

  A. 缩放比例　　　　B. 子程序号　　　　C. 循环参数　　　　D. 暂停时间

82. 运行 G28 指令，机床将(　　　)。

  A. 返回参考点　　　　　　　　　　　　　B. 快速定位

  C. 做直线加工　　　　　　　　　　　　　D. 坐标系偏移

83. 普通车床加工中，丝杠的作用是（   ）。

    A. 加工内孔
                B. 加工各种螺纹

    C. 加工外圆、端面
          D. 加工锥面

84. 在偏置值设置 G55 栏中的数值是（   ）。

    A. 工件坐标系的原点相对机床坐标系原点偏移值

    B. 刀具的长度偏差值

    C. 工件坐标系的原点

    D. 工件坐标系相对对刀点的偏移值

85. 划线基准一般可用以下三种类型：以两个相互垂直的平面（或线）为基准；以一个平面和一条中心线为基准；以（   ）为基准。

    A. 一条中心线
             B. 两条中心线

    C. 一条或两条中心线
      D. 三条中心线

86. 机夹可转位车刀，刀片转位更换迅速、夹紧可靠、排屑方便、定位精确，综合考虑，采用（   ）形式的夹紧机构较为合理。

    A. 螺钉上压式
    B. 杠杆式
    C. 偏心销式
    D. 楔销式

87. 操作面板的功能键中，用于程序编制显示的键是（   ）。

    A. POS
    B. PROG
    C. ALARM
    D. PAGE

88. 金属抵抗永久变形和断裂的能力是（   ）。

    A. 强度和塑性
    B. 韧性
    C. 硬度
    D. 疲劳强度

89. 用于调整机床的垫铁种类有多种，其作用不包括（   ）。

    A. 减轻紧固螺栓时机床底座的变形
    B. 限位作用

    C. 调整高度
    D. 紧固作用

90. 在数控机床上，考虑工件的加工精度要求、刚度和变形等因素，可按（   ）划分工序。

    A. 粗、精加工
    B. 所用刀具
    C. 定位方式
    D. 加工部位

91. 《公民道德建设实施纲要》提出，要充分发挥社会主义市场经济机制的积极作用，人们必须增强（   ）。

    A. 个人意识、协作意识、效率意识、物质利益观念、改革开放意识

    B. 个人意识、竞争意识、公平意识、民主法制意识、开拓创新精神

    C. 自立意识、竞争意识、效率意识、民主法制意识、开拓创新精神

    D. 自立意识、协作意识、公平意识、物质利益观念、改革开放意识

92. 由主切削刃直接切成的表面称为（   ）。

    A. 切削平面
    B. 切削表面
    C. 已加工面
    D. 待加工面

93. 下列关于创新的论述，正确的是（   ）。

    A. 创新与继承根本对立
        B. 创新就是独立自主

    C. 创新是民族进步的灵魂
    D. 创新不需要引进国外新技术

94. 加工齿轮这样的盘类零件在精车时应按照（   ）的加工原则安排加工顺序。

A. 先外后内　　　　B. 先内后外　　　　C. 基准后行　　　　D. 先精后粗

95. FANUC 数控车床系统中 G92 X ___ Z ___ F ___ 是( )指令。

A. 外圆车削循环　　　　B. 端面车削循环

C. 螺纹车削循环　　　　D. 纵向切削循环

96. 三相异步电动机的过载系数一般为( )。

A. 1.1～1.25　　　　B. 1.3～0.8　　　　C. 1.8～2.5　　　　D. 0.5～2.5

97. 微型计算机中,( )的存取速度最快。

A. 高速缓存　　　　B. 外存储器　　　　C. 寄存器　　　　D. 内存储器

98. G70 指令的程序格式是( )。

A. G70　X　Z　　　　　　　　B. G70　U　R

C. G70　P　Q　U　W　　　　D. G70　P　Q

99. 下列中( )最适宜采用正火。

A. 高碳钢零件　　　　　　　　B. 力学性能要求较高的零件

C. 形状较为复杂的零件　　　　D. 低碳钢零件

100. 使程序在运行过程中暂停的指令是( )。

A. M00　　　　B. G18　　　　C. G19　　　　D. G20

101. 辅助功能代码 M03 表示( )。

A. 程序停止　　　　B. 切削液开　　　　C. 主轴停止　　　　D. 主轴正转

102. 中碳结构钢制作的零件通常在( )进行高温回火,以获得适宜的强度与韧性的良好配合。

A. 200～300℃　　　　　　　　B. 300～400℃

C. 500～600℃　　　　　　　　D. 150～250℃

103. 钢淬火的目的就是为了使它的组织全部或大部转变为( )组织,获得高硬度,然后在适当温度下回火,使工件具有预期的性能。

A. 贝氏体　　　　B. 马氏体　　　　C. 渗碳体　　　　D. 奥氏体

104. FANUC 0i 系统中程序段 M98 P0260 表示( )。

A. 停止调用子程序　　　　　　B. 调用1次子程序"O0260"

C. 调用两次子程序"O0260"　　D. 返回主程序

105. 逐步比较插补法的工作顺序为( )。

A. 偏差判别、进给控制、新偏差计算、终点判别

B. 进给控制、偏差判别、新偏差计算、终点判别

C. 终点判别、新偏差计算、偏差判别、进给控制

D. 终点判别、偏差判别、进给控制、新偏差计算

106. 欲加工第一象限的斜线(起始点在坐标原点),用逐点比较法进行直线插补,若偏差函数大于零,说明加工点在( )。

A. 坐标原点　　　　B. 斜线上方　　　　C. 斜线下方　　　　D. 斜线上

107. 数控机床上有一个机械原点,该点到机床坐标零点在进给坐标轴方向上的距离可

以在机床出厂时设定。该点称(　　)。

 A. 工件零点   B. 机床零点   C. 机床参考点   D. 限位点

108. 在机床各坐标轴的终端设置有极限开关，由程序设置的极限称为(　　)。

 A. 硬极限   B. 软极限   C. 安全行程   D. 极限行程

109. 确定数控机床坐标系统运动关系的原则是假定(　　)。

 A. 刀具相对静止的工件而运动   B. 工件相对静止的刀具而运动

 C. 刀具、工件都运动   D. 刀具、工件都不运动

110. 对于锻造成形的工件，最适合采用的固定循环指令为(　　)。

 A. G71   B. G72   C. G73   D. G74

111. 数控车(FANUC 系统)的 G74　X－10　Z－120　P5　Q10　F0.3 程序段中，错误的参数地址字是(　　)。

 A. X   B. Z   C. P   D. Q

112. 数控车床中的 G41/G42 是对(　　)进行补偿。

 A. 刀具的几何长度   B. 刀具的刀尖圆弧半径

 C. 刀具的半径   D. 刀具的角度

113. 采用 G50 指令设定坐标系之后，数控车床在运行程序时(　　)回参考点。

 A. 用   B. 不用

 C. 可以用也可以不用   D. 取决于机床制造厂的产品设计

114. 车削中心是以全功能型数控车床为主体，实现复合(　　)加工的机床。

 A. 多工序   B. 单工序   C. 双工序   D. 任意

115. 面板中输入程序段结束符的键是(　　)。

 A. CAN   B. POS   C. EOB   D. SHIFT

116. 在线加工(DNC)的意义为(　　)。

 A. 零件边加工边装夹

 B. 加工过程与面板显示程序同步

 C. 加工过程为外接计算机在线输送程序到机床

 D. 加工过程与互联网同步

117. 游标万能角度尺在(　　)范围内，应装上角尺。

 A. 0°～50°   B. 50°～140°

 C. 140°～230°   D. 230°～320°

118. 后置刀架车床使用正手外圆车刀加工外圆，刀具补正的刀尖方位号是(　　)。

 A. 2   B. 3   C. 4   D. 5

119. 工企对环境污染的防治不包括(　　)。

 A. 防治固体废弃物污染   B. 开发防治污染新技术

 C. 防治能量污染   D. 防治水体污染

120. 检验程序正确性的方法不包括(　　)方法。

 A. 空运行   B. 图形动态模拟   C. 自动校正   D. 试切削

121. 数控机床的条件信息指示灯 EMERGENCY STOP 亮时，说明（　　　）。

    A. 按下急停按钮
                B. 主轴可以运转

    C. 回参考点
                D. 操作错误且未消除

122. CA6140 型卧式车床的主要组成部件中没有（　　　）。

    A. 滚珠丝杠
         B. 溜板箱
         C. 主轴箱
         D. 进给箱

123. 下列因素中导致自激振动的是（　　　）。

    A. 转动着的工件不平衡
                B. 机床传动机构存在问题

    C. 切削层沿其厚度方向的硬化不均匀
        D. 加工方法引起的振动

124. 尺寸公差等于上极限偏差减下极限偏差或（　　　）。

    A. 公称尺寸 – 下极限偏差
                B. 上极限尺寸 – 下极限尺寸

    C. 上极限尺寸 – 公称尺寸
              D. 公称尺寸 – 下极限尺寸

125. $\phi 35$ H9/f9 组成了（　　　）配合。

    A. 基孔制间隙
         B. 基轴制间隙
         C. 基孔制过渡
         D. 基孔制过盈

126. 尺寸公差带的零线表示（　　　）。

    A. 上极限尺寸
         B. 下极限尺寸
         C. 公称尺寸
         D. 实际尺寸

127. 机械制造中常用的优先配合的基准孔代号是（　　　）。

    A. H7
         B. H2
         C. D2
         D. D7

128. 基准孔的下极限偏差为（　　　）。

    A. 负值
                B. 正值

    C. 零
                D. 任意正或负值

129. 用以确定公差带相对于零线位置的上极限偏差或下极限偏差称为（　　　）。

    A. 尺寸偏差
         B. 基本偏差
         C. 尺寸公差
         D. 标准公差

130. 下列孔与基准轴配合，组成间隙配合的孔是（　　　）。

    A. 孔的上、下极限偏差均为正值

    B. 孔的上极限偏差为正值，下极限偏差为负值

    C. 孔的上极限偏差为零，下极限偏差为负值

    D. 孔的上、下极限偏差均为负值

131. 零件的加工精度应包括以下几部分内容（　　　）。

    A. 尺寸精度、几何形状精度和相互位置精度

    B. 尺寸精度

    C. 尺寸精度、形状精度和表面粗糙度

    D. 几何形状精度和相互位置精度

132. 零件加工中，刀痕和振动是影响（　　　）的主要原因。

    A. 刀具装夹误差
                B. 机床的几何精度

    C. 圆度
                D. 表面粗糙度

133. 表面质量对零件的使用性能的影响不包括（　　　）。

    A. 耐磨性
         B. 耐蚀性
         C. 导电能力
         D. 疲劳强度

134. 数控机床应当( )检查切削液、润滑油的油量是否充足。

    A. 每日　　　　　　B. 每周　　　　　　C. 每月　　　　　　D. 一年

135. 要执行程序段跳过功能，须在该程序段前输入( )标记。

    A. ／　　　　　　　B. ＼　　　　　　　C. ＋　　　　　　　D. −

136. 液压系统的动力元件是( )。

    A. 电动机　　　　　B. 液压泵　　　　　C. 液压缸　　　　　D. 液压阀

137. 市场经济条件下，对"义"和"利"的态度应该是( )。

    A. 见利思义　　　　B. 先利后义　　　　C. 见利忘义　　　　D. 不利不义

138. 工件在机床上定位夹紧后进行工件坐标系设置，用于确定工件坐标系与机床坐标系空间关系的参考点称为( )。

    A. 对刀点　　　　　B. 编程原点　　　　C. 刀位点　　　　　D. 机床原点

139. PROGRAM 可翻译为( )。

    A. 删除　　　　　　B. 程序　　　　　　C. 循环　　　　　　D. 工具

140. 遵守法律法规要求( )。

    A. 积极工作　　　　　　　　　　　　B. 加强劳动协作

    C. 自觉加班　　　　　　　　　　　　D. 遵守安全操作规程

141. 违反安全操作规程的是( )。

    A. 严格遵守生产纪律　　　　　　　　B. 遵守安全操作规程

    C. 执行国家劳动保护政策　　　　　　D. 可使用不熟悉的机床和工具

142. 若框式水平仪气泡移动一格，在 1000mm 长度上倾斜高度差为 0.02mm，则折算其倾斜角为( )。

    A. 4′　　　　　　　B. 30″　　　　　　C. 1′　　　　　　　D. 2′

143. 在 AutoCAD 软件使用过程中，为查看帮助信息，应按的功能键是( )。

    A. F1　　　　　　　B. F2　　　　　　　C. F4　　　　　　　D. F10

144. 用来确定每道工序所加工表面加工后的尺寸、形状、位置的基准为( )。

    A. 定位基准　　　　B. 工序基准　　　　C. 装配基准　　　　D. 测量基准

145. 进行孔类零件加工时，钻孔—扩孔—倒角—铰孔的方法适用于( )。

    A. 小孔径的盲孔　　　　　　　　　　B. 高精度孔

    C. 孔位置精度不高的中小孔　　　　　D. 大孔径的盲孔

146. 不符合岗位质量要求的内容是( )。

    A. 对各个岗位质量工作的具体要求　　B. 体现在各岗位的作业指导书中

    C. 是企业的质量方向　　　　　　　　D. 体现在工艺规程中

147. 数控车床的液压卡盘采用( )来控制卡盘的卡紧和松开。

    A. 液压马达　　　　B. 回转液压缸　　　C. 双作用液压缸　　D. 蜗轮蜗杆

148. 职业道德的实质内容是( )。

    A. 树立新的世界观　　　　　　　　　B. 树立新的就业观念

    C. 增强竞争意识　　　　　　　　　　D. 树立全新的社会主义劳动态度

149. 一般机械工程图采用( )原理画出。

    A. 正投影   B. 中心投影   C. 平行投影   D. 点投影

150. 刃磨硬质合金车刀应采用( )砂轮。

    A. 刚玉系   B. 碳化硅系   C. 人造金刚石   D. 立方氮化硼

151. 同轴度的公差带是( )。

    A. 直径差为公差值 t，且与基准轴线同轴的圆柱面内的区域

    B. 直径为公差值 t，且与基准轴线同轴的圆柱面内的区域

    C. 直径差为公差值 t 的圆柱面内的区域

    D. 直径为公差值 t 的圆柱面内的区域

152. 标准麻花钻的顶角一般是( )。

    A. 100°   B. 118°   C. 140°   D. 130°

153. 下列( )的工件不适用于在数控机床上加工。

    A. 普通机床难加工   B. 毛坯余量不稳定   C. 精度高   D. 形状复杂

154. 车削细长轴类零件，为减少 F_Y，主偏角 k_r 选用( )为宜。

    A. 30°外圆车刀   B. 45°弯头刀   C. 75°外圆车刀   D. 90°外圆车刀

155. 国家标准的代号为( )。

    A. JB   B. QB   C. TB   D. GB

156. 下列项目中属于形状公差的是( )。

    A. 面轮廓度   B. 圆跳动   C. 同轴度   D. 平行度

157. 数控机床的电器柜散热通风装置的维护检查周期为( )。

    A. 每天   B. 每周   C. 每月   D. 每年

158. 螺纹有五个基本要素，它们是( )。

    A. 牙型、公称直径、螺距、线数和旋向

    B. 牙型、公称直径、螺距、旋向和旋合长度

    C. 牙型、公称直径、螺距、导程和线数

    D. 牙型、公称直径、螺距、线数和旋合长度

159. 扩孔比钻孔的加工精度( )。

    A. 低   B. 相同

    C. 高   D. 低、相同、高均不对

160. ( )主要用来支撑传动零部件，传递转矩和承受载荷。

    A. 箱体零件   B. 盘类零件   C. 薄壁零件   D. 轴类零件

二、判断题（第 161～200 题。将判断结果填入括号中。正确的填"√"，错误的填"×"。每题 0.5 分，满分 20 分）

    ( )161. AutoCAD 默认图层为 0 层，它是可以删除的。

    ( )162. G00 和 G01 的运行轨迹都一样，只是速度不一样。

    ( )163. 车刀磨损和机床间隙不会影响加工精度。

    ( )164. 职业道德是社会道德在职业行为和职业关系中的具体表现。

（　　）165. 利用刀具磨耗补偿功能能提高劳动效率。

（　　）166. 量块组中量块的数目越多，累积误差越小。

（　　）167. 白口铸铁经过长期退火可获得可锻铸铁。

（　　）168. 工艺基准包括定位基准、测量基准和装配基准三种。

（　　）169. 若零件上每个表面都要加工，则应选加工余量最大的表面为粗基准。

（　　）170. 刀具寿命是表示一把新刀从投入切削开始，到报废为止的总的实际切削时间。

（　　）171. 机夹可转位车刀不用刃磨，有利于涂层刀片的推广使用。

（　　）172. 二维 CAD 软件的主要功能是平面零件设计和计算机绘图。

（　　）173. 相对编程的意义是用刀具相对于程序零点的位移量编程。

（　　）174. 麻花钻两条螺旋槽担负着切削工件的任务，同时又是输送切削液和排屑的通道。

（　　）175. 螺纹的牙型、大径、螺距、线数和旋向称为螺纹五要素，只有五要素都相同的内、外螺纹才能互相旋合在一起。

（　　）176. 粗加工时，限制进给量的主要因素是切削力，精加工时，限制进给量的主要因素是表面粗糙度。

（　　）177. 职业道德活动中做到表情冷漠、严肃待客是符合职业道德规范要求的。

（　　）178. 外径切削循环功能适合于在外圆面上切削沟槽或切断加工，断续分层切入时便于加工深沟槽的断屑和散热。

（　　）179. 刃磨硬质合金车刀时，为了避免温度过高，应该将车刀放入水中冷却。

（　　）180. 电动机出现不正常现象时应及时切断电源，排除故障。

（　　）181. 零件有长、宽、高三个方向的尺寸，主视图上只能反映零件的长和高，俯视图上只能反映零件的长和宽，左视图上只能反映零件的高和宽。

（　　）182. 加工螺距为 3mm 的圆柱螺纹，牙深为 1.949mm，其切削次数为 7 次。

（　　）183. G21 代码是米制输入功能。

（　　）184. 标题栏一般包括部件（或机器）的名称、规格、比例、图号及设计、制图、校核人员的签名。

（　　）185. 判断刀具磨损，可借助观察加工表面的表面粗糙度及切屑的形状、颜色而定。

（　　）186. 从 A 到 B 点，分别使用 G00 及 G01 指令运动，其刀具路径相同。

（　　）187. 用 G71 指令加工内圆表面时，其循环起点的 X 坐标值一定要大于待加工表面的直径值。

（　　）188. 在固定循环 G90、G94 切削过程中，M、S、T 功能可改变。

（　　）189. 微处理器是 CNC 系统的核心，主要由运算器和控制器两大部分组成。

（　　）190. 在 FANUC 系统数控车床上，G71 指令是深孔钻削循环指令。

（　　）191. 一个完整的计算机系统包括硬件系统和软件系统。

（　　）192. 数控车（FANUC 系统）固定循环指令 G74 可用于钻孔加工。

（　　）193. 在数值计算车床过程中，已按绝对坐标值计算出某运动段的起点坐标及终点坐标，以增量尺寸方式表示时，其换算公式为：增量坐标值 = 终点坐标值 − 起点坐标。

（　　）194. 标准公差分为 20 个等级，用 IT01，IT0，IT1，IT2，…，IT18 来表示。等级依次提高，标准公差值依次减小。

（　　）195. 薄壁外圆精车刀，$k_r = 93°$ 时径向切削力最小，并可以减少摩擦和变形。

（　　）196. 理论正确尺寸是表示被测要素的理想形状、方向和位置的尺寸。

（　　）197. 机械加工表面质量又称为表面完整性。其含义包括表面层的几何形状特征和表面层的物理力学性能。

（　　）198. 删除某一程序字时，先将光标移至需修改的程序字上，按"DELETE"键。

（　　）199. 当电源接通时，每一个模态组内的 G 功能维持上一次断电前的状态。

（　　）200. 优质碳素钢含硫、磷的质量分数均≥0.045%。

职业技能鉴定国家题库
数控车工中级理论知识试卷（二）
注 意 事 项

1. 本试卷依据《数控车工》国家职业标准命制，考试时间：120min。

2. 请在试卷标封处填写姓名、准考证号和所在单位的名称。

3. 请仔细阅读答题要求，在规定位置填写答案。

一、单项选择题（第 1～160 题。选择一个正确的答案，将相应的字母填入题内的括号中。每题 0.5 分，满分 80 分）

1. 遵守法律法规不要求（　　）。
   A. 延长劳动时间　　　　　　　　　　B. 遵守操作程序
   C. 遵守安全操作规程　　　　　　　　D. 遵守劳动纪律

2. 因操作不当和电磁干扰引起的故障属于（　　）。
   A. 机械故障　　　B. 强电故障　　　C. 硬件故障　　　D. 软件故障

3. 员工在着装方面正确的做法是（　　）。
   A. 服装颜色鲜艳　　　　　　　　　　B. 服装款式端庄大方
   C. 皮鞋不光洁　　　　　　　　　　　D. 香水味浓烈

4. 计算机中现代操作系统的两个基本特征是（　　）和资源共享。
   A. 多道程序设计　　　　　　　　　　B. 中断处理
   C. 程序的并发执行　　　　　　　　　D. 实现分时与实时处理

5. 在 CRT/MDI 面板的功能键中刀具参数显示设定的键是（　　）。
   A. OFSET　　　　　B. PARAM　　　　C. PRGAM　　　　D. DGNOS

6. 下列定位方式中(　　)是生产中不允许使用的。

    A. 完全定位   B. 不完全   C. 欠定位   D. 过定位

7. 在质量检验中，要坚持"三检"制度，即(　　)。

    A. 自检、互检、专职检   B. 首检、中间检、尾检

    C. 自检、巡回检、专职检   D. 首检、巡回检、尾检

8. 确定加工顺序和工序内容、加工方法、划分加工阶段，安排热处理、检验及其他辅助工序是(　　)的主要工作。

    A. 拟定工艺路线   B. 拟定加工方法

    C. 填写工艺文件   D. 审批工艺文件

9. 下列关于创新的论述，正确的是(　　)。

    A. 创新与继承根本对立   B. 创新就是独立自主

    C. 创新是民族进步的灵魂   D. 创新不需要引进国外新技术

10. 职业道德与人的事业的关系是(　　)。

    A. 有职业道德的人一定能够获得事业成功

    B. 没有职业道德的人不会获得成功

    C. 事业成功的人往往具有较高的职业道德

    D. 缺乏职业道德的人往往更容易获得成功

11. 加工齿轮这样的盘类零件在精车时应按照(　　)的加工原则安排加工顺序。

    A. 先外后内   B. 先内后外   C. 基准后行   D. 先精后粗

12. 编排数控加工工序时，采用一次装夹工位上多工序集中加工原则的主要目的是(　　)。

    A. 减少换刀时间   B. 减少重复定位误差

    C. 减少切削时间   D. 简化加工程序

13. 牌号为 Q235AF 中的 A 表示(　　)。

    A. 高级优质钢   B. 优质钢   C. 质量等级   D. 工具钢

14. 螺纹加工时采用(　　)，因两侧切削刃同时切削，切削力较大。

    A. 直进法

    B. 斜进法

    C. 左右借刀法

    D. 直进法、斜进法、左右借刀法均不是

15. 游标卡尺按其测量的精度不同，可分为三种分度值，分别是 0.1mm、0.05mm 和(　　)。

    A. 0.01mm   B. 0.02mm   C. 0.03mm   D. 0.2mm

16. 为了防止换刀时刀具与工件发生干涉，所以换刀点的位置应设在(　　)。

    A. 机床原点   B. 工件外部   C. 工件原点   D. 对刀点

17. 将零件中某局部结构向不平行于任何基本投影面的投影面投射，所得视图称为(　　)。

    A. 剖视图   B. 俯视图   C. 局部视图   D. 斜视图

18. 在 G71P(ns)　Q(nf)　U(Δu)　W(Δw)　S500 程序格式中,(　　)表示 Z 轴方向上的精加工余量。

    A. Δu　　　　　　　B. Δw　　　　　　　C. ns　　　　　　　D. nf

19. 已知任意直线上两点坐标,可列(　　)方程。

    A. 点斜式　　　　　B. 斜截式　　　　　C. 两点式　　　　　D. 截距式

20. 选择定位基准时,粗基准(　　)。

    A. 只能使用一次　　B. 最多使用两次　　C. 可使用 1~3 次　　D. 可反复使用

21. 关于人与人的工作关系,你认可以下(　　)观点。

    A. 主要是竞争　　　　　　　　　　　B. 有合作,也有竞争

    C. 竞争与合作同样重要　　　　　　　D. 合作多于竞争

22. 若要消除屏幕上的报警信息,则需要按(　　)键。

    A. RESET　　　　　B. HELP　　　　　　C. INPUT　　　　　D. CAN

23. 切削的三要素是指进给量、背吃刀量和(　　)。

    A. 切削厚度　　　　B. 切削速度　　　　C. 进给速度　　　　D. 主轴转速

24. 普通三角螺纹牙深与(　　)相关。

    A. 螺纹大径　　　　　　　　　　　　B. 螺距

    C. 螺纹大径和螺距　　　　　　　　　D. 与螺纹大径和螺距都无关

25. 车削加工时的切削力可分解为主切削力 F_Z、切深抗力 F_Y 和进给抗力 F_X,其中消耗功率最大的力是(　　)。

    A. 进给抗力 F_X　　　B. 切深抗力 F_Y　　　C. 主切削力 F_Z　　　D. 不确定

26. 有关程序结构,下面(　　)叙述是正确。

    A. 程序由程序号、指令和地址符组成　　B. 地址符由指令字和字母数字组成

    C. 程序段由顺序号、指令和 EOB 组成　　D. 指令由地址符和 EOB 组成

27. 牌号为 45 的钢的 45 表示碳的质量分数为(　　)。

    A. 0.45%　　　　　B. 0.045%　　　　　C. 4.5%　　　　　　D. 45%

28. 铰削铸件孔时,选用(　　)。

    A. 硫化切削液　　　B. 活性矿物油　　　C. 煤油　　　　　　D. 乳化液

29. 用大于 500m/min 的切削速度高速车削铁系金属时,采用(　　)刀具材料的车刀为宜。

    A. 普通硬质合金　　B. 立方氮化硼　　　C. 涂层硬质合金　　D. 金刚石

30. 用恒线速度控制加工端面时为防止事故发生,必须限定(　　)。

    A. 最大走刀量　　　B. 最高主轴转速　　C. 最低主轴转速　　D. 最小直径

31. 选择定位基准时,应尽量与工件的(　　)一致。

    A. 工艺基准　　　　B. 度量基准　　　　C. 起始基准　　　　D. 设计基准

32. 安装螺纹车刀时,刀尖应与中心等高,刀尖角的对称中心线(　　)工件轴线。

    A. 平行于　　　　　B. 倾斜于　　　　　C. 垂直于　　　　　D. 75°于

33. 工艺基准包括(　　)。

    A. 设计基准、粗基准、精基准　　　　B. 设计基准、定位基准、精基准

C. 定位基准、测量基准、装配基准　　　　D. 测量基准、粗基准、精基准

34. 碳素工具钢工艺性能的特点有(　　　　)。

A. 不可冷、热加工成形，可加工性好　　　B. 刃口一般磨得不是很锋利

C. 易淬裂　　　　　　　　　　　　　　　D. 耐热性很好

35. 只将机件的某一部分向基本投影面投射所得的视图称为(　　　　)。

A. 基本视图　　　　B. 局部视图　　　　C. 斜视图　　　　D. 旋转视图

36. 程序段 N60　G01　X100　Z50；中 N60 是(　　　　)。

A. 程序段号　　　　B. 功能字　　　　　C. 坐标字　　　　D. 结束符

37. 数控系统中，(　　　　)指令在加工过程中是模态的。

A. G01、F　　　　　B. G27、G28　　　　C. G04　　　　　D. M02

38. 按化学成分不同，铸铁可分为(　　　　)。

A. 普通铸铁和合金铸铁　　　　　　　　　B. 灰铸铁和球墨铸铁

C. 灰铸铁和可锻铸铁　　　　　　　　　　D. 白口铸铁和麻口铸铁

39. 加工内沟槽时，由于刀具刚性差，加工时易产生退让，加工后的尺寸会(　　　　)。

A. 偏小　　　　　　　　　　　　　　　　B. 偏大

C. 合适　　　　　　　　　　　　　　　　D. 偏小、偏大、合适都不对

40. 百分表测头与被测表面接触时，量杆压缩量为(　　　　)。

A. 0.3～1mm　　　　B. 1～3mm　　　　C. 0.5～3mm　　　　D. 任意

41. 按经验公式 $n \leq 1800/P - K$ 计算，车削螺距为 3mm 的双线螺纹，转速应≤(　　　　) r/min。

A. 2000　　　　　　B. 1000　　　　　　C. 520　　　　　　D. 220

42. 镗削盲孔时，镗刀的主偏角应取(　　　　)。

A. 45°　　　　　　　B. 60°　　　　　　　C. 75°　　　　　　D. 90°

43. 镗孔的关键技术是解决镗刀的(　　　　)和排屑问题。

A. 柔性　　　　　　B. 热硬性　　　　　C. 工艺性　　　　D. 刚性

44. 主轴加工采用两中心孔定位，能在一次安装中加工大多数表面，符合(　　　　)原则。

A. 基准统一　　　　　　　　　　　　　　B. 基准重合

C. 自为基准　　　　　　　　　　　　　　D. 同时符合基准统一和基准重合

45. 用来测量零件已加工表面的尺寸和位置所参照的点、线或面称为(　　　　)。

A. 定位基准　　　　B. 测量基准　　　　C. 装配基准　　　　D. 工艺基准

46. 加工螺距为 3mm 圆柱螺纹，牙深为 1.949mm，其切削次数为(　　　　)次。

A. 8　　　　　　　　B. 5　　　　　　　　C. 6　　　　　　　D. 7

47. 千分尺读数时(　　　　)。

A. 不能取下　　　　　　　　　　　　　　B. 必须取下

C. 最好不取下　　　　　　　　　　　　　D. 取下，再锁紧，然后读数

48. 用于承受冲击、振动的零件如电动机机壳、齿轮箱等用(　　　　)牌号的球墨铸铁。

A. QT400-18　　　　B. QT600-3　　　　C. QT700-2　　　　D. QT800-2

49. 下列方法中( )可提高孔的位置精度。

    A. 钻孔   B. 扩孔   C. 铰孔   D. 镗孔

50. 在精加工工序中，加工余量小而均匀时，可选择加工表面本身作为定位基准的为( )。

    A. 基准重合原则   B. 互为基准原则

    C. 基准统一原则   D. 自为基准原则

51. 数控车床中，主轴转速功能字 S 的单位是( )。

    A. mm/r   B. r/mm   C. mm/min   D. r/min

52. 刀具磨钝标准通常都按( )的磨损值来制订。

    A. 月牙洼深度   B. 前面   C. 后面   D. 刀尖

53. 在 FANUC 0i 系统中，G73 指令第一行中的 R 含义是( )。

    A. X 向回退量   B. 维比   C. Z 向回退量   D. 走刀次数

54. 可选用( )来测量孔的深度是否合格。

    A. 游标卡尺   B. 深度千分尺   C. 杠杆百分表   D. 内径塞规

55. 工件材料的强度和硬度较高时，为了保证刀具有足够的强度，应取( )的后角。

    A. 较小   B. 较大   C. 0°   D. 30°

56. 使用 G92 螺纹车削循环时，指令中 F 后面的数字为( )。

    A. 螺距   B. 导程   C. 进给速度   D. 背吃刀量

57. 车外圆时，切削速度计算式中的 D 一般是指( )的直径。

    A. 工件待加工表面   B. 工件加工表面

    C. 工件已加工表面   D. 工件毛坯

58. 加工精度要求一般的零件可采用( )型中心孔。

    A. A   B. B   C. C   D. D

59. ( )不采用数控技术。

    A. 金属切削机床   B. 压力加工机床   C. 电加工机床   D. 组合机床

60. 用于加工螺纹的复合加工循环指令是( )。

    A. G73   B. G74   C. G75   D. G76

61. FANUC 数控车系统程序段 G02 X20 W－30 R25 F0.1；为( )。

    A. 绝对值编程   B. 增量值编程

    C. 绝对值、增量值混合编程   D. 相对值编程

62. 外径千分尺的读数方法是( )。

    A. 先读小数、再读整数，把两次读数相减，就是被测尺寸

    B. 先读整数、再读小数，把两次读数相加，就是被测尺寸

    C. 读出小数，就可以知道被测尺寸

    D. 读出整数，就可以知道被测尺寸

63. 三个支撑点对工件是平面定位，能限制( )个自由度。

    A. 2   B. 3   C. 4   D. 5

64. YG8 硬质合金，牌号中的数字 8 表示(　　)的质量分数。

    A. 碳化钴　　　　　　B. 钴　　　　　　　　C. 碳化钛　　　　　　D. 钛

65. FANUC 系统车削一段起点坐标为(X40,Z−20)、终点坐标为(X40,Z−80)的圆柱面，正确的程序段是(　　)。

    A. G01 X40 Z−80 F0.1　　　　　　　　B. G01 U40 Z−80 F0.1

    C. G01 X40 W−80 F0.1　　　　　　　　D. G01 U40 W−80 F0.1

66. 普通螺纹的配合精度取决于(　　)。

    A. 公差等级与基本偏差　　　　　　　　B. 基本偏差与旋合长度

    C. 公差等级、基本偏差和旋合长度　　　D. 公差等级和旋合长度

67. 重复限制自由度的定位现象称为(　　)。

    A. 完全定位　　　　　B. 过定位　　　　　　C. 不完全定位　　　　D. 欠定位

68. FANUC 系统数控车床用增量编程时，X 轴、Z 轴地址分别用(　　)表示。

    A. X、W　　　　　　B. U、V　　　　　　C. X、Z　　　　　　　D. U、W

69. 以半径样板测量工件凸圆弧，若仅两端接触，是因为工件的圆弧半径(　　)。

    A. 过大　　　　　　　　　　　　　　　B. 过小

    C. 准确　　　　　　　　　　　　　　　D. 大、小不均匀

70. G21 指令表示程序中尺寸字的单位为(　　)。

    A. m　　　　　　　　B. in　　　　　　　　C. mm　　　　　　　　D. μm

71. 数控车床由机械部分、数控装置、(　　)驱动系统、辅助装置组成。

    A. 电动机　　　　　　B. 进给　　　　　　C. 主轴　　　　　　　D. 伺服

72. 切削铸铁、黄铜等脆性材料时，往往形成不规则的细小颗粒切屑，称为(　　)。

    A. 粒状切屑　　　　　B. 节状切屑　　　　　C. 带状切屑　　　　　D. 崩碎切屑

73. 数控装置中的电池的作用是(　　)。

    A. 给系统的 CPU 运算提供能量

    B. 在系统断电时，用它储存的能量来保持 RAM 中的数据

    C. 为检测元件提供能量

    D. 在突然断电时，为数控机床提供能量，使机床能暂时运行几分钟，以便退出刀具

74. G00 是指令刀具以(　　)移动方式，从当前位置运动并定位于目标位置的指令。

    A. 点动　　　　　　　B. 走刀　　　　　　C. 快速　　　　　　　D. 标准

75. 下列(　　)因素在圆锥面加工中对形状影响最大。

    A. 工件材料　　　　　B. 刀具质量　　　　　C. 刀具安装　　　　　D. 工件装夹

76. 冷却作用最好的切削液是(　　)。

    A. 水溶液　　　　　　B. 乳化液　　　　　　C. 切削油　　　　　　D. 防锈剂

77. 用圆弧插补(G02、G03)指令绝对编程时，X、Z 是圆弧(　　)坐标值。

    A. 起点　　　　　　　B. 直径　　　　　　C. 终点　　　　　　　D. 半径

78. 普通卧式车床下列部件中(　　)是数控卧式车床所没有的。

    A. 主轴箱　　　　　　B. 进给箱　　　　　　C. 尾座　　　　　　　D. 床身

79. 精车时为获得好的表面质量，应首先选择较大的(　　)。

  A. 背吃刀量

  B. 进给速度

  C. 切削速度

  D. 背吃刀量、进给速度、切削速度均不对

80. FANUC 系统程序段 G04 P1000 中，P 指令表示(　　)。

  A. 缩放比例　　　　B. 子程序号　　　　C. 循环参数　　　　D. 暂停时间

81. 关于企业文化，你认为正确的是(　　)。

  A. 企业文化是企业管理的重要因素

  B. 企业文化是企业的外在表现

  C. 企业文化产生于改革开放过程中的中国

  D. 企业文化建设的核心内容是文娱和体育活动

82. 安全文化的核心是树立(　　)的价值观念，真正做到"安全第一，预防为主"。

  A. 以产品质量为主　　　　　　　　B. 以经济效益为主

  C. 以人为本　　　　　　　　　　　D. 以管理为主

83. 金属在断裂前吸收变形能量的能力是(　　)。

  A. 强度和塑性　　　　B. 韧性　　　　C. 硬度　　　　D. 疲劳强度

84. 螺纹标记 M24×1.5 −5g6g，5g 表示中径公等级为(　　)，基本偏差的位置代号为(　　)。

  A. g, 6 级　　　　B. g, 5 级　　　　C. 6 级, g　　　　D. 5 级, g

85. 切槽加工时，进给量 F 如果选用(　　)，反而引起振动。

  A. 过小　　　　B. 适中　　　　C. 过大　　　　D. 快

86. 轴类零件加工顺序安排时应按照(　　)的原则。

  A. 先粗车后精车　　B. 先精车后粗车　　C. 先内后外　　D. 基准后行

87. 主、副切削刃相交的一点是(　　)。

  A. 顶点　　　　B. 刀头中心　　　　C. 刀尖　　　　D. 工作点

88. 三视图中，主视图和左视图应(　　)。

  A. 长对正　　　　　　　　　　　　B. 高平齐

  C. 宽相等　　　　　　　　　　　　D. 位在左(摆在主视图左边)

89. 用 90°外圆车刀从尾座朝卡盘方向走刀车削外圆时，刀具圆弧半径补正存储器中刀尖方位号须输入(　　)值。

  A. 1　　　　B. 2　　　　C. 3　　　　D. 4

90. 用于调整机床的垫铁种类有多种，其作用不包括(　　)。

  A. 减轻紧固螺栓时机床底座的变形　　B. 限位作用

  C. 调整高度　　　　　　　　　　　D. 紧固作用

91. 使用返回参考点指令 G27 或 G28 时，应取消(　　)，否则机床无法返回参考点。

  A. 刀具补正功能　　　　　　　　　B. 纸带结束功能

C. 程序结束功能　　　　　　　　　　D. 换刀功能

92. 磨削加工时，提高砂轮速度可使加工表面粗糙度值（　　）。

 A. 变大　　　　　B. 变小　　　　　C. 不变　　　　　D. 不一定

93. 在两个齿轮中间加入一个齿轮（介轮），其作用是（　　）。

 A. 改变传动比　　　　　　　　　　B. 增大转矩

 C. 改变传动方向　　　　　　　　　　D. 改变旋转速度

94. 用于润滑的（　　）除具有抗热、抗湿及优良的润滑性能外，还能对金属表面起良好的保护作用。

 A. 钠基润滑脂　　　　　　　　　　B. 锂基润滑脂

 C. 铝基及复合铝基润滑脂　　　　　　D. 钙基润滑脂

95. 起锯时手锯行程要短，压力要（　　），速度要慢。

 A. 小　　　　　B. 大　　　　　C. 极大　　　　　D. 无所谓

96. 程序段 G90　X52　Z－100　F0.2；中 X52 的含义是（　　）。

 A. 车削 100mm 长的圆锥　　　　　B. 车削 100mm 长的圆柱

 C. 车削直径为 52mm 的圆柱　　　　D. 车削大端直径为 52mm 的圆锥

97. 电动机常用的制动方法有（　　）制动和电力制动两大类。

 A. 发电　　　　　B. 能耗　　　　　C. 反转　　　　　D. 机械

98. 存储系统中的 PROM 是指（　　）。

 A. 可编程读写存储器　　　　　　　B. 可编程只读存储器

 C. 静态只读存储器　　　　　　　　D. 动态随机存储器

99. G70 指令的程序格式为（　　）。

 A. G70　X　Z　　　　　　　　　　B. G70　U　R

 C. G70　P　Q　U　W　　　　　　D. G70　P　Q

100. ALARM 的意义是（　　）。

 A. 警告　　　　　B. 插入　　　　　C. 替换　　　　　D. 删除

101. 辅助功能中表示无条件程序暂停的指令是（　　）。

 A. M00　　　　　B. M01　　　　　C. M02　　　　　D. M30

102. 在 FANUC 系统程序加工完成后，程序复位，光标能自动回到起始位置的指令是（　　）。

 A. M00　　　　　B. M01　　　　　C. M30　　　　　D. M02

103. 回火的作用在于（　　）。

 A. 提高材料的硬度

 B. 提高材料的强度

 C. 调整钢铁材料的力学性能，以满足使用要求

 D. 降低材料的硬度

104. 钢的淬火是将钢加热到（　　）以上某一温度，保温一段时间，使之全部或部分奥氏体化，然后以大于临界冷却速度的冷却速度快速冷却到 M_s 以下（或 M_s 附近等温）进

行马氏体(或贝氏体)转变的热处理工艺。

    A. 临界温度 Ac_3(亚共析钢)或 Ac_1(过共析钢)

    B. 临界温度 Ac_1(亚共析钢)或 Ac_3(过共析钢)

    C. 临界温度 Ac_2(亚共析钢)或 Ac_2(过共析钢)

    D. 亚共析钢和过共析钢都取临界温度 Ac_3

105. 辅助功能中与主轴有关的 M 指令是(　　　)。

    A. M06　　　　　　B. M09　　　　　　C. M08　　　　　　D. M05

106. 逐步比较插补法的工作顺序为(　　　)。

    A. 偏差判别、进给控制、新偏差计算、终点判别

    B. 进给控制、偏差判别、新偏差计算、终点判别

    C. 终点判别、新偏差计算、偏差判别、进给控制

    D. 终点判别、偏差判别、进给控制、新偏差计算

107. 终点判别是判断刀具是否到达(　　　)，未到则继续进行插补。

    A. 起点　　　　　　B. 中点　　　　　　C. 终点　　　　　　D. 目的

108. 编程时(　　)由编程者确定，可根据编程方便原则，确定在工件的适当位置。

    A. 工件原点　　　　B. 机床参考点　　　　C. 机床原点　　　　D. 对刀点

109. 由机床的挡块和行程开关决定的位置称为(　　　)。

    A. 机床参考点　　　　　　　　　　B. 机床坐标原点

    C. 机床换刀点　　　　　　　　　　D. 编程原点

110. 区别子程序与主程序唯一的标志是(　　　)。

    A. 程序名　　　　　　　　　　　　B. 程序结束指令

    C. 程序长度　　　　　　　　　　　D. 编程方法

111. 确定数控机床坐标系统运动关系的原则是假定(　　　)。

    A. 刀具相对静止的工件而运动　　　　B. 工件相对静止的刀具而运动

    C. 刀具、工件都运动　　　　　　　　D. 刀具、工件都不运动

112. 数控车(FANUC 系统)的 G74　X–10　Z–120　P5　Q10　F0.3；程序段中，错误的参数地址字是(　　　)。

    A. X　　　　　　　　B. Z　　　　　　　　C. P　　　　　　　　D. Q

113. 数控车床中的 G41/G42 是对(　　　)进行补正。

    A. 刀具的几何长度　　　　　　　　B. 刀具圆弧半径

    C. 刀具的半径　　　　　　　　　　D. 刀具的角度

114. 数控车床实现刀具圆弧半径补正需要的参数有偏移方向、半径数值和(　　　)。

    A. X 轴位置补正值　　　　　　　　B. Z 轴位置补正值

    C. 车床形式　　　　　　　　　　　D. 刀尖方位号

115. G98/G99 指令为(　　　)指令。

    A. 同组　　　　　　　　　　　　　B. 不是同组

    C. 01 组指令　　　　　　　　　　　D. 公制尺寸编程

116. 面板中输入程序段结束符的键是(　　)。
   A. CAN　　　　　　B. POS　　　　　　C. EOB　　　　　　D. SHIFT

117. 可能引起机械伤害的做法是(　　)。
   A. 不跨越运转的机轴　　　　　　　　B. 可以不穿工作服
   C. 转动部件停稳前不得进行操作　　　　D. 旋转部件上不得放置物品

118. 加工内孔直径 $\phi38.5$mm，实测为 $\phi38.60$mm，则在该刀具磨耗补正对应位置输入(　　)值进行修调至尺寸要求。
   A. −0.2mm　　　　B. 0.2mm　　　　　C. −0.3mm　　　　D. −0.1mm

119. DNC 的基本功能是(　　)。
   A. 刀具管理　　　　　　　　　　　　B. 生产调度
   C. 生产监控　　　　　　　　　　　　D. 传送 NC 程序

120. 在未装夹工件前，为了检查(　　)，可以空运行一次程序。
   A. 程序　　　　　　　　　　　　　　B. 机床的加工范围
   C. 工件坐标系　　　　　　　　　　　D. 刀具、夹具选取与安装的合理性

121. 按数控机床故障频率的高低，通常将机床的使用寿命分为(　　)阶段。
   A. 2　　　　　　　　B. 3　　　　　　　C. 4　　　　　　　D. 5

122. 不爱护设备的做法是(　　)。
   A. 定期拆装设备　　　　　　　　　　B. 正确使用设备
   C. 保持设备清洁　　　　　　　　　　D. 及时保养设备

123. 游标万能角度尺按其游标读数值可分为(　　)两种。
   A. 2′和8′　　　　　B. 5′和8′　　　　　C. 2′和5′　　　　　D. 2′和6′

124. 决定长丝杠转速的是(　　)。
   A. 溜板箱　　　　　　B. 进给箱　　　　　C. 主轴箱　　　　　D. 挂轮箱

125. 环境保护不包括(　　)。
   A. 预防环境恶化　　　　　　　　　　B. 控制环境污染
   C. 促进工农业同步发展　　　　　　　D. 促进人类与环境协调发展

126. 按 NC 控制机电源接通按钮 1~2s 后，荧光屏显示出(　　)(准备好)字样，表示控制机已进入正常工作状态。
   A. ROAD　　　　　　B. LEADY　　　　　C. READY　　　　　D. MEADY

127. 在程序运行过程中，如果按下进给保持按钮，运转的主轴将(　　)。
   A. 停止运转　　　　B. 保持运转　　　　C. 重新启动　　　　D. 反向运转

128. 金属切削过程中，切削用量中对振动影响最大的是(　　)。
   A. 切削速度　　　　B. 背吃刀量　　　　C. 进给速度　　　　D. 没有规律

129. 基本偏差代号为 J、K、M 的孔与基本偏差代号为 h 的轴可以构成(　　)。
   A. 间隙配合　　　B. 间隙或过渡配合　　　C. 过渡配合　　　D. 过盈配合

130. 尺寸公差等于上极限偏差减下极限偏差或(　　)。
   A. 公称尺寸−下极限偏差　　　　　　B. 上极限尺寸−下极限尺寸

C. 上极限尺寸 - 公称尺寸　　　　　　　D. 公称尺寸 - 下极限尺寸

131. 下列配合代号中，属于同名配合的是(　　)。

A. H7/f6 与 F7/h6　　　　　　　　　B. F7/h6 与 H7/f7

C. F7/n6 与 H7/f6　　　　　　　　　D. N7/h5 与 H7/h5

132. 机械制造中常用的优先配合的基准孔代号是(　　)。

A. H7　　　　　　B. H2　　　　　　C. D2　　　　　　D. D7

133. 未注公差尺寸应用范围是(　　)。

A. 长度尺寸

B. 工序尺寸

C. 用于组装后经过加工所形成的尺寸

D. 长度尺寸、工序尺寸、用于组装后经过加工所形成的尺寸都适用

134. 最小实体尺寸是(　　)。

A. 测量得到的　　　B. 设计给定的　　　C. 加工形成的　　　D. 计算得出的

135. 以下精度公差中，不属于形状公差的是(　　)。

A. 同轴度　　　　　B. 圆柱度　　　　　C. 平面度　　　　　D. 圆度

136. 工件的精度和表面粗糙度在很大程度上决定于主轴部件的刚度和(　　)精度。

A. 测量　　　　　　B. 形状　　　　　　C. 位置　　　　　　D. 回转

137. 机械加工表面质量中表面层的几何形状特征不包括(　　)。

A. 表面加工纹理　　　　　　　　　　B. 表面波度

C. 表面粗糙度　　　　　　　　　　　D. 表面层的残余应力

138. 目前工具厂制造的45°、75°可转位车刀多采用(　　)刀片。

A. 正三角形　　　　B. 三角形　　　　　C. 菱形　　　　　　D. 四边形

139. 液压系统的动力元件是(　　)。

A. 电动机　　　　　B. 液压泵　　　　　C. 液压缸　　　　　D. 液压阀

140. 市场经济条件下，对"义"和"利"的态度应该是(　　)。

A. 见利思义　　　　B. 先利后义　　　　C. 见利忘义　　　　D. 不利不义

141. 使 CNC 系统复位的键是(　　)。

A. DELET　　　　　B. CANCEL　　　　C. RESET　　　　　D. START

142. 对工件的(　　)有较大影响的是车刀的副偏角。

A. 表面粗糙度　　　B. 尺寸精度　　　　C. 形状精度　　　　D. 没有影响

143. 用水平仪检验机床导轨的直线度时，若把水平仪放在导轨的右端时气泡向右偏两格，若放在左端，气泡向左偏两格，则此导轨是(　　)状态。

A. 中间凸　　　　　B. 中间凹　　　　　C. 不凸不凹　　　　D. 扭曲

144. 定位套用于外圆定位，其中长套限制(　　)个自由度。

A. 6　　　　　　　　B. 4　　　　　　　C. 3　　　　　　　D. 8

145. 在 CAD 命令输入方式中，以下不可采用的方式是(　　)。

A. 点取命令图标　　　　　　　　　　B. 在菜单栏点取命令

C. 用键盘直接输入　　　　　　　　　　D. 利用数字键输入

146. 用来确定每道工序所加工表面加工后的尺寸、形状、位置的基准为(　　)。

A. 定位基准　　　　　　　　　　　　B. 工序基准

C. 装配基准　　　　　　　　　　　　D. 测量基准

147. AutoCAD 中设置点样式在(　　)菜单栏中。

A. 格式　　　　　　B. 修改　　　　　　C. 绘图　　　　　　D. 编程

148. 经常停置不用的机床,过了梅雨天后,一开机易发生故障,主要是由于(　　)作用,导致器件损坏。

A. 物理　　　　　　B. 光合　　　　　　C. 化学　　　　　　D. 生物

149. 一般机械工程图采用(　　)原理画出。

A. 正投影　　　　　B. 中心投影　　　　C. 平行投影　　　　D. 点投影

150. 职业道德不体现(　　)。

A. 从业者对所从事职业的态度　　　　B. 从业者的工资收入

C. 从业者的价值观　　　　　　　　　D. 从业者的道德观

151. 标准麻花钻的顶角一般是(　　)。

A. 100°　　　　　　B. 118°　　　　　　C. 140°　　　　　　D. 130°

152. 机械零件的真实大小是以图样上的(　　)为依据。

A. 比例　　　　　　　　　　　　　　B. 公差范围

C. 标注尺寸　　　　　　　　　　　　D. 图样尺寸大小

153. 切断刀主切削刃太宽,切削时容易产生(　　)。

A. 弯曲　　　　　　B. 扭转　　　　　　C. 刀痕　　　　　　D. 振动

154. 相邻两牙在(　　)线上对应两点之间的轴线距离称为螺距。

A. 大径　　　　　　B. 中径　　　　　　C. 小径　　　　　　D. 中心

155. 夹紧力的方向应尽量(　　)于工件的主要定位基准面。

A. 垂直　　　　　　B. 平行同向　　　　C. 倾斜指向　　　　D. 平行反向

156. 切断实心工件装刀时切断刀主切削刃须(　　)工件轴线。

A. 略高于

B. 等高于

C. 略低于

D. 略高于、等高于、略低于三者都可以

157. 用一套 46 块的量块,组合 95.552mm 的尺寸,其量块的选择为 1.002mm、(　　)mm、1.5mm、2mm、90mm 共五块。

A. 1.005　　　　　　B. 20.5　　　　　　C. 2.005　　　　　　D. 1.05

158. 制造轴承座、减速箱所用的材料一般为(　　)。

A. 灰口铸铁　　　　B. 可锻铸铁　　　　C. 球墨铸铁　　　　D. 高碳钢

159. 扩孔精度一般可达(　　)。

A. IT5 ~ IT6　　　　B. IT7 ~ IT8　　　　C. IT8 ~ IT9　　　　D. IT9 ~ IT10

160. 图样中零件的真实大小应以图样上所注的( )为依据。

    A. 图形   B. 尺寸   C. 比例   D. 公差

二、判断题（第 161 ~ 200 题。将判断结果填入括号中。正确的填"√"，错误的填"×"。每题 0.5 分，满分 20 分）

( )161. AutoCAD 默认图层为 0 层，它是可以删除的。

( )162. G00 和 G01 的运行轨迹都一样，只是速度不一样。

( )163. 用螺纹环规测量螺纹时，不检测小径尺寸。

( )164. 定位基准可分为粗基准、半精基准和精基准三种。

( )165. 刀具补正寄存器内只允许存入正值。

( )166. FANUC 系统 G75 指令不能用于内沟槽加工。

( )167. 孔轴公差带代号由基本偏差代号和公称尺寸组成。

( )168. G50 设定坐标系可以采用绝对值。

( )169. 市场经济条件下，应该树立多转行、多学知识、多长本领的择业观念。

( )170. 机床操作面板上 ALTER 键是用于字符更改替换的键。

( )171. 几何公差就是限制零件形状的误差。

( )172. 工件在切削过程中会形成已加工表面和待加工表面两个表面。

( )173. 热处理后，必须安排研磨中心孔工序。

( )174. 非模态码只在指令它的程序段中有效。

( )175. 用于衡量数控机床可靠性的指标是平均无故障时间 MTBF。

( )176. 除基本视图外，还有全剖视图、半剖视图和旋转视图三种视图。

( )177. 刃磨刀具时，不能用力过大，以防打滑伤手。

( )178. 扩孔能提高孔的位置精度。

( )179. 主轴轴向窜动会使精车端面平面度超差。

( )180. AutoCAD 中用直线命令绘制的多条线段中，绘制的直线段是一条整体线段。

( )181. 操作工不得随意修改数控机床的各类参数。

( )182. M03 是主轴反转指令。

( )183. 加工方法的选择原则是要保证加工表面的加工精度和表面质量的要求。

( )184. 螺纹的牙型、大径、螺距、线数和旋向称为螺纹五要素，只有五要素都相同的内、外螺纹才能互相旋合在一起。

( )185. 装夹是指定位与夹紧的全过程。

( )186. 标注配合公差代号时分子表示孔的公差带号，分母表示轴的公差代号。

( )187. 薄壁零件在粗车时，夹紧力应大些；精车时，夹紧力应小些。

( )188. 根据碳在铸铁中存在的形式不同，铸铁分为白口铸铁、灰铸铁、可锻铸铁、球墨铸铁、蠕墨铸铁和麻口铸铁。

( )189. 灰铸铁在生产中主要用于承受压应力、减振、形状复杂、耐磨的箱体、机架和床身等零件。

（　　）190. 精车时首先选用较小的背吃刀量，再选择较小的进给量，最后选择较高的转速。

（　　）191. 刀具补正的建立就是在刀具从起点接近工件时，刀具中心从与编程轨迹重合过渡到与编程轨迹偏离一个偏置量的过程。

（　　）192. G72 指令的循环路线与 G71 指令的不同之处在于它是沿 X 轴方向进行车削循环加工的。

（　　）193. 数控加工的插补过程，实际上是用微小的直线段来逼近曲线的过程。

（　　）194. 公差等级的选择原则是：在满足使用性能要求的前提下，选用较低的公差等级。

（　　）195. 操作工按润滑图表的规定加油并检查油标、油量、油质及油路是否畅通，保持润滑系统清洁，油箱不得敞开。

（　　）196. 当屏幕上出现"EMG"提示时，主要原因是程序出错。

（　　）197. 职业道德是社会道德在职业行为和职业关系中的具体表现。

（　　）198. 精加工时应选择润滑性能较好的切削液。

（　　）199. 球墨铸铁件可用等温淬火热处理提高力学性能。

（　　）200. 中碳钢的碳的质量分数为 0.25% ~ 0.60%。

职业技能鉴定国家题库
数控车工中级理论知识试卷（三）
注 意 事 项

1. 本试卷依据《数控车工》国家职业标准命制，考试时间：120min。
2. 请在试卷标封处填写姓名、准考证号和所在单位的名称。
3. 请仔细阅读答题要求，在规定位置填写答案。

一、单项选择题（第 1 ~ 160 题。选择一个正确的答案,将相应的字母填入题内的括号中。每题 0.5 分,满分 80 分）

1. 道德通过（　　）对一个人的品行发生极大的作用。

　A. 社会舆论　　　　　　　　　B. 国家强制执行

　C. 个人的影响　　　　　　　　D. 国家政策

2. 职业道德不体现（　　）。

　A. 从业者对所从事职业的态度　　B. 从业者的工资收入

　C. 从业者的价值观　　　　　　　D. 从业者的道德观

3. 提高职业道德修养的方法有学习职业道德知识、提高文化素养、提高精神境界和（　　）等。

　A. 加强舆论监督　　　　　　　B. 增强强制性

　C. 增强自律性　　　　　　　　D. 完善企业制度

4. 敬业就是以一种严肃认真的态度对待工作，下列不符合的是(　　)。

    A. 工作勤奋努力　　　　　　　　　　B. 工作精益求精

    C. 工作以自我为中心　　　　　　　　D. 工作尽心尽力

5. 国家标准的代号为(　　)。

    A. JB　　　　　　　B. QB　　　　　　　C. TB　　　　　　　D. GB

6. 全功能型车削中心的反馈装置(　　)。

    A. 装在电动机轴上　　　　　　　　　B. 装在位移传感器上

    C. 装在传动丝杠上　　　　　　　　　D. 装在机床移动部件上

7. 金属在交变应力循环作用下抵抗断裂的能力是钢的(　　)。

    A. 强度和塑性　　　　B. 韧性　　　　　　C. 硬度　　　　　　D. 疲劳强度

8. 碳的质量分数小于(　　)的铁碳合金称为碳素钢。

    A. 1.4%　　　　　　B. 2.11%　　　　　C. 0.6%　　　　　D. 0.25%

9. 优质碳素结构钢的牌号由(　　)数字组成。

    A. 一位　　　　　　B. 两位　　　　　　C. 三位　　　　　　D. 四位

10. 碳素工具钢的牌号由"T+数字"组成，其中 T 表示(　　)。

    A. 碳　　　　　　　B. 钛　　　　　　　C. 锰　　　　　　　D. 硫

11. (　　)断口呈灰白相间的麻点状，性能不好，极少应用。

    A. 白口铸铁　　　　B. 灰铸铁　　　　　C. 球墨铸铁　　　　D. 麻口铸铁

12. 珠光体灰铸铁的组织是(　　)。

    A. 铁素体+片状石墨　　　　　　　　B. 铁素体+球状石墨

    C. 铁素体+珠光体+片状石墨　　　　D. 珠光体+片状石墨

13. 用于承受冲击、振动的零件如电动机机壳、齿轮箱等用(　　)牌号的球墨铸铁。

    A. QT400-18　　　B. QT600-3　　　C. QT700-2　　　D. QT800-2

14. 铝合金按其成分和工艺特点不同可以分为变形铝合金和(　　)。

    A. 不变形铝合金　　　　　　　　　　B. 非变形铝合金

    C. 焊接铝合金　　　　　　　　　　　D. 铸造铝合金

15. 数控机床按伺服系统可分为(　　)。

    A. 开环、闭环、半闭环　　　　　　　B. 点位、点位直线、轮廓控制

    C. 普通数控机床、加工中心　　　　　D. 两轴、三轴、多轴

16. 数控机床有以下特点，其中不正确的是(　　)。

    A. 具有充分的柔性　　　　　　　　　B. 能加工复杂形状的零件

    C. 加工的零件精度高，质量稳定　　　D. 操作难度大

17. 数控系统的功能包括(　　)。

    A. 插补运算功能　　　　　　　　　　B. 控制功能、编程功能、通信功能

    C. 循环功能　　　　　　　　　　　　D. 刀具控制功能

18. 液压传动是利用(　　)作为工作介质来进行能量传送的一种工作方式。

    A. 油类　　　　　　B. 水　　　　　　　C. 液体　　　　　　D. 空气

19. 数控机床同一润滑部位的润滑油应该（　　　）。

　　A. 用同一牌号　　　　　　　　　　　　B. 可混用

　　C. 使用不同型号　　　　　　　　　　　D. 只要润滑效果好就行

20. 三相异步电动机的过载系数一般为（　　　）。

　　A. 1. 1 ~ 1. 25　　　B. 1. 3 ~ 0. 8　　　C. 1. 8 ~ 2. 5　　　D. 0. 5 ~ 2. 5

21. 最早应用计算机的领域是（　　　）。

　　A. 辅助设计　　　　B. 实时控制　　　　C. 信息处理　　　　D. 数值计算

22. 车削的英文单词是（　　　）。

　　A. drilling　　　　B. turning　　　　C. milling　　　　D. machine

23. 弹簧在（　　　）下中温回火，可获得较高的弹性和必要的韧性。

　　A. 50 ~ 100℃　　　B. 150 ~ 200℃　　C. 250 ~ 300℃　　D. 350 ~ 500℃

24. 钢淬火的目的就是为了使它的组织全部或大部分转变为（　　　），获得高硬度，然后在适当温度下回火，使工件具有预期的性能。

　　A. 贝氏体　　　　　B. 马氏体　　　　　C. 渗碳体　　　　　D. 奥氏体

25. 机械加工选择刀具时一般应优先采用（　　　）。

　　A. 标准刀具　　　　B. 专用刀具　　　　C. 复合刀具　　　　D. 都可以

26. 在基面中测量的角度是（　　　）。

　　A. 前角　　　　　　B. 刃倾角　　　　　C. 刀尖角　　　　　D. 楔角

27. 数控车床切削的主运动是（　　　）。

　　A. 刀具纵向运动　　　　　　　　　　　B. 刀具横向运动

　　C. 刀具纵向、横向的复合运动　　　　　D. 主轴旋转运动

28. 主运动的速度最高，消耗功率（　　　）。

　　A. 最小　　　　　　B. 最大　　　　　　C. 一般　　　　　　D. 不确定

29. 在批量生产中，一般以（　　　）控制更换刀具的时间。

　　A. 刀具前面磨损程度　　　　　　　　　B. 刀具后面磨损程度

　　C. 刀具的寿命　　　　　　　　　　　　D. 刀具损坏程度

30. 刀具磨钝标准通常都按（　　　）的磨损值来制订。

　　A. 月牙洼深度　　　B. 前面　　　　　　C. 后面　　　　　　D. 刀尖

31. 钨钴类硬质合金的刚性、可磨削性和导热性较好，一般用于切削（　　　）和非铁金属材料及其合金。

　　A. 碳钢　　　　　　B. 工具钢　　　　　C. 合金钢　　　　　D. 铸铁

32. 一般钻头的材质是（　　　）。

　　A. 高碳钢　　　　　B. 高速钢　　　　　C. 高锰钢　　　　　D. 碳化物

33. 一般切削（　　　）材料时，容易形成节状切屑。

　　A. 塑性　　　　　　B. 中等硬度　　　　C. 脆性　　　　　　D. 高硬度

34. 冷却作用最好的切削液是（　　　）。

　　A. 水溶液　　　　　B. 乳化液　　　　　C. 切削油　　　　　D. 防锈剂

35. 普通卧式车床下列部件中的(　　)是数控卧式车床所没有的。

    A. 主轴箱   B. 进给箱   C. 尾座   D. 床身

36. 砂轮的硬度是指(　　)。

    A. 砂轮的磨料、结合剂以及气孔之间的比例

    B. 砂轮颗粒的硬度

    C. 砂轮黏结剂的粘接牢固程度

    D. 砂轮颗粒的尺寸

37. 卧式车床加工中，丝杠的作用是(　　)。

    A. 加工内孔   B. 加工各种螺纹

    C. 加工外圆、端面   D. 加工锥面

38. 卧式车床加工尺寸公差等级可达(　　)，表面粗糙度值 Ra 可达 1.6μm。

    A. IT9～IT8   B. IT8～IT7   C. IT7～IT6   D. IT5～IT4

39. 下列因素中导致自激振动的是(　　)。

    A. 转动着的工件不平衡   B. 机床传动机构存在问题

    C. 切削层沿其厚度方向的硬化不均匀   D. 加工方法引起的振动

40. 违反安全操作规程的是(　　)。

    A. 自己制订生产工艺   B. 贯彻安全生产规章制度

    C. 加强法制观念   D. 执行国家安全生产的法令、规定

41. 下列关于创新的论述，正确的是(　　)。

    A. 创新与继承根本树立   B. 创新就是独立自主

    C. 创新是民族进步的灵魂   D. 创新不需要引进国外新技术

42. 不属于岗位质量措施与责任的是(　　)。

    A. 明确上下工序之间对质量问题的处理权限

    B. 明白企业的质量方针

    C. 岗位工作要按工艺规程的规定进行

    D. 明确岗位工作的质量标准

43. 国家标准中对图样中除角度以外的尺寸的标注已统一以(　　)为单位。

    A. cm   B. in   C. mm   D. m

44. 三视图中，主视图和左视图应(　　)。

    A. 长对正   B. 高平齐

    C. 宽相等   D. 位在左(摆在主视图左边)

45. 左视图反映物体的(　　)的相对位置关系。

    A. 上下和左右   B. 前后和左右   C. 前后和上下   D. 左右和上下

46. 在形状公差中，符号"一"表示(　　)。

    A. 高度   B. 面轮廓度   C. 透视度   D. 直线度

47. 细长轴零件上的(　　)在零件图中的画法用移出断面图表示。

    A. 外圆   B. 螺纹   C. 锥度   D. 键槽

48. 识读装配图的步骤是先（　　）。

　　A. 识读标题栏　　　　B. 看视图配置　　　　C. 看标注尺寸　　　　D. 看技术要求

49. 下面说法不正确的是（　　）。

　　A. 进给量越大，表面粗糙度值越大

　　B. 工件的装夹精度影响加工精度

　　C. 工件定位前须仔细清理工件和夹具定位部位

　　D. 通常精加工时的 F 值大于粗加工时的 F 值

50. 手动使用夹具装夹造成工件尺寸一致性差的主要原因是（　　）。

　　A. 夹具制造误差　　　　　　　　B. 夹紧力一致性差

　　C. 热变形　　　　　　　　　　　D. 工件余量不同

51. 选择粗基准时，重点考虑如何保证各加工表面（　　）。

　　A. 对刀方便　　　　　　　　　　B. 可加工性好

　　C. 进、退刀方便　　　　　　　　D. 有足够的余量

52. 加工时用来确定工件在机床上或夹具中占有正确位置所使用的基准为（　　）。

　　A. 定位基准　　　　B. 测量基准　　　　C. 装配基准　　　　D. 工艺基准

53. 根据基准功能不同，基准可以分为（　　）两大类。

　　A. 设计基准和工艺基准　　　　　B. 工序基准和定位基准

　　C. 测量基准和工序基准　　　　　D. 工序基准和装配基准

54. 在下列内容中，不属于工艺基准的是（　　）。

　　A. 定位基准　　　　B. 测量基准　　　　C. 装配基准　　　　D. 设计基准

55. 选择加工表面的设计基准为定位基准的原则称为（　　）。

　　A. 基准重合　　　　B. 自为基准　　　　C. 基准统一　　　　D. 互为基准

56. 定位套用于外圆定位，其中长套限制（　　）个自由度。

　　A. 6　　　　　　　　B. 4　　　　　　　　C. 3　　　　　　　　D. 8

57. 一个物体在空间如果不加任何约束限制，应有（　　）自由度。

　　A. 三个　　　　　　B. 四个　　　　　　C. 六个　　　　　　D. 八个

58. 过定位是指定位时工件的同一（　　）被两个定位元件重复限制的定位状态。

　　A. 平面　　　　　　B. 自由度　　　　　C. 圆柱面　　　　　D. 方向

59. 定位方式中（　　）不能保证加工精度。

　　A. 完全定位　　　　B. 不完全定位　　　C. 欠定位　　　　　D. 过定位

60. 刀具的选择主要取决于工件的外形结构、工件材料的可加工性及（　　）等因素。

　　A. 加工设备　　　　　　　　　　B. 加工余量

　　C. 尺寸精度　　　　　　　　　　D. 表面粗糙度要求

61. 修磨麻花钻横刃的目的是（　　）。

　　A. 减小横刃处前角　　　　　　　B. 增加横刃强度

　　C. 增大横刃处前角、后角　　　　D. 缩短横刃，降低钻削力

62. 有关程序结构，下面（　　）叙述是正确的。

A. 程序由程序号、指令和地址符组成　　　　B. 地址符由指令字和字母数字组成

C. 程序段由顺序号、指令和 EOB 组成　　　　D. 指令由地址符和 EOB 组成

63. 程序段 N60　G01　X100　Z50 中 N60 是(　　　)。

　　A. 程序段号　　　　B. 功能字　　　　C. 坐标字　　　　D. 结束符

64. 刀具圆弧半径补正功能为模态指令，数控系统初始状态是(　　　)。

　　A. G41　　　　B. G42　　　　C. G40　　　　D. 由操作者指定

65. F 功能表示进给的速度功能，由字母 F 和其后面的(　　　)来表示。

　　A. 单位　　　　B. 数字　　　　C. 指令　　　　D. 字母

66. 数控车床主轴以 800r/min 转速正转时，其指令应是(　　　)。

　　A. M03　S800　　B. M04　S800　　C. M05　S800　　D. S800

67. 下列(　　　)指令表示撤销刀具偏置补正。

　　A. T02D0　　　　B. T0211　　　　C. T0200　　　　D. T0002

68. 用绝对坐标编程时，移动指令终点的坐标值 X、Z 都以(　　　)为基准来计算。

　　A. 工件坐标系原点　　　　　　　　　　B. 机床坐标系原点

　　C. 机床参考点　　　　　　　　　　　　D. 此程序段起点的坐标值

69. 当零件图尺寸为链连接(相对尺寸)标注时，适宜用(　　　)编程。

　　A. 绝对值编程　　　　　　　　　　　　B. 增量值编程

　　C. 两者混合　　　　　　　　　　　　　D. 先绝对值后相对值编程

70. G20 代码是(　　　)制输入功能，它是 FANUC 数控车床系统的选择功能。

　　A. 英　　　　B. 公　　　　C. 米　　　　D. 国际

71. G00 指令与下列的(　　　)指令不是同一组的。

　　A. G01　　　　B. G02　　　　C. G04　　　　D. G03

72. 暂停指令 G04 用于中断进给，中断时间的长短可以通过地址 X(U)或(　　　)来指定。

　　A. T　　　　B. P　　　　C. O　　　　D. V

73. 指令 G28 X100 Z50；中 X100　Z50 是指返回路线(　　　)点坐标值。

　　A. 参考点　　　　B. 中间点　　　　C. 起始点　　　　D. 换刀点

74. 在偏置值设置 G55 栏中的数值是(　　　)。

　　A. 工件坐标系的原点相对机床坐标系原点的偏移值

　　B. 刀具的长度偏差值

　　C. 工件坐标系的原点

　　D. 工件坐标系相对对刀点的偏移值

75. FANUC 数控车床系统中 G90 是(　　　)指令。

　　A. 增量编程　　　　　　　　　　　　　B. 圆柱或圆锥面车削循环

　　C. 螺纹车削循环　　　　　　　　　　　D. 端面车削循环

76. G70 指令的程序格式(　　　)。

　　A. G70　X　Z　　　　　　　　　　　　B. G70　U　R

　　C. G70　P　Q　U　W　　　　　　　　　D. G70　P　Q

77. 在 G71P(ns)　Q(nf)　U(Δu)　W(Δw)　S500；程序格式中，（　　）表示 Z 轴方向上的精加工余量。

    A. Δu　　　　　　　B. Δw　　　　　　　C. ns　　　　　　　D. nf

78. 辅助指令 M01 指令表示（　　）。

    A. 选择停止　　　　　　　　　　　　B. 程序暂停

    C. 程序结束　　　　　　　　　　　　D. 主程序结束

79. 主程序结束，程序返回至开始状态，其指令为（　　）。

    A. M00　　　　　　B. M02　　　　　　C. M05　　　　　　D. M30

80. 使主轴反转的指令是（　　）。

    A. M90　　　　　　B. G01　　　　　　C. M04　　　　　　D. G91

81. FANUC 0i 数控系统中，在主程序中调用子程序 O1010，其正确的指令是（　　）。

    A. M99 01010；　　　　　　　　　　B. M98 01010；

    C. M99 P1010；　　　　　　　　　　D. M98 P1010；

82. 圆弧插补的过程中数控系统把轨迹拆分成若干微小（　　）。

    A. 直线段　　　　　　B. 圆弧段　　　　　　C. 斜线段　　　　　　D. 非圆曲线段

83. G76 指令主要用于（　　）的加工，以简化编程。

    A. 切槽　　　　　　B. 钻孔　　　　　　C. 棒料　　　　　　D. 螺纹

84. 工件坐标系的原点称为（　　）。

    A. 机床原点　　　　B. 工作原点　　　　C. 坐标原点　　　　D. 初始原点

85. 由机床的挡块和行程开关决定的位置称为（　　）。

    A. 机床参考点　　　B. 机床坐标原点　　C. 机床换刀点　　　D. 编程原点

86. 在机床各坐标轴的终端设置有极限开关，由程序设置的极限称为（　　）。

    A. 硬极限　　　　　B. 软极限　　　　　C. 安全行程　　　　D. 极限行程

87. 数控机床 Z 坐标轴规定为（　　）。

    A. 平行于主切削方向　　　　　　　　B. 工件装夹面方向

    C. 各个主轴任选一个　　　　　　　　D. 传递主切削动力的主轴轴线方向

88. 由直线和圆弧组成的平面轮廓，编程时数值计算的主要任务是求各（　　）坐标。

    A. 节点　　　　　　B. 基点　　　　　　C. 交点　　　　　　D. 切点

89. 程序段 G73　P0035　Q0060　U4.0　W2.0　S500 中，W2.0 的含义是（　　）。

    A. Z 轴方向的精加工余量　　　　　　B. X 轴方向的精加工余量

    C. X 轴方向的背吃刀量　　　　　　　D. Z 轴方向的退刀量

90. 数控车（FANUC 系统）的 G74　Z－120　Q10　F0.3；程序段中，（　　）表示 Z 轴方向上的间断走刀长度。

    A. 0.3　　　　　　B. 10　　　　　　C. －120　　　　　D. 74

91. 数控车床在加工中为了实现对车刀刀尖磨损量的补正，可沿假设的刀尖方向，在刀具半径值上附加一个刀具偏移量，这称为（　　）。

    A. 刀具位置补正　　　　　　　　　　B. 刀具半径补正

C. 刀具长度补正 　　　　　　　　　　　　　D. 刀具磨损补正

92. 在 G41 或 G42 指令的程序段中不能用(　　)指令。

A. G00 　　　　B. G02 和 G03 　　　　C. G01 　　　　D. G90 和 G92

93. 采用 G50 设定坐标系之后,数控车床在运行程序时(　　)回参考点。

A. 用 　　　　　　　　　　　　　　B. 不用

C. 可以用也可以不用 　　　　　　　D. 取决于机床制造厂的产品设计

94. G98/G99 指令为(　　)指令。

A. 模态 　　　　　　　　　　　　　B. 非模态

C. 主轴 　　　　　　　　　　　　　D. 指定编程方式的指令

95. AutoCAD 中设置点样式在(　　)菜单栏中。

A. 格式 　　　　B. 修改 　　　　C. 绘图 　　　　D. 编程

96. 在 CRT/MDI 面板的功能键中,用于刀具偏置数设置的键是(　　)。

A. POS 　　　　B. OFSET 　　　　C. PRGRM 　　　　D. ALARM

97. 手工建立新的程序时,必须最先输入的是(　　)。

A. 程序段号 　　　　B. 刀具号 　　　　C. 程序名 　　　　D. G 代码

98. 将状态开关置于"MDI"位置时,表示(　　)数据输入状态。

A. 机动 　　　　B. 手动 　　　　C. 自动 　　　　D. 联动

99. 操作面板上的"DELET"键的作用是(　　)。

A. 删除 　　　　B. 复位 　　　　C. 输入 　　　　D. 启动

100. 数控车床 X 轴对刀时试车后只能沿(　　)轴方向退刀。

A. X 　　　　B. Z 　　　　C. X、Z 都可以 　　　　D. 先 X 再 Z

101. 加工外圆直径 $\phi38.5mm$,实测为 $\phi38.60mm$,则在该刀具磨耗补正对应位置输入
(　　)值进行修调至尺寸要求。

A. 0.1mm 　　　　B. −0.1mm 　　　　C. 0.2mm 　　　　D. 0.5mm

102. 在(　　)操作方式下方可对机床参数进行修改。

A. JOG 　　　　B. MDI 　　　　C. EDIT 　　　　D. AUTO

103. 自动运行时,不执行段前带"/"的程序段需按下(　　)功能按键。

A. 空运行 　　　　B. 单段 　　　　C. M01 　　　　D. 跳步

104. 车细长轴时可用中心架和跟刀架来增加工件的(　　)。

A. 硬度 　　　　B. 韧性 　　　　C. 长度 　　　　D. 刚性

105. 用于传动的轴类零件,可使用(　　)为毛坯材料,以提高其力学性能。

A. 铸件 　　　　B. 锻件 　　　　C. 管件 　　　　D. 板料

106. 加工齿轮这样的盘类零件在精车时应按照(　　)的加工原则安排加工顺序。

A. 先外后内 　　　　B. 先内后外 　　　　C. 基准后行 　　　　D. 先精后粗

107. 锥度标注形式是(　　)。

A. 大端:小端 　　　　　　　　　　　B. 小端:大端

C. 大端除以小端的值 　　　　　　　D. 小端/大端

108. 用一夹一顶或两顶尖装夹轴类零件时，如果后顶尖轴线与主轴轴线不重合，工件会产生（　　）误差。

    A. 圆度　　　　　　　B. 跳动　　　　　　　C. 圆柱度　　　　　　D. 同轴度

109. 用于批量生产的胀力心轴可用（　　）材料制成。

    A. 45 钢　　　　　　　B. 60 钢　　　　　　　C. 65Mn　　　　　　　D. 铸铁

110. 工件材料的强度和硬度较高时，为了保证刀具有足够的强度，应取（　　）的后角。

    A. 较小　　　　　　　B. 较大　　　　　　　C. 0°　　　　　　　　D. 30°

111. 当选择的切削速度为（　　）m/min 时，最易产生积屑瘤。

    A. 0～15　　　　　　B. 15～30　　　　　　C. 50～80　　　　　　D. 150

112. FANUC 系统车削一段起点坐标为（X40，Z−20）、终点坐标为（X50，Z−25）、半径为 5mm 的外圆凸圆弧面，正确的程序段是（　　）。

    A. G98 G02 X40 Z−20 R5 F80;　　　　　　B. G98 G02 X50 Z−25 R5 F80;

    C. G98 G03 X40 Z−20 R5 F80;　　　　　　D. G98 G03 X50 Z−25 R5 F80;

113. 以半径样板测量工件凸圆弧，若仅两端接触，是因为工件的圆弧半径（　　）。

    A. 过大　　　　　　　B. 过小　　　　　　　C. 准确　　　　　　　D. 大、小不均匀

114. 首先应根据零件的（　　）精度合理选择装夹方法。

    A. 尺寸　　　　　　　B. 形状　　　　　　　C. 位置　　　　　　　D. 表面

115. 相邻两牙在（　　）线上对应两点之间的轴线距离称为螺距。

    A. 大径　　　　　　　B. 中径　　　　　　　C. 小径　　　　　　　D. 中心

116. M24 粗牙螺纹的螺距是（　　）mm。

    A. 1　　　　　　　　B. 2　　　　　　　　C. 3　　　　　　　　D. 4

117. 在螺纹加工时应考虑升速段和降速段造成的（　　）误差。

    A. 长度　　　　　　　B. 直径　　　　　　　C. 牙型角　　　　　　D. 螺距

118. M20 粗牙螺纹的小径应车至（　　）mm。

    A. 16　　　　　　　　B. 16.75　　　　　　C. 17.29　　　　　　D. 20

119. 车削螺纹时，车刀的径向前角应取（　　）才能车出正确的牙型角。

    A. −15°　　　　　　B. −10°　　　　　　C. 5°　　　　　　　D. 0°

120. 安装螺纹车刀时，刀尖应（　　）工件中心。

    A. 低于　　　　　　　　　　　　　　　　B. 等于

    C. 高于　　　　　　　　　　　　　　　　D. 低于、等于、高于都可以

121. 按经验公式 $n \leqslant 1800/P - K$ 计算，车削螺距为 3mm 的双线螺纹，转速应 ≤（　　）r/min。

    A. 2000　　　　　　B. 1000　　　　　　C. 520　　　　　　　D. 220

122. 车削 M30×2 的双线螺纹时，F 功能字应代入（　　）mm 编程加工。

    A. 2　　　　　　　　B. 4　　　　　　　　C. 6　　　　　　　　D. 8

123. 在 FANUC 系统数控车床上，G92 指令是（　　）。

    A. 单一固定循环指令　　　　　　　　　　B. 螺纹切削单一固定循环指令

C. 端面切削单一固定循环指令　　　　　　　　D. 建立工件坐标系指令

124. G76 指令中的 F 是指螺纹的(　　　)。

A. 大径　　　　　　　B. 小径　　　　　　　C. 螺距　　　　　　　D. 导程

125. 用 $\phi1.73$mm 三针测量 M30×3 的中径，三针读数值为(　　　)mm。

A. 30　　　　　　　　B. 30.644　　　　　　C. 30.821　　　　　　D. 31

126. 切断工件时，工件端面凸起或者凹下，原因可能是(　　　)。

A. 丝杠间隙过大　　　　　　　　　　　　　　B. 切削进给速度过快

C. 刀具已经磨损　　　　　　　　　　　　　　D. 两副偏角过大且不对称

127. 由于切刀强度较差，选择切削用量时应适当(　　　)。

A. 减小　　　　　　　B. 等于　　　　　　　C. 增大　　　　　　　D. 很大

128. 切刀宽为 2mm，左刀尖为刀位点，要保持零件长度 50mm，则编程时 Z 方向应定位在(　　　)处割断工件。

A. 50mm　　　　　　B. 52mm　　　　　　C. 48mm　　　　　　D. 51mm

129. 编程加工内槽时，切槽前的切刀定位点的直径应比孔径尺寸(　　　)。

A. 小　　　　　　　　B. 相等　　　　　　　C. 大　　　　　　　　D. 无关

130. 加工锥度和直径较小的圆锥孔时，宜采用(　　　)的方法。

A. 钻孔后直接铰锥孔　　　　　　　　　　　　B. 先钻再粗铰后精铰

C. 先钻再粗车，再精铰　　　　　　　　　　　D. 先铣孔再铰孔

131. 铰削一般钢材时，切削液通常选用(　　　)。

A. 水溶液　　　　　　B. 煤油　　　　　　　C. 乳化液　　　　　　D. 极压乳化液

132. 钻头直径为 10mm，切削速度是 30m/min，主轴转速应该是(　　　)。

A. 240r/min　　　　　B. 1920r/min　　　　　C. 480r/min　　　　　D. 960r/min

133. 镗孔时发生振动，首先应降低(　　　)的用量。

A. 进给量

B. 背吃刀量

C. 切削速度

D. 进给量、背吃刀量、切削速度均不对

134. (　　　)是一种以内孔为基准装夹达到相对位置精度的装夹方法。

A. 一夹一顶　　　　　B. 两顶尖　　　　　　C. 机用平口钳　　　　D. 心轴

135. 在 FANUC 0i 系统中，G73 指令第一行中 R 的含义是(　　　)。

A. X 向回退量　　　　B. 维比　　　　　　　C. Z 向回退量　　　　D. 走刀次数

136. 在(　　　)上装有活动量爪，并装有游标和紧固螺钉的测量工具称为游标卡尺。

A. 尺框　　　　　　　B. 尺身　　　　　　　C. 尺头　　　　　　　D. 微动装置

137. 千分尺微分筒上均匀刻有(　　　)格。

A. 50　　　　　　　　B. 100　　　　　　　C. 150　　　　　　　D. 200

138. 使用深度千分尺测量时，不需要(　　　)。

A. 清洁底板测量面、工件的被测量面

B. 使测量杆中心轴线与被测工件测量面保持垂直

C. 去除测量部位毛刺

D. 抛光测量面

139. 在使用外径千分尺时操作正确的是(　　)。

A. 猛力转动测力装置　　　　　　　　B. 旋转微分筒使测量表面与工件接触

C. 退尺时要旋转测力装置　　　　　　D. 不允许测量带有毛刺的边缘表面

140. 一般用于检验配合精度要求较高的圆锥工件的是(　　)。

A. 角度样板

B. 游标万能角尺度

C. 圆锥量规涂色

D. 角度样板、游标万能角尺度、圆锥量规涂色都可以

141. 用一套46块的量块,组合95.552mm的尺寸,其量块的选择为1.002mm、(　　)mm、1.5mm、2mm、90mm共五块。

A. 1.005　　　　　　B. 20.5　　　　　　C. 2.005　　　　　　D. 1.05

142. 关于尺寸公差,下列说法正确的是(　　)。

A. 尺寸公差只能大于零,故公差值前应标"+"号

B. 尺寸公差是用绝对值定义的,没有正、负的含义,故公差值前不应标"+"号

C. 尺寸公差不能为负值,但可以为零

D. 尺寸公差为允许尺寸变动范围的界限值

143. 下列配合中,公差等级选择不适当的为(　　)。

A. H7/g6　　　　　　B. H9/g9　　　　　　C. H7/f8　　　　　　D. M8/h8

144. 机械制造中优先选用的孔公差带为(　　)。

A. H7　　　　　　B. h7　　　　　　C. D2　　　　　　D. H2

145. 未注公差尺寸应用范围是(　　)。

A. 长度尺寸

B. 工序尺寸

C. 用于组装后经过加工所形成的尺寸

D. 长度尺寸、工序尺寸、用于组装后经过加工所形成的尺寸都适用

146. 最小实体尺寸是(　　)。

A. 测量得到的　　　B. 设计给定的　　　C. 加工形成的　　　D. 计算所得的

147. 孔的基本偏差字母代表的含义为(　　)。

A. A~H为上极限偏差,其余为下极限偏差

B. A~H为下极限偏差,其余为上极限偏差

C. 全部为上极限偏差

D. 全部为下极限偏差

148. 在基准制的选择中应优先选用(　　)。

A. 基孔制　　　　　　B. 基轴制　　　　　　C. 混合制　　　　　　D. 配合制

149. 以下精度公差中，不属于形状公差的是(　　　　)。

　　A. 同轴度　　　　　　B. 圆柱度　　　　　　C. 平面度　　　　　　D. 圆度

150. 零件几何要素按存在的状态分为实际要素和(　　　　)。

　　A. 轮廓要素　　　　　B. 被测要素　　　　　C. 理想要素　　　　　D. 基准要素

151. 主轴在转动时若有一定的径向圆跳动，则工件加工后会产生(　　)误差。

　　A. 垂直度　　　　　　B. 同轴度　　　　　　C. 斜度　　　　　　　D. 粗糙度

152. 机械加工表面质量中表面层的几何形状特征不包括(　　　　)。

　　A. 表面加工纹理　　　　　　　　　　B. 表面波度

　　C. 表面粗糙度　　　　　　　　　　　D. 表面层的残余应力

153. 数控机床较长期闲置时最重要的是对机床定时(　　　　)。

　　A. 清洁除尘　　　　　　　　　　　　B. 加注润滑油

　　C. 给系统通电防潮　　　　　　　　　D. 更换电池

154. 数控机床的日常维护与保养一般情况下应由(　　　)来进行。

　　A. 车间领导　　　　　B. 操作人员　　　　　C. 后勤管理人员　　　D. 勤杂人员

155. 数控机床开机应空运转约(　　　　)，使机床达到热平衡状态。

　　A. 15min　　　　　　B. 30min　　　　　　C. 45min　　　　　　D. 60min

156. 因操作不当和电磁干扰引起的故障属于(　　　　)。

　　A. 机械故障　　　　　B. 强电故障　　　　　C. 硬件故障　　　　　D. 软件故障

157. 通过观察故障发生时的各种光、声、味等异常现象，将故障诊断的范围缩小的方法称为(　　　　)。

　　A. 直观法　　　　　　B. 交换法　　　　　　C. 测量比较法　　　　D. 隔离法

158. 数控机床的条件信息指示灯 EMERGENCY　STOP 亮时，说明(　　　　)。

　　A. 按下急停按钮　　　　　　　　　　B. 主轴可以运转

　　C. 回参考点　　　　　　　　　　　　D. 操作错误且未消除

159. 框式水平仪主要应用于检验各种机床及其他类型设备导轨的直线度和设备安装的水平位置、垂直位置。在数控机床水平时通常需要(　　　　)块水平仪。

　　A. 2　　　　　　　　B. 3　　　　　　　　C. 4　　　　　　　　D. 5

160. 下述几种垫铁中，常用于振动较大或质量为 10～15t 中小型机床安装的是(　　　　)。

　　A. 斜垫铁　　　　　　B. 开口垫铁　　　　　C. 钩头垫铁　　　　　D. 等高铁

二、判断题(第 161～200 题。将判断结果填入括号中。正确的填"√"，错误的填"×"。每题 0.5 分，满分 20 分)

(　　)161. 企业的发展与企业文化无关。

(　　)162. "以遵纪守法为荣、以违法乱纪为耻"的实质是把遵纪守法看成现代公民的基本道德守则。

(　　)163. 职业用语要求：语言自然、语气亲切、语调柔和、语速适中、语言简练、语意明确。

(　　)164. 团队精神能激发职工更大的能量，发掘更大的潜能。

（　　）165. 碳素工具钢主要用于制造刃具、模具、量具等。

（　　）166. 正火主要用于消除过共析钢中的网状二次渗碳体。

（　　）167. 平锉刀的两个侧面均不是工作面。

（　　）168. 实行清污分流，工业废水尽量处理掉。

（　　）169. 机械制图中标注绘图比例为 2：1，表示所绘制图形是放大的图形，其绘制的尺寸是零件实物尺寸的 2 倍。

（　　）170. 省略一切标注的剖视图，说明它的剖切平面不通过机件的对称平面。

（　　）171. 同一工件，无论用数控机床加工还是用普通机床加工，其工序都一样。

（　　）172. 由于数控机床加工零件的过程是自动的，所以选择毛坯余量时，要考虑足够的余量和余量均匀。

（　　）173. 合理划分加工阶段，有利于合理利用设备并提高生产率。

（　　）174. 零件轮廓的精加工应尽量一刀连续加工而成。

（　　）175. 粗加工时，限制进给量的主要因素是切削力，精加工时，限制进给量的主要因素是表面粗糙度。

（　　）176. 在自定心卡盘上装夹大直径工件时，应尽量使用正爪卡盘。

（　　）177. 夹紧力的作用点应远离工件加工表面，这样才便于加工。

（　　）178. 机夹可转位车刀不用刃磨，有利于涂层刀片的推广使用。

（　　）179. YT 类硬质合金比 YG 类的耐磨性好，但脆性大，不耐冲击，常用于加工塑性好的钢材。

（　　）180. 非模态码只在指令它的程序段中有效。

（　　）181. G02 和 G03 的判别方向的方法是：沿着不在圆弧平面内的坐标轴从正方向向负方向看去，刀具顺时针方向运动为 G02，逆时针方向运动为 G03。

（　　）182. 逐点比较法直线插补中，当刀具切削点在直线上或其上方时，应向 + X 方向发一个脉冲，使刀具向 + X 方向移动一步。

（　　）183. 使用 Windows98 中文操作系统，既可以用鼠标进行操作，也可以使用键盘上的快捷键进行操作。

（　　）184. AutoCAD 的图标菜单栏可以定制，可以删除，也可以增加。

（　　）185. AutoCAD 只能绘制二维图形。

（　　）186. 在刀具圆弧半径补正中，刀尖方向不同且刀尖方位号也不同。

（　　）187. 系统操作面板上单段功能生效时，每按一次循环启动键只执行一个程序段。

（　　）188. 用锥度塞规检查内锥孔时，如果大端接触而小端未接触，说明内锥孔锥角过大。

（　　）189. 用螺纹加工指令 G32 加工螺纹时，一般要在螺纹两端设置进刀距离与退刀距离。

（　　）190. 安装切断刀时应将主切削刃应略高于主轴中心。

（　　）191. FANUC 系统 G74 端面槽加工指令可用于钻孔。

（　　）192. 标准麻花钻顶角一般为118°。

（　　）193. 扩孔能提高孔的位置精度。

（　　）194. 车削内孔采用主偏角较小的车刀有利于减小振动。

（　　）195. 尾座轴线偏移，钻中心孔时不会受影响。

（　　）196. 钟式百分表（千分表）测杆轴线与被测工件表面必须垂直，否则会产生测量误差。

（　　）197. 选用公差带时，应按常用、优先、一般公差带的顺序选取。

（　　）198. 孔公差带代号F8中F确定了孔公差带的位置。

（　　）199. 数控系统出现故障后，如果了解故障的全过程并确认通电对系统无危险时，就可通电进行观察、检查故障。

（　　）200. 数控机床数控部分出现故障死机后，数控人员应关掉电源后再重新开机，然后执行程序即可。

试卷（一）答案

一、单项选择题

1. C	2. B	3. A	4. D	5. A	6. D
7. C	8. C	9. B	10. D	11. C	12. D
13. B	14. A	15. A	16. A	17. B	18. C
19. C	20. A	21. A	22. A	23. B	24. B
25. A	26. A	27. B	28. C	29. A	30. B
31. B	32. A	33. A	34. C	35. D	36. A
37. B	38. D	39. D	40. A	41. C	42. C
43. B	44. A	45. C	46. D	47. B	48. D
49. D	50. D	51. D	52. B	53. C	54. B
55. C	56. C	57. A	58. C	59. B	60. C
61. C	62. D	63. B	64. C	65. C	66. C
67. B	68. B	69. C	70. A	71. B	72. A
73. C	74. A	75. C	76. B	77. A	78. C
79. A	80. C	81. C	82. A	83. B	84. A
85. B	86. C	87. B	88. A	89. D	90. A
91. C	92. B	93. C	94. B	95. C	96. C
97. C	98. D	99. D	100. A	101. D	102. C
103. B	104. B	105. A	106. B	107. C	108. B
109. A	110. C	111. A	112. B	113. D	114. A
115. C	116. C	117. C	118. B	119. C	120. C
121. A	122. A	123. C	124. B	125. A	126. C
127. A	128. C	129. B	130. A	131. A	132. D

133. C	134. A	135. A	136. B	137. A	138. A
139. B	140. D	141. D	142. A	143. A	144. B
145. C	146. C	147. B	148. B	149. A	150. B
151. B	152. B	153. B	154. D	155. D	156. A
157. A	158. A	159. C	160. D		

二、判断题

161. ×	162. ×	163. ×	164. √	165. √	166. ×
167. √	168. √	169. ×	170. ×	171. √	172. √
173. ×	174. ×	175. √	176. √	177. ×	178. √
179. ×	180. √	181. √	182. √	183. √	184. √
185. √	186. ×	187. ×	188. ×	189. √	190. ×
191. √	192. √	193. √	194. ×	195. √	196. √
197. √	198. √	199. ×	200. ×		

试卷（二）答案

一、单项选择题

1. A	2. D	3. B	4. C	5. A	6. C
7. A	8. A	9. C	10. C	11. B	12. B
13. C	14. A	15. B	16. B	17. D	18. B
19. C	20. A	21. B	22. A	23. B	24. B
25. A	26. C	27. A	28. C	29. B	30. B
31. D	32. C	33. C	34. C	35. B	36. A
37. A	38. A	39. A	40. A	41. D	42. D
43. D	44. D	45. B	46. D	47. C	48. A
49. D	50. D	51. D	52. C	53. D	54. B
55. A	56. B	57. A	58. A	59. D	60. D
61. C	62. B	63. B	64. B	65. A	66. C
67. B	68. D	69. A	70. C	71. D	72. D
73. B	74. C	75. C	76. A	77. C	78. B
79. C	80. D	81. A	82. C	83. B	84. D
85. A	86. A	87. C	88. B	89. C	90. D
91. A	92. B	93. C	94. C	95. A	96. C
97. D	98. B	99. D	100. A	101. A	102. C
103. C	104. A	105. D	106. A	107. C	108. A
109. A	110. B	111. A	112. A	113. B	114. D
115. A	116. C	117. B	118. D	119. D	120. A
121. B	122. A	123. C	124. B	125. C	126. C

127. B	128. A	129. C	130. B	131. A	132. A
133. D	134. B	135. A	136. D	137. D	138. D
139. B	140. A	141. C	142. A	143. B	144. B
145. D	146. B	147. A	148. C	149. A	150. B
151. B	152. C	153. D	154. B	155. A	156. B
157. D	158. A	159. D	160. B		

二、判断题

161. ×	162. ×	163. ×	164. ×	165. ×	166. ×
167. ×	168. √	169. ×	170. √	171. ×	172. ×
173. √	174. √	175. √	176. ×	177. √	178. ×
179. √	180. ×	181. √	182. ×	183. √	184. √
185. √	186. √	187. ×	188. √	189. √	190. √
191. √	192. √	193. √	194. √	195. √	196. ×
197. √	198. √	199. √	200. √		

试卷(三)答案

一、单项选择题

1. A	2. B	3. C	4. C	5. D	6. A
7. D	8. B	9. B	10. A	11. D	12. D
13. A	14. D	15. A	16. D	17. B	18. C
19. A	20. C	21. D	22. B	23. D	24. B
25. A	26. C	27. D	28. B	29. C	30. C
31. D	32. B	33. B	34. A	35. B	36. C
37. B	38. B	39. C	40. A	41. C	42. B
43. C	44. B	45. C	46. D	47. D	48. A
49. D	50. B	51. D	52. A	53. A	54. D
55. A	56. B	57. C	58. B	59. C	60. D
61. D	62. C	63. A	64. C	65. B	66. A
67. C	68. A	69. B	70. A	71. C	72. B
73. B	74. A	75. B	76. D	77. B	78. A
79. D	80. C	81. D	82. A	83. D	84. B
85. A	86. B	87. D	88. A	89. A	90. B
91. B	92. B	93. D	94. A	95. A	96. B
97. C	98. B	99. A	100. B	101. B	102. B
103. D	104. D	105. B	106. B	107. B	108. C
109. C	110. A	111. B	112. D	113. A	114. C
115. B	116. C	117. D	118. C	119. D	120. B

121. D	122. B	123. B	124. D	125. B	126. D
127. A	128. B	129. A	130. B	131. C	132. D
133. C	134. D	135. D	136. B	137. A	138. D
139. D	140. C	141. D	142. B	143. C	144. A
145. D	146. B	147. B	148. A	149. A	150. C
151. B	152. D	153. C	154. B	155. A	156. D
157. A	158. A	159. A	160. C		

二、判断题

161. ×	162. √	163. √	164. √	165. √	166. √
167. √	168. ×	169. √	170. ×	171. ×	172. √
173. √	174. √	175. √	176. ×	177. ×	178. √
179. √	180. √	181. √	182. √	183. √	184. √
185. ×	186. √	187. √	188. ×	189. √	190. ×
191. √	192. √	193. ×	194. ×	195. ×	196. √
197. ×	198. √	199. √	200. ×		

任务二　中级数控车工专业技能

国 家 职 业 技 能 鉴 定

数控车床中级工技能考核模拟试题(一)

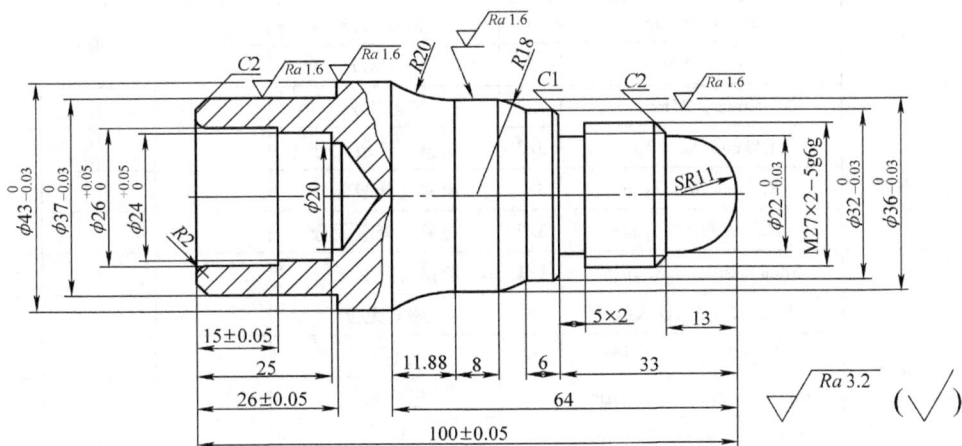

图 8-1　中级数控车工技能模拟题一

考核要求:

1. 不准用砂布及锉刀等修饰表面。

2. 未注倒角 C0.5。

3. 未注公差尺寸按 IT 标准执行。

工种	等级	图号	名称	实操材料及备料尺寸
数控车床	中级	8-1	考试件	45 钢（$\phi45mm \times 103mm$）

工种	数控车床	图号	8-1	单位	

准考证号			零件名称	考试件	姓名		学历	

定额时间	仿真90min 实操150min	考核日期		技术等级	中级	总得分	

序号	考核项目	考核内容	配分	评分标准	检测结果	扣分	得分	备注
1	外圆	$\phi43_{-0.03}^{0}mm/Ra1.6\mu m$	6/2	超差0.01mm扣3分，降级无分				
2		$\phi37_{-0.03}^{0}mm/Ra1.6\mu m$	6/2	超差0.01mm扣3分，降级无分				
3		$\phi36_{-0.03}^{0}mm/Ra1.6\mu m$	6/2	超差0.01mm扣3分，降级无分				
4		$\phi32_{-0.03}^{0}mm/Ra1.6\mu m$	6/2	超差0.01mm扣3分，降级无分				
5	内孔	$\phi26_{0}^{+0.05}mm/Ra3.2\mu m$	6/2	超差0.01mm扣3分，降级无分				
6		$\phi24_{0}^{+0.05}mm/Ra3.2\mu m$	6/2	超差0.01mm扣3分，降级无分				
7	长度	$100\pm0.05mm$	3	超差无分				
8		$15\pm0.05mm$	3	超差无分				
9		$26\pm0.05mm$	3	超差无分				
10		33mm, 25mm	2/2	超差无分				
11	圆弧	$SR11mm/Ra3.2\mu m$	3/2	超差、降级无分				
12		$R18mm/Ra3.2\mu m$	3/2	超差、降级无分				
13		$R20mm/Ra3.2\mu m$	3/2	超差、降级无分				
14	沟槽	$5mm\times2mm/Ra3.2\mu m$	1/1	超差、降级无分				
15	螺纹	M27×2-5g6g/大径	3	超差无分				
16		M27×2-5g6g/小径	6	超差无分				
17		M27×2-5g6g/$Ra3.2\mu m$	6	超差无分				
18		M27×2-5g6g/牙型角	3	不符合无分				
19	其他	倒角	2	不符合无分				
20		未注倒角	2	不符合无分				
21	文明生产	按有关规定每违反一项从总分中扣3分，发生重大事故取消考试				扣分不超过10分		
22	程序编制	程序中有严重违反工艺的则取消考试资格				扣分不超过25分		
记录员		监考人		检验员		考评人		

国 家 职 业 技 能 鉴 定

数控车床中级工技能考核模拟试题(二)

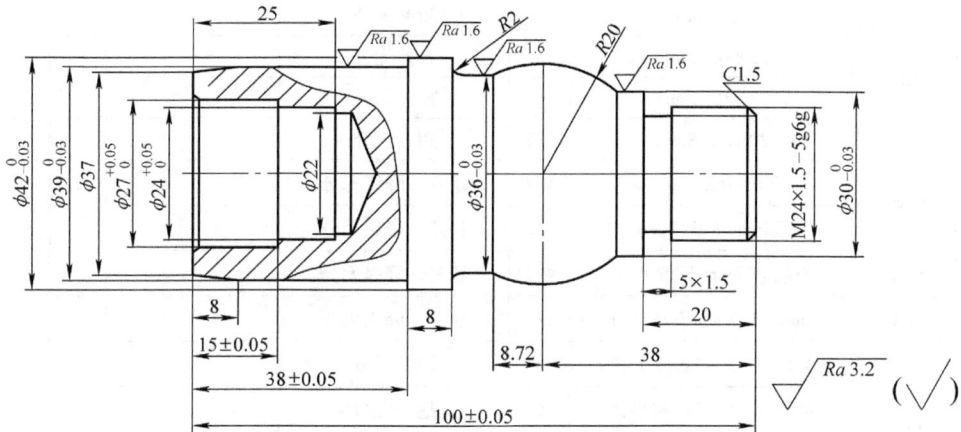

图 8-2 中级数控车工技能模拟题二

考核要求:

1. 不准用砂布及锉刀等修饰表面。

2. 未注倒角 C0.5。

3. 未注公差尺寸按 IT 标准执行。

工种		等级	图号	名称	实操材料及备料尺寸				
数控车床		中级	8-2	考试件	45 钢(ϕ45mm×103mm)				
工种	数控车床	图号	8-2	单位					
准考证号				零件名称	考试件	姓名		学历	
定额时间	仿真90min 实操150min		考核日期			技术等级	中级	总得分	

序号	考核项目	考核内容	配分	评分标准	检测结果	扣分	得分	备注
1	外圆	$\phi42_{-0.03}^{0}$mm/Ra1.6μm	5/2	超差0.01mm扣3分,降级无分				
2		$\phi39_{-0.03}^{0}$mm/Ra1.6μm	5/2	超差0.01mm扣3分,降级无分				
3		$\phi36_{-0.03}^{0}$mm/Ra1.6μm	5/2	超差0.01mm扣3分,降级无分				
4		$\phi30_{-0.03}^{0}$mm/Ra1.6μm	5/2	超差0.01mm扣3分,降级无分				
5	内孔	$\phi27_{0}^{+0.05}$mm/Ra3.2μm	5/2	超差0.01mm扣3分,降级无分				
6		$\phi24_{0}^{+0.05}$mm/Ra3.2μm	5/2	超差0.01mm扣3分,降级无分				

（续）

序号	考核项目	考核内容	配分	评分标准	检测结果	扣分	得分	备注
7	长度	100 ± 0.05mm	4	超差无分				
8		15 ± 0.05mm	3	超差无分				
9		38 ± 0.05mm	3	超差无分				
10		20mm，8mm	2/2	超差无分				
11	圆弧	$R20$mm/$Ra3.2\mu$m	5/2	超差、降级无分				
12		$R2$mm/$Ra3.2\mu$m	5/2	超差、降级无分				
13	锥度	小端 $\phi37$mm 长度 8mm	4/2	超差、降级无分				
14	沟槽	5mm $\times 1.5$mm/$Ra3.2\mu$m	1/1	超差、降级无分				
15	螺纹	$M24 \times 1.5 - 5g6g$/大径	3	超差无分				
16		$M24 \times 1.5 - 5g6g$/小径	6	超差无分				
17		$M24 \times 1.5 - 5g6g$/$Ra3.2\mu$m	6	超差无分				
18		$M24 \times 1.5 - 5g6g$/牙型角	3	不符合无分				
19	其他	倒角	2	不符合无分				
20		未注倒角	2	不符合无分				
21	文明生产	按有关规定每违反一项从总分中扣3分，发生重大事故取消考试			扣分不超过10分			
22	程序编制	程序中有严重违反工艺的则取消考试资格			扣分不超过25分			
记录员		监考人		检验员		考评人		

国 家 职 业 技 能 鉴 定

数控车床中级工技能考核模拟试题（三）

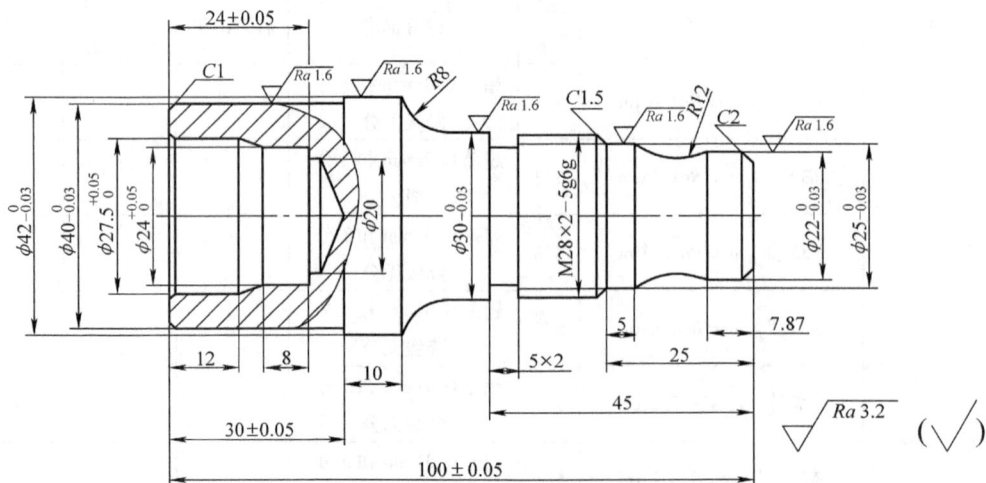

图8-3　中级数控车工技能模拟题三

考核要求：

1. 不准用砂布及锉刀等修饰表面。
2. 未注倒角 C0.5。
3. 未注公差尺寸按 IT 标准执行。

工种		等级	图号	名称	实操材料及备料尺寸			
数控车床		中级	8-3	考试件	45 钢(ϕ45mm×103mm)			
工种	数控车床	图号	8-3	单位				
准考证号			零件名称	考试件	姓名		学历	
定额时间	仿真90min 实操150min		考核日期		技术等级	中级	总得分	

序号	考核项目	考核内容	配分	评分标准	检测结果	扣分	得分	备注
1	外圆	$\phi42_{-0.03}^{0}$ mm/Ra1.6μm	5/2	超差0.01mm扣3分，降级无分				
2		$\phi40_{-0.03}^{0}$ mm/Ra1.6μm	5/2	超差0.01mm扣3分，降级无分				
3		$\phi30_{-0.03}^{0}$ mm/Ra1.6μm	5/2	超差0.01mm扣3分，降级无分				
4		$\phi25_{-0.03}^{0}$ mm/Ra1.6μm	5/2	超差0.01mm扣3分，降级无分				
		$\phi22_{-0.03}^{0}$ mm/Ra1.6μm	5/2	超差0.01mm扣3分，降级无分				
5	内孔	$\phi27.5_{0}^{+0.05}$ mm/Ra3.2μm	5/2	超差0.01mm扣3分，降级无分				
6		$\phi24_{0}^{+0.05}$ mm/Ra3.2μm	5/2	超差0.01mm扣3分，降级无分				
7	长度	100±0.05mm	4	超差无分				
8		30±0.05mm	3	超差无分				
9		24±0.05mm	3	超差无分				
10		45mm，25mm	2/2	超差无分				
11	圆弧	R12mm/Ra3.2μm	3/2	超差、降级无分				
12		R8mm/Ra3.2μm	3/2	超差、降级无分				

（续）

序号	考核项目	考核内容	配分	评分标准	检测结果	扣分	得分	备注
13	内锥度	大端 $\phi27.5mm$ 长度 $4mm$	2/1	超差、降级无分				
14	沟槽	$5mm\times2mm/Ra3.2\mu m$	1/1	超差无分、降级无分				
15	螺纹	$M28\times2-5g6g/$大径	3	超差无分				
16		$M28\times2-5g6g/$小径	6	超差无分				
17		$M28\times2-5g6g/Ra3.2\mu m$	6	超差无分				
18		$M28\times2-5g6g/$牙型角	3	不符合无分				
19	其他	倒角	2	不符合无分				
20		未注倒角	2	不符合无分				
21	文明生产	按有关规定每违反一项从总分中扣3分，发生重大事故取消考试				扣分不超过10分		
22	程序编制	程序中有严重违反工艺的则取消考试资格				扣分不超过25分		

记录员		监考人		检验员		考评人	

国 家 职 业 技 能 鉴 定

数控车床中级工技能考核模拟试题（四）

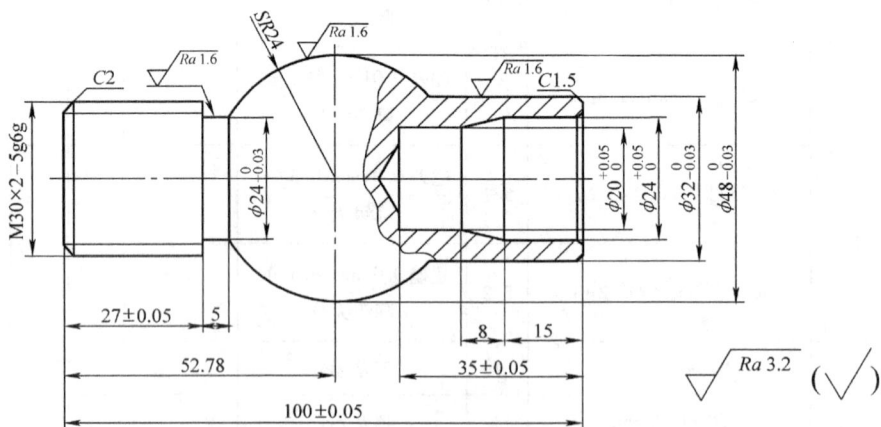

图 8-4　中级数控车工技能模拟题四

考核要求：

1. 不准用砂布及锉刀等修饰表面。

2. 未注倒角 C0.5。

3. 未注公差尺寸按 IT 标准执行。

工种	等级	图号	名称		实操材料及备料尺寸
数控车床	中级	8-4	考试件		45钢($\phi50$mm×103mm)
工种	数控车床	图号	8-4	单位	
准考证号			零件名称	考试件	姓名 　　学历
定额时间	仿真90min 实操150min		考核日期		技术等级 中级　总得分

序号	考核项目	考核内容	配分	评分标准	检测结果	扣分	得分	备注
1	外圆	$\phi48_{-0.03}^{0}$mm/$Ra1.6\mu$m	8/4	超差0.01mm扣3分，降级无分				
2		$\phi32_{-0.03}^{0}$mm/$Ra1.6\mu$m	6/2	超差0.01mm扣3分，降级无分				
3		$\phi24_{-0.03}^{0}$mm/$Ra1.6\mu$m	6/2	超差0.01mm扣3分，降级无分				
4	内孔	$\phi24_{0}^{+0.05}$mm/$Ra3.2\mu$m	6/2	超差0.01mm扣3分，降级无分				
5		$\phi20_{0}^{+0.05}$mm/$Ra3.2\mu$m	6/2	超差0.01mm扣3分，降级无分				
6	长度	100 ± 0.05mm	5	超差无分				
7		35 ± 0.05mm	5	超差无分				
8		27 ± 0.05mm	3	超差无分				
9		15mm，8mm	2/2	超差无分				
10	圆弧	$R24$mm	6	超差、降级无分				
11	内锥度	大端$\phi24$mm 长度8mm	3/2	超差、降级无分				
12	螺纹	M30×2－5g6g/大径	3	超差无分				
13		M30×2－5g6g/小径	8	超差无分				
14		M30×2－5g6g/$Ra3.2\mu$m	8	超差无分				
15		M30×2－5g6g/牙型角	4	不符合无分				
16	其他	倒角	3	不符合无分				
17		未注倒角	2	不符合无分				
18	文明生产	按有关规定每违反一项从总分中扣3分，发生重大事故取消考试			扣分不超过10分			
19	程序编制	程序中有严重违反工艺的则取消考试资格			扣分不超过25分			
记录员		监考人		检验员		考评人		

国 家 职 业 技 能 鉴 定

数控车床中级工技能考核模拟试题(五)

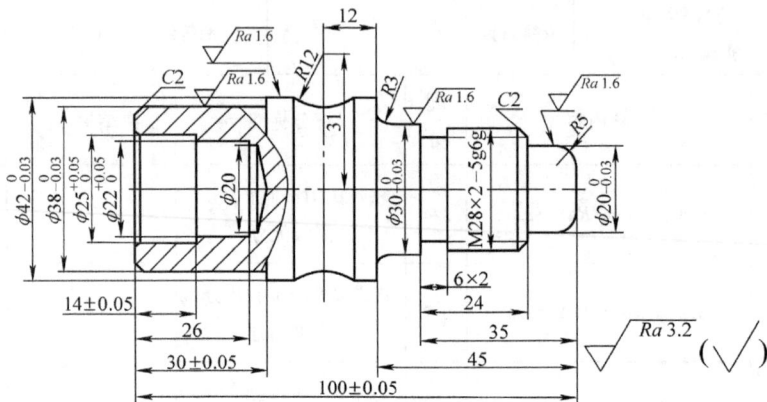

图 8-5　中级数控车工技能模拟题五

考核要求:

1. 不准用砂布及锉刀等修饰表面。

2. 未注倒角 C0.5。

3. 未注公差尺寸按 IT 标准执行。

工种	等级	图号	名称	实操材料及备料尺寸				
数控车床	中级	8-5	考试件	45 钢($\phi45$mm$\times103$mm)				
工种	数控车床	图号	8-5	单位				
准考证号			零件名称	考试件	姓名		学历	
定额时间	仿真90min 实操150min		考核日期		技术等级	中级	总得分	

序号	考核项目	考核内容	配分	评分标准	检测结果	扣分	得分	备注
1	外圆	$\phi42_{-0.03}^{0}$mm/$Ra1.6\mu$m	6/2	超差0.01mm扣3分, 降级无分				
2		$\phi38_{-0.03}^{0}$mm/$Ra1.6\mu$m	5/2	超差0.01mm扣3分, 降级无分				
3		$\phi30_{-0.03}^{0}$mm/$Ra1.6\mu$m	6/2	超差0.01mm扣3分, 降级无分				
4		$\phi20_{-0.03}^{0}$mm/$Ra1.6\mu$m	5/2	超差0.01mm扣3分, 降级无分				

（续）

序号	考核项目	考核内容	配分	评分标准	检测结果	扣分	得分	备注
5	内孔	$\phi25^{+0.05}_{0}\,mm/Ra3.2\mu m$	5/2	超差0.01mm扣3分，降级无分				
6		$\phi22^{+0.05}_{0}\,mm/Ra3.2\mu m$	5/2	超差0.01mm扣3分，降级无分				
7	长度	$100\pm0.05mm$	4	超差无分				
8		$30\pm0.05mm$	4	超差无分				
9		$14\pm0.05mm$	4	超差无分				
10		45mm，26mm	2/2	超差无分				
11	圆弧	$R5mm/Ra3.2\mu m$	3/2	超差、降级无分				
12		$R3mm/Ra3.2\mu m$	3/2	超差、降级无分				
13		$R12mm/Ra3.2\mu m$	3/2	超差、降级无分				
14	沟槽	$6mm\times2mm/Ra3.2\mu m$	1/1	超差、降级无分				
15	螺纹	M28×2-5g6g/大径	3	超差无分				
16		M28×2-5g6g/小径	6	超差无分				
17		M28×2-5g6g/$Ra3.2\mu m$	6	超差无分				
18		M28×2-5g6g/牙型角	3	不符合无分				
19	其他	倒角	2	不符合无分				
20		未注倒角	3	不符合无分				
21	文明生产	按有关规定每违反一项从总分中扣3分，发生重大事故取消考试			扣分不超过10分			
22	程序编制	程序中有严重违反工艺的则取消考试资格			扣分不超过25分			
记录员		监考人		检验员		考评人		

附 录

附录 A 全国职业院校技能大赛中职组数控车加工技术赛项规程及参考样题

2013 年全国职业院校技能大赛中职组数控车加工技术赛项规程

一、赛项名称

数控车加工技术。

二、竞赛目的

通过竞赛，考察并展示中等职业学校参赛选手的数控车加工技术技能水平及与岗位相关的综合职业素养，引领中等职业学校适应行业现状及技术发展趋势，推进数控车加工及相关专业的教育教学改革，搭建校企合作育人平台，提升社会对职业教育的认可度。

三、竞赛方式与内容

（一）竞赛方式

本赛项为个人赛，选手独立完成比赛试件。每省限报两名选手，每名选手限 1 名指导教师。参赛选手须为年龄不超过 21 周岁的中等职业学校 2013 年度在籍学生。

（二）竞赛内容

通过手工与 CAM 编程和程序传输，完成较复杂配合件的加工。

四、竞赛规则

（一）比赛规则

1）本赛项以现场实际操作方式，按图样要求完成试件加工，满分为 100 分，比赛时间 360min。

2）同一场次比赛采用相同的比赛试题。

3）因设备故障原因导致选手中断或终止比赛，由大赛裁判长视具体情况做出处理决定。

4）比赛过程中，选手若需休息、饮水或去洗手间，一律计算在比赛时间内。食品和饮水由赛场统一提供。

5）比赛过程中，选手出现野蛮操作或因工艺制订不当，造成夹具、刀具损坏者，经裁判员裁定，视情节轻重，做扣分至终止比赛的处理。裁定终止比赛的，须报总裁判长批准后执行。

6）如果选手提前结束比赛，应报裁判员批准。比赛终止时间由裁判员记录在案，选手提前结束比赛后不得再进行任何加工。不准提前离开赛场。

7）选手提交的试件应经过清理，提交后裁判员在零件的指定位置做好标记并经选手在登记簿上签字确认，以便检验和评分。

（二）赛场规则

1）参赛选手按规定时间到达指定地点，凭参赛证、学生证和身份证（三证必须齐全）进入赛场，并随机抽取机位号。选手迟到15min取消比赛资格。

2）裁判组在赛前30min对参赛选手的证件进行检查及进行比赛相关事项教育。

3）参赛选手必须按照设备管理规程进行操作。参赛选手不得携带通信工具和其他未经允许的资料、物品进入比赛场地，不得中途退场。如出现较严重的违规、违纪、舞弊等现象，经裁判组裁定，取消比赛成绩。

4）比赛过程中因设备或软件故障等问题影响比赛进程的，裁判请示裁判长裁定后，可将该选手的比赛时间酌情后延。

5）比赛结束后，参赛选手提请裁判到比赛工位检查确认并登记相关内容，选手签字确认后听从裁判指令离开赛场，裁判填写执裁报告。

6）如果选手要求提前结束比赛，应报裁判批准。比赛终止时间由裁判记录在案，批准并通知提前结束比赛后，选手不得再进行任何加工。提前结束比赛的选手不准提前离开赛场。

7）当听到比赛结束指令时，参赛选手应立即停止操作，不得以任何理由拖延比赛时间。离开比赛场地时，不得将草稿纸等与比赛有关的物品带离比赛现场。

8）各类赛务人员必须统一佩戴由大赛执委会签发的相关证件，着装整齐。

9）除现场裁判、安全员和赛场配备的工作人员以外，其他人员不得进入比赛区域。

10）允许参观的赛项，参赛队有关人员可在规定时间，以小组为单位，在赛场引导员引导下，有序进入赛场观摩。观摩时不得议论、交谈，并严禁与选手进行交流；不得在工位前停留，以免影响选手比赛；不准向场内评委及工作人员提问；禁止拍照。凡违反规定者，立即取消其参观资格。

新闻媒体等进入赛场必须经过大赛执委会允许，由专人陪同并且听从现场工作人员的安排和管理，不能影响比赛进行。

11）各参赛队的领队、教练员和随从人员一律不得进入赛场。

（三）抽签办法

1）由领队负责抽签，第一轮每支代表队抽一个签（抽取的顺序按照行政区域顺序），其数字代表下一轮抽签的出场顺序，第二轮抽出的数字与对照表对应的数字，表明是比赛场次。

2）选手在赛前抽签确定机位。

3）举办地省市代表队不参加抽签，直接参加第一场比赛。

五、评分方式与奖项设定

（一）评分方式

1）参赛选手的成绩评定由赛项执委会和总裁判长负责。

2）比赛成绩由《选手现场记录表》和《试件检测评分表》所评定的成绩组成。成绩的评判采取评分标准用量化的方法给定。

3）试件检测。

① 试件检测在总裁判长领导下，由检测组负责。

② 试件检测依据图样和评分表上的要求进行

③ 本赛事的最终解释权归赛项执委会。

4）保密守则。

① 试件封箱、重新编号由裁判组指定专人负责。

② 操作技能评分表在评分负责人的主持下当场启封。

③ 参赛选手的比赛成绩由赛项执委会审定后，统一公布。

（二）名次排序方法

1）名次的排序根据成绩评定结果从高到低依次排定。

2）个人成绩相同者，按交件时间早的为优先。

（三）奖项设定

赛项设参赛选手个人奖，一等奖占比10%，二等奖占比20%，三等奖占比30%。

获得一等奖的参赛选手指导教师由组委会颁发优秀指导教师证书。

六、纪律处罚规定

为保证竞赛公平、公正、公开，对违反竞赛纪律的行为做如下处罚规定。

1）参赛选手不符合报名规定条件，或冒名顶替、弄虚作假，经大赛组委会核准后，一律取消该选手参赛资格。

2）参赛选手有下列情节之一的，取消参赛资格，比赛成绩记零分。

① 不按规定填写姓名、编号或在试卷、试件上做各种标记。

② 在赛场内有偷看、暗示、交头接耳等作弊行为。

③ 在赛场使用通信工具与他人联系。

④ 在规定的比赛时间结束后，仍强行操作。

⑤ 不服从裁判员的裁决，扰乱比赛秩序，影响比赛过程，情节恶劣。

⑥ 其他违反比赛规则的不听劝告者。

3）参赛选手如造成比赛用设备损坏，视情节由当事人及选送单位承担赔偿责任，参赛选手人为蓄意破坏仪器设备，由当事人承担赔偿责任并通报批评。

4）选手未能按规定正确使用仪器设备，由在场裁判员及时予以纠正，并按规定扣除比赛成绩。

5）任何人不得以任何方式暗示、指导、帮助、影响参赛选手。对造成后果的，视情节轻重酌情扣除参赛选手成绩。

6）对裁判员、仲裁委员会成员、其他工作人员违反工作守则的，经大赛组委会核实后视情节轻重予以警告处分或取消其任职资格。

7）对违反比赛各种纪律的参赛选手及所在代表队和单位，视情节轻重、后果影响，予以取消比赛评奖资格或通报批评。

七、申诉与仲裁

（一）申诉

1）参赛队对不符合竞赛规定的设备、工具、软件，有失公正的评判、奖励，以及对工作人员的违规行为等可提出申诉。

2）申诉应在竞赛结束后 2h 内提出，超时不予受理。申诉时，应按照规定的程序由参赛队领队向相应赛项仲裁工作组递交书面申诉报告。报告应对申诉事件的现象、发生的时间、涉及的人员、申诉依据与理由等进行充分、实事求是的叙述。事实依据不充分、仅凭主观臆断的申诉不予受理。申诉报告须有申诉的参赛选手、领队签名。

3）赛项仲裁工作组收到申诉报告后，应根据申诉事由进行审查，6h 内书面通知申诉方，告知申诉处理结果。如受理申诉，要通知申诉方举办听证会的时间和地点；如不受理申诉，要说明理由。

4）申诉人不得无故拒不接受处理结果，不允许采取过激行为刁难、攻击工作人员，否则视为放弃申诉。申诉人不满意赛项仲裁工作组的处理结果的，可向大赛赛区仲裁委员会提出复议申请。

（二）仲裁

赛项设仲裁工作组，赛区设仲裁委员会。赛项仲裁工作组接受由代表队领队提出的对裁判结果的申诉。大赛执委会办公室选派人员参加赛区仲裁委员会工作。赛项仲裁工作组在接到申诉后的 2h 内组织复议，并及时反馈复议结果。申诉方对复议结果仍有异议，可由省（市）领队向赛区仲裁委员会提出申诉。赛区仲裁委员会的仲裁结果为最终结果。

2013 年全国职业院校技能大赛中职组
数控车加工技术赛项技术规范

一、竞赛环境

赛场提供比赛用加工和编程设备、专用量检具、加工用毛坯、附料和耗材。通用量具选手自带。

二、竞赛技术平台

（一）比赛使用设备

大连机床 CKA6150 FANUC 0i-Mate-TC/TB（含 3 挡无级变速和 3 挡 12 级固定转速变速）。

大连机床 CKD6150A/1000 GSK980TDb 系统（手动 3 挡伺服无级变速）。

（二）刀具

主要刀具由大赛组委会统一提供。

（三）夹具

由大赛组委会统一提供，包括手动卡盘、组合夹具。

（四）赛场应用软件

1）CAM/DNC 软件。赛场软件由大赛统一提供，赛场相关设备预装有广州中望、北京数码大方、英国 Delcam 的相关软件，选手报名时可任选其一。具体包括：

广州中望：中望 3D V2013 教育版（带 HASCO、DME、LKM 等标准模架及 MISUM）、中望 CAD + V2013 教育版（含龙腾模具模块）、中望机械设计软件 V2013。

数码大方：CAXA 数控车 2011 大赛专用版编程软件、CAXA 制造工程师 2013 大赛专用版编程软件、CAXA 网络 DNC-V2011 通信软件（选手可在 CAXA 网站上直接下载 CAXA 软件进行试用）。

英国 Delcam：Delcam 三合一混合造型设计 CAD 软件 PowerSHAPE，Delcam 二到五轴高速加工 CAM 软件 PowerMILL，Delcam 产品加工、车削加工、线切割软件 FeatureCAM，Delcam 立体艺术浮雕 CAD/CAM 软件 ArtCAM。

2）数控类比赛用考试系统软件由大赛组委会统一提供。

（五）每台数控机床配备 1 台台式计算机，用于选手编程和程序传输

（六）毛坯及辅料由大赛组委会统一提供

2013 年教育部中职组技能大赛数控车赛项
样题及自带工量具、附件清单

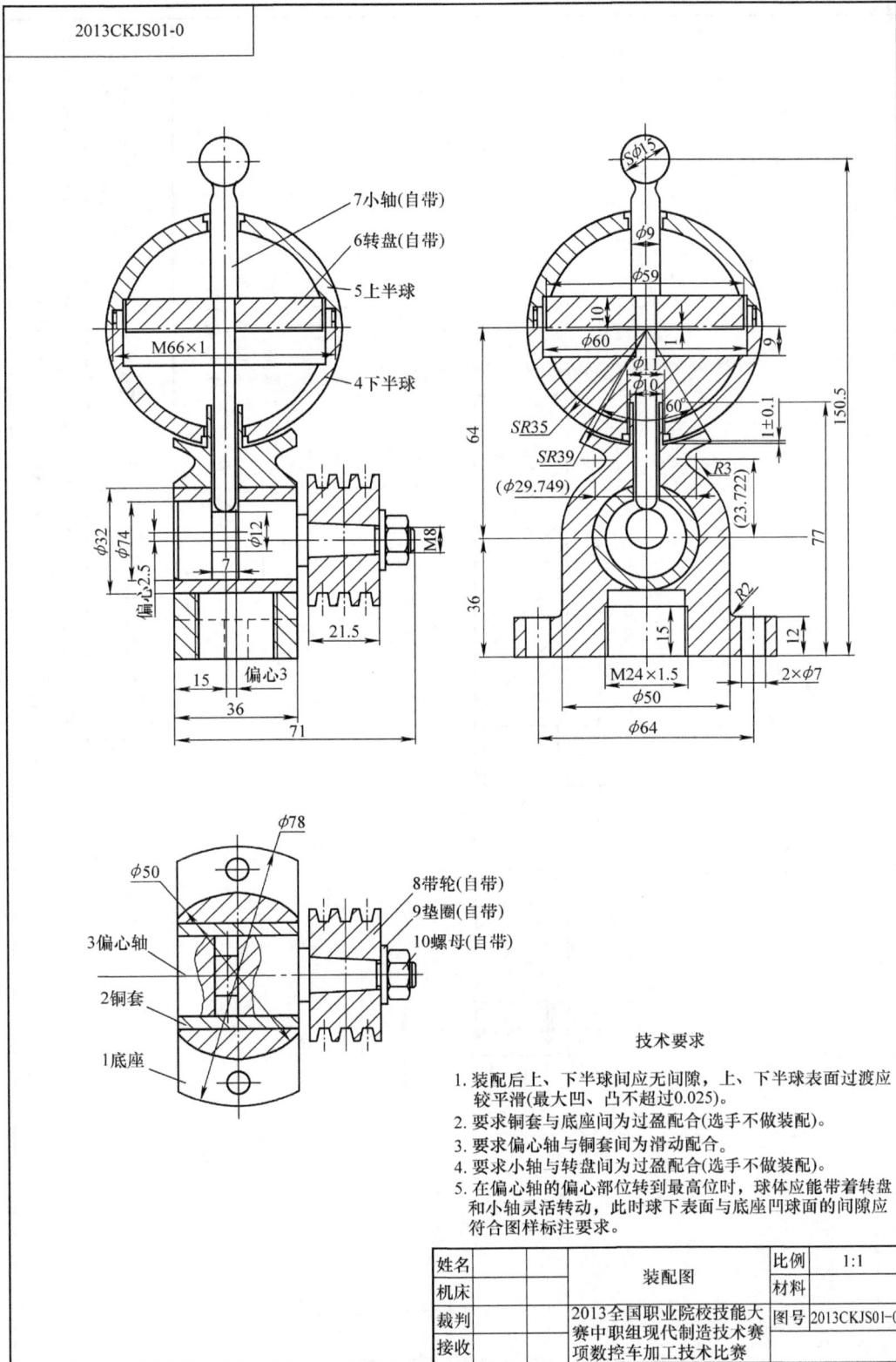

2013CKJS01-0

技术要求

1. 装配后上、下半球间应无间隙，上、下半球表面过渡应较平滑(最大凹、凸不超过0.025)。
2. 要求铜套与底座间为过盈配合(选手不做装配)。
3. 要求偏心轴与铜套间为滑动配合。
4. 要求小轴与转盘间为过盈配合(选手不做装配)。
5. 在偏心轴的偏心部位转到最高位时，球体应能带着转盘和小轴灵活转动，此时球下表面与底座凹球面的间隙应符合图样标注要求。

姓名			装配图		比例	1:1
机床					材料	
裁判			2013全国职业院校技能大赛中职组现代制造技术赛项数控车加工技术比赛		图号	2013CKJS01-0
接收						

图 A-1　装配图

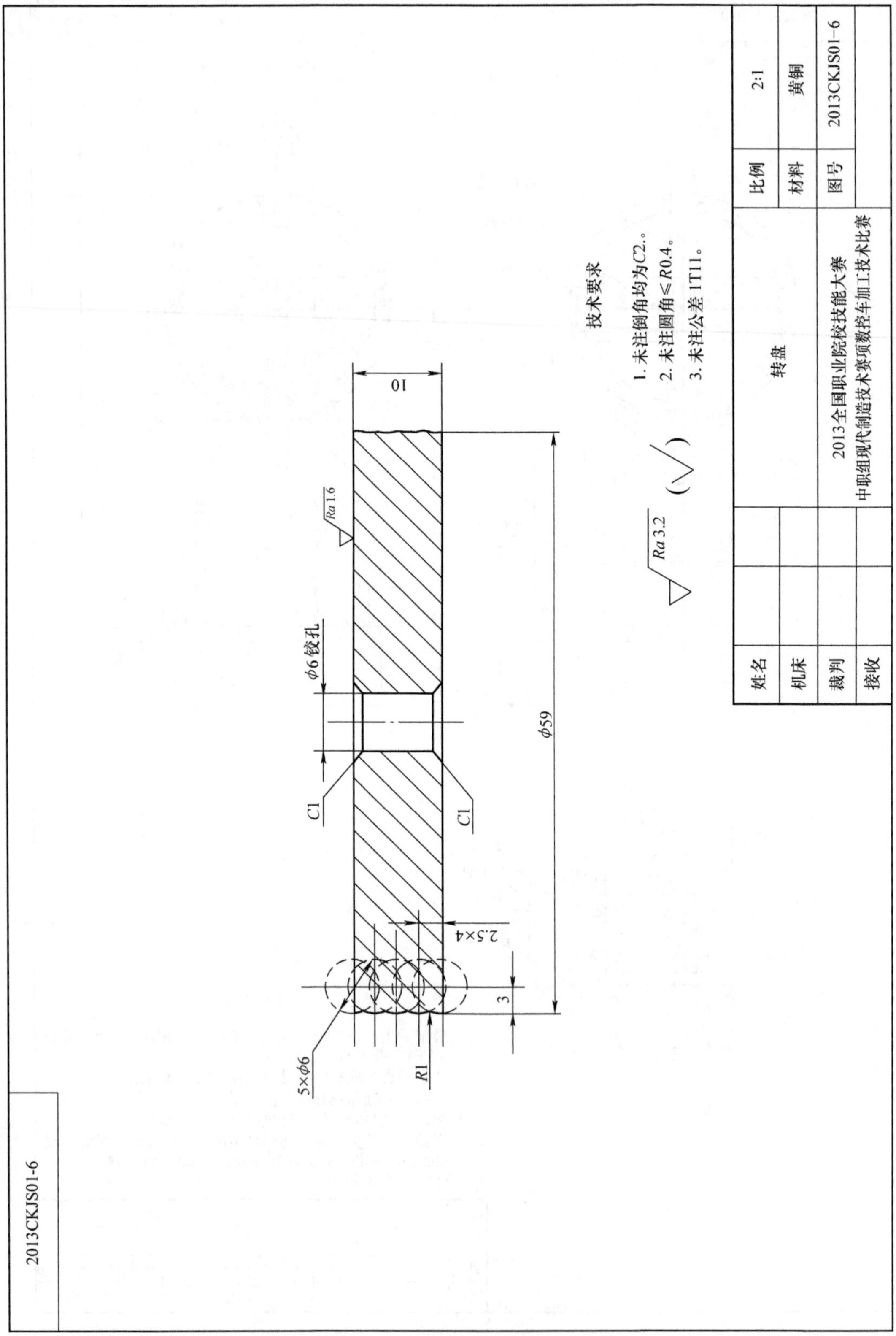
10
Ra 1.6
ϕ6铰孔
ϕ59
C1
C1
2.5×4
3
5×ϕ6
R1
Ra 3.2
技术要求
1. 未注倒角均为C2。
2. 未注圆角≤R0.4。
3. 未注公差 IT11。
转盘
比例
2:1
材料
黄铜
图号
2013CKJS01-6
2013全国职业院校技能大赛
中职组现代制造技术赛项数控车加工技术比赛
姓名
机床
裁判
接收
2013CKJS01-6

图A-2 转盘零件图

2013CKJS01-7

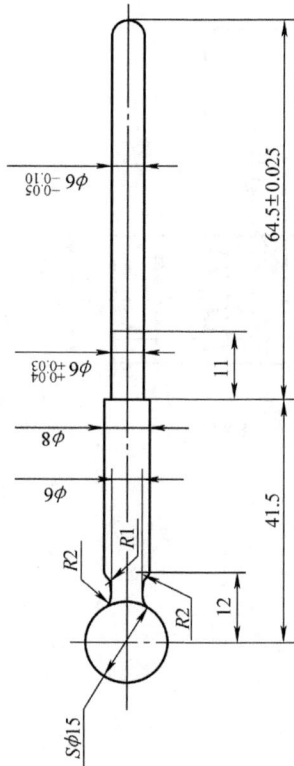

技术要求
1. 未注凸倒角C0.2～0.4, 未注凹倒角 R≤0.4。
2. 锐角倒钝。
3. 大头允许留中心孔。
4. 未注公差IT11。

$\sqrt{Ra\,1.6}$　$\left(\sqrt{}\right)$

姓名			比例	1:1
机床			材料	黄铜
裁判		小轴	图号	2013CKJS01-7
接收		2013全国职业院校技能大赛 中职组现代制造技术大赛顶岗数控车加工技术比赛		

图A-3　小轴零件图

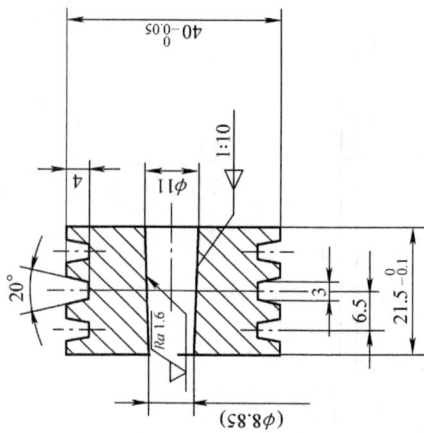

技术要求

1. 未注倒角C0.5。
2. 未注圆角≤R0.4。
3. 未注公差 IT11。

$\sqrt{Ra\,3.2}$ ($\sqrt{}$)

带轮

				比例	1:1
			2013全国职业院校技能大赛	材料	45钢
			中职组现代制造技术赛项数控车加工技术比赛	图号	2013CKJS01-8
姓名					
机床					
裁判					
接收					

图A-4 带轮零件图

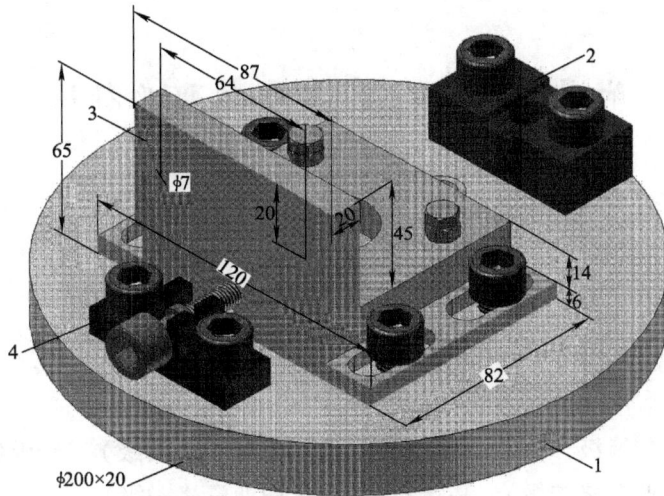

图 A-5　立体图

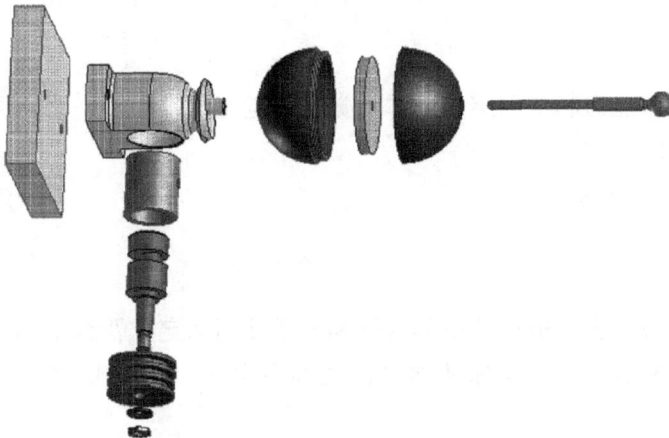

图 A-6　爆炸图

表 A-1　数控车加工技术比赛量具表（选手自带）

序号	工(量)具名称	规格	数量	分度值	备注
1	外径千分尺	0～25mm	自定	0.01mm	
2	外径千分尺	25～50mm	自定	0.01mm	
3	外径千分尺	50～75mm	自定	0.01mm	
4	外径千分尺	75～100mm	自定	0.01mm	
5	游标卡尺	0～200mm	自定	0.02mm	形式不限
6	深度游标卡尺	0～150/0～200	自定	0.02mm	形式不限
7	游标万能角度尺	0～320°	自定	2′	
8	内径量表	18～35mm	自定	0.01mm	或内测千分尺
9	百分表	0～10mm	自定	0.01mm	
10	杠杆表	0～0.8mm	自定	0.01mm	
11	磁性表座	自定	自定		形式不限
12	半径样板	R30mm、R35mm	自定		检测球形用

附录B 数控车工国家职业标准

1 职业概况

1.1 职业名称

数控车工。

1.2 职业定义

从事编制数控加工程序并操作数控车床进行零件车削加工的人员。

1.3 职业等级

本职业共设四个等级,分别为:中级(国家职业资格四级)、高级(国家职业资格三级)、技师(国家职业资格二级)、高级技师(国家职业资格一级)。

1.4 职业环境

室内、常温。

1.5 职业能力特征

具有较强的计算能力和空间感,形体知觉及色觉正常,手指、手臂灵活,动作协调。

1.6 基本文化程度

高中毕业(或同等学历)。

1.7 培训要求

1.7.1 培训期限

全日制职业学校教育,根据其培养目标和教学计划确定。晋级培训期限:中级不少于400标准学时;高级不少于300标准学时;技师不少于200标准学时;高级技师不少于200标准学时。

1.7.2 培训教师

培训中、高级人员的教师应取得本职业技师及以上职业资格证书或相关专业中级及以上专业技术职称任职资格;培训技师的教师应取得本职业高级技师职业资格证书或相关专业高级专业技术职称任职资格;培训高级技师的教师应取得本职业高级技师职业资格证书两年以上或取得相关专业高级专业技术职称任职资格两年以上。

1.7.3 培训场地设备

满足教学要求的标准教室、计算机机房及配套的软件、数控车床及必要的刀具、夹具、量具和辅助设备等。

1.8 鉴定要求

1.8.1 适用对象

从事或准备从事本职业的人员。

1.8.2 申报条件

中级(具备以下条件之一者)。

1)经本职业中级正规培训达规定标准学时数,并取得结业证书。

2）连续从事本职业工作 5 年以上。

3）取得经劳动保障行政部门审核认定的，以中级技能为培养目标的中等以上职业学校本职业（或相关专业）毕业证书。

4）取得相关职业中级《职业资格证书》后，连续从事本职业两年以上。

高级（具备以下条件之一者）。

1）取得本职业中级职业资格证书后，连续从事本职业工作两年以上，经本职业高级正规培训，达到规定标准学时数，并取得结业证书。

2）取得本职业中级职业资格证书后，连续从事本职业工作 4 年以上。

3）取得劳动保障行政部门审核认定的，以高级技能为培养目标的职业学校本职业（或相关专业）毕业证书。

4）大专以上本专业或相关专业毕业生，经本职业高级正规培训，达到规定标准学时数，并取得结业证书。

技师（具备以下条件之一者）。

1）取得本职业高级职业资格证书后，连续从事本职业工作 4 年以上，经本职业技师正规培训达规定标准学时数，并取得结业证书。

2）取得本职业高级职业资格证书的职业学校本职业（专业）毕业生，连续从事本职业工作两年以上，经本职业技师正规培训达规定标准学时数，并取得结业证书。

3）取得本职业高级职业资格证书的本科（含本科）以上本专业或相关专业的毕业生，连续从事本职业工作两年以上，经本职业技师正规培训达规定标准学时数，并取得结业证书。

高级技师。

取得本职业技师职业资格证书后，连续从事本职业工作 4 年以上，经本职业高级技师正规培训达规定标准学时数，并取得结业证书。

1.8.3　鉴定方式

分为理论知识考试和技能操作考核。理论知识考试采用闭卷方式，技能操作（含软件应用）考核采用现场实际操作和计算机软件操作方式。理论知识考试和技能操作（含软件应用）考核均实行百分制，成绩皆达 60 分及以上者为合格。技师和高级技师还需进行综合评审。

1.8.4　考评人员与考生配比

理论知识考试考评人员与考生配比为 1∶15，每个标准教室不少于两名相应级别的考评员；技能操作（含软件应用）考核考评员与考生配比为 1∶2，且不少于 3 名相应级别的考评员；综合评审委员不少于 5 人。

1.8.5　鉴定时间

理论知识考试为 120min，技能操作考核中实操时间为：中级、高级不少于 240min，技师和高级技师不少于 300min，技能操作考核中软件应用考试时间为不超过 120min，技师和高级技师的综合评审时间不少于 45min。

1.8.6　鉴定场所设备

理论知识考试在标准教室里进行，软件应用考试在计算机机房进行，技能操作考核在配备必要的数控车床及必要的刀具、夹具、量具和辅助设备的场所进行。

2 基本要求

2.1 职业道德

2.1.1 职业道德基本知识

2.1.2 职业守则

1）遵守国家法律、法规和有关规定。

2）具有高度的责任心、爱岗敬业、团结合作。

3）严格执行相关标准、工作程序与规范、工艺文件和安全操作规程。

4）学习新知识新技能、勇于开拓和创新。

5）爱护设备、系统及工具、夹具、量具。

6）着装整洁，符合规定；保持工作环境清洁有序，文明生产。

2.2 基础知识

2.2.1 基础理论知识

（1）机械制图

（2）工程材料及金属热处理知识

（3）机电控制知识

（4）计算机基础知识

（5）专业英语基础

2.2.2 机械加工基础知识

（1）机械原理

（2）常用设备知识（分类、用途、基本结构及维护保养方法）

（3）常用金属切削刀具知识

（4）典型零件加工工艺

（5）设备润滑和切削液的使用方法

（6）工具、夹具、量具的使用与维护知识

（7）普通车床、钳工基本操作知识

2.2.3 安全文明生产与环境保护知识

（1）安全操作与劳动保护知识

（2）文明生产知识

（3）环境保护知识

2.2.4 质量管理知识

（1）企业的质量方针

（2）岗位质量要求

（3）岗位质量保证措施与责任

2.2.5 相关法律、法规知识

（1）劳动法的相关知识

（2）环境保护法的相关知识

（3）知识产权保护法的相关知识

3 工作要求

本标准对中级、高级、技师和高级技师的技能要求依次递进，高级别涵盖低级别的要求。

3.1 中级

职业功能	工作内容	技能要求	相关知识
一、加工准备	（一）读图与绘图	1. 能读懂中等复杂程度（如曲轴）的零件图 2. 能绘制简单的轴、盘类零件图 3. 能读懂进给机构、主轴系统的装配图	1. 复杂零件的表达方法 2. 简单零件图的画法 3. 零件三视图、局部视图和剖视图的画法 4. 装配图的画法
	（二）制订加工工艺	1. 能读懂复杂零件的数控车床加工工艺文件 2. 能编制简单（轴、盘）零件的数控加工工艺文件	数控车床加工工艺文件的制订
	（三）零件定位与装夹	能使用通用卡具（如自定心卡盘、单动卡盘）进行零件装夹与定位	1. 数控车床常用夹具的使用方法 2. 零件定位、装夹的原理和方法
	（四）刀具准备	1. 能够根据数控加工工艺文件选择、安装和调整数控车床常用刀具 2. 能够刃磨常用车削刀具	1. 金属切削与刀具磨损知识 2. 数控车床常用刀具的种类、结构和特点 3. 数控车床、零件材料、加工精度和工作效率对刀具的要求
二、数控编程	（一）手工编程	1. 能编制由直线、圆弧组成的二维轮廓数控加工程序 2. 能编制螺纹加工程序 3. 能够运用固定循环、子程序进行零件的加工程序编制	1. 数控编程知识 2. 直线插补和圆弧插补的原理 3. 坐标点的计算方法
	（二）计算机辅助编程	1. 能够使用计算机绘图设计软件绘制简单（轴、盘、套）零件图 2. 能够利用计算机绘图软件计算节点	计算机绘图软件（二维）的使用方法
三、数控车床操作	（一）操作面板	1. 能够按照操作规程起动及停止机床 2. 能使用操作面板上的常用功能键（如回零、手动、MDI、修调等）	1. 熟悉数控车床操作说明书 2. 数控车床操作面板的使用方法

职业功能	工作内容	技能要求	相关知识
三、数控车床操作	（二）程序输入与编辑	1. 能够通过各种途径（如 DNC、网络等）输入加工程序 2. 能够通过操作面板编辑加工程序	1. 数控加工程序的输入方法 2. 数控加工程序的编辑方法 3. 网络知识
	（三）对刀	1. 能进行对刀并确定相关坐标系 2. 能设置刀具参数	1. 对刀的方法 2. 坐标系的知识 3. 刀具偏置补正、半径补正与刀具参数的输入方法
	（四）程序调试与运行	能够对程序进行校验、单步执行、空运行并完成零件试切	程序调试的方法
四、零件加工	（一）轮廓加工	1. 能进行轴、套类零件加工，并达到以下要求 （1）尺寸公差等级：IT6 （2）几何公差等级：IT8 （3）表面粗糙度值：$Ra1.6\mu m$ 2. 能进行盘类、支架类零件加工，并达到以下要求 （1）轴径公差等级：IT6 （2）孔径公差等级：IT7 （3）几何公差等级：IT8 （4）表面粗糙度值：$Ra1.6\mu m$	1. 内外径的车削加工方法、测量方法 2. 几何公差的测量方法 3. 表面粗糙度值的测量方法
	（二）螺纹加工	能进行单线等节距的普通三角螺纹、锥螺纹的加工，并达到以下要求 （1）尺寸公差等级：IT6 ~ IT7级 （2）几何公差等级：IT8 （3）表面粗糙度值：$Ra1.6\mu m$	1. 常用螺纹的车削加工方法 2. 螺纹加工中的参数计算
	（三）槽类加工	能进行内径槽、外径槽和端面槽的加工，并达到以下要求 （1）尺寸公差等级：IT8 （2）几何公差等级：IT8 （3）表面粗糙度值：$Ra3.2\mu m$	内、外径槽和端槽的加工方法
	（四）孔加工	能进行孔加工，并达到以下要求 （1）尺寸公差等级：IT7 （2）几何公差等级：IT8 （3）表面粗糙度值：$Ra3.2\mu m$	孔的加工方法
	（五）零件精度检验	能够进行零件的长度、内外径、螺纹、角度精度检验	1. 通用量具的使用方法 2. 零件精度检验及测量方法

（续）

职业功能	工作内容	技能要求	相关知识
五、数控车床维护与精度检验	（一）数控车床日常维护	能够根据说明书完成数控车床的定期及不定期维护保养，包括：机械、电、气、液压、数控系统检查和日常保养等	1. 数控车床说明书 2. 数控车床日常保养方法 3. 数控车床操作规程 4. 数控系统（进口与国产数控系统）使用说明书
	（二）数控车床故障诊断	1. 能读懂数控系统的报警信息 2. 能发现数控车床的一般故障	1. 数控系统的报警信息 2. 机床的故障诊断方法
	（三）机床精度检查	能够检查数控车床的常规几何精度	数控车床常规几何精度的检查方法

3.2　高级

职业功能	工作内容	技能要求	相关知识
一、加工准备	（一）读图与绘图	1. 能够读懂中等复杂程度（如刀架）的装配图 2. 能够根据装配图拆画零件图 3. 能够测绘零件	1. 根据装配图拆画零件图的方法 2. 零件的测绘方法
	（二）制订加工工艺	能编制复杂零件的数控车床加工工艺文件	复杂零件数控加工工艺文件的制订
	（三）零件定位与装夹	1. 能选择和使用数控车床组合夹具和专用夹具 2. 能分析并计算车床夹具的定位误差 3. 能够设计与自制装夹辅具（如心轴、轴套、定位件等）	1. 数控车床组合夹具和专用夹具的使用、调整方法 2. 专用夹具的使用方法 3. 夹具定位误差的分析与计算方法
	（四）刀具准备	1. 能够选择各种刀具及刀具附件 2. 能够根据难加工材料的特点，选择刀具的材料、结构和几何参数 3. 能够刃磨特殊车削刀具	1. 专用刀具的种类、用途、特点和刃磨方法 2. 切削难加工材料时的刀具材料和几何参数的确定方法
二、数控编程	（一）手工编程	能运用变量编程编制含有公式曲线的零件数控加工程序	1. 固定循环和子程序的编程方法 2. 变量编程的规则和方法
	（二）计算机辅助编程	能用计算机绘图软件绘制装配图	计算机绘图软件的使用方法
	（三）数控加工仿真	能利用数控加工仿真软件实施加工过程仿真以及加工代码检查、干涉检查、工时估算	数控加工仿真软件的使用方法

（续）

职业功能	工作内容	技能要求	相关知识
三、零件加工	（一）轮廓加工	能进行细长、薄壁零件加工，并达到以下要求 （1）轴径公差等级：IT6 （2）孔径公差等级：IT7 （3）几何公差等级：IT8 （4）表面粗糙度值：$Ra1.6\mu m$	细长、薄壁零件加工的特点及装夹、车削方法
	（二）螺纹加工	1. 能进行单线和多线等节距的T型螺纹、锥螺纹加工，并达到以下要求 （1）尺寸公差等级：IT6 （2）几何公差等级：IT8 （3）表面粗糙度值：$Ra1.6\mu m$ 2. 能进行变节距螺纹的加工，并达到以下要求 （1）尺寸公差：IT6 （2）几何公差等级：IT7 （3）表面粗糙度值：$Ra1.6\mu m$	1. T型螺纹、锥螺纹加工中的参数计算 2. 变节距螺纹的车削加工方法
	（三）孔加工	能进行深孔加工，并达到以下要求 （1）尺寸公差等级：IT6 （2）几何公差等级：IT8 （3）表面粗糙度值：$Ra1.6\mu m$	深孔的加工方法
	（四）配合件加工	能按装配图上的技术要求对套件进行零件加工和组装，配合公差达到：IT7级	套件的加工方法
	（五）零件精度检验	1. 能够在加工过程中使用百（千）分表等进行在线测量，并进行加工技术参数的调整 2. 能够进行多线螺纹的检验 3. 能进行加工误差分析	1. 百（千）分表的使用方法 2. 多线螺纹的精度检验方法 3. 误差分析的方法
四、数控车床维护与精度检验	（一）数控车床日常维护	1. 能判断数控车床的一般机械故障 2. 能完成数控车床的定期维护保养	1. 数控车床机械故障和排除方法 2. 数控车床液压原理和常用液压元件
	（二）机床精度检验	1. 能够进行机床几何精度检验 2. 能够进行机床切削精度检验	1. 机床几何精度检验内容及方法 2. 机床切削精度检验内容及方法

3.3　技师

职业功能	工作内容	技能要求	相关知识
一、加工准备	（一）读图与绘图	1. 能绘制工装装配图 2. 能读懂常用数控车床的机械结构图及装配图	1. 工装装配图的画法 2. 常用数控车床的机械原理图及装配图的画法
	（二）制订加工工艺	1. 能编制高难度、高精密、特殊材料零件的数控加工多工种工艺文件 2. 能对零件的数控加工工艺进行合理性分析，并提出改进建议 3. 能推广应用新知识、新技术、新工艺、新材料	1. 零件的多工种工艺分析方法 2. 数控加工工艺方案合理性的分析方法及改进措施 3. 特殊材料的加工方法 4. 新知识、新技术、新工艺、新材料
	（三）零件定位与装夹	能设计与制作零件的专用夹具	专用夹具的设计与制造方法
	（四）刀具准备	1. 能够依据切削条件和刀具条件估算刀具的使用寿命 2. 根据刀具寿命计算并设置相关参数 3. 能推广应用新刀具	1. 切削刀具的选用原则 2. 延长刀具寿命的方法 3. 刀具新材料、新技术 4. 刀具使用寿命的参数设定方法
二、数控编程	（一）手工编程	能够编制车削中心、车铣中心的三轴及三轴以上（含旋转轴）的加工程序	编制车削中心、车铣中心加工程序的方法
	（二）计算机辅助编程	1. 能用计算机辅助设计/制造软件进行车削零件的造型和生成加工轨迹 2. 能够根据不同的数控系统进行后置处理并生成加工代码	1. 三维造型和编辑 2. 计算机辅助设计/制造软件（三维）的使用方法
	（三）数控加工仿真	能够利用数控加工仿真软件分析和优化数控加工工艺	数控加工仿真软件的使用方法
三、零件加工	（一）轮廓加工	1. 能编制数控加工程序车削多拐曲轴，达到以下要求 （1）直径公差等级：IT6 （2）表面粗糙度值：$Ra1.6\mu m$ 2. 能编制数控加工程序，对适合在车削中心上加工的带有车削、铣削等工序的复杂零件进行加工	1. 多拐曲轴车削加工的基本知识 2. 车削加工中心加工复杂零件的车削方法

（续）

职业功能	工作内容	技能要求	相关知识
三、零件加工	（二）配合件加工	能进行两件（含两件）以上具有多处尺寸链配合的零件加工与配合	多尺寸链配合零件的加工方法
	（三）零件精度检验	能根据测量结果对加工误差进行分析并提出改进措施	精密零件的精度检验方法 检具设计知识
四、数控车床维护与精度检验	（一）数控车床维护	1. 能够分析和排除液压和机械故障 2. 能借助字典阅读数控设备的主要外文信息	1. 数控车床常见故障诊断及排除方法 2. 数控车床专业外文知识
	（二）机床精度检验	能够进行机床定位精度、重复定位精度的检验	机床定位精度检验、重复定位精度检验的内容及方法
五、培训与管理	（一）操作指导	能指导本职业中级、高级进行实际操作	操作指导书的编制方法
	（二）理论培训	1. 能对本职业中级、高级和技师进行理论培训 2. 能系统地讲授各种切削刀具的特点和使用方法	1. 培训教材的编写方法 2. 切削刀具的特点和使用方法
	（三）质量管理	能在本职工作中认真贯彻各项质量标准	相关质量标准
	（四）生产管理	能协助部门领导进行生产计划、调度及人员的管理	生产管理基本知识
	（五）技术改造与创新	能够进行加工工艺、夹具、刀具的改进	数控加工工艺综合知识

3.4 高级技师

职业功能	工作内容	技能要求	相关知识
一、工艺分析与设计	（一）读图与绘图	1. 能绘制复杂工装装配图 2. 能读懂常用数控车床的电气、液压原理图	1. 复杂工装设计方法 2. 常用数控车床电气、液压原理图的画法
	（二）制订加工工艺	1. 能对高难度、高精密零件的数控加工工艺方案进行优化并实施 2. 能编制多轴车削中心的数控加工工艺文件 3. 能够对零件加工工艺提出改进建议	1. 复杂、精密零件加工工艺的系统知识 2. 车削中心、车铣中心加工工艺文件的编制方法
	（三）零件定位与装夹	能对现有的数控车床夹具进行误差分析并提出改进建议	误差分析方法
	（四）刀具准备	能根据零件要求设计刀具，并提出制造方法	刀具的设计与制造知识

（续）

职业功能	工作内容	技能要求	相关知识
二、零件加工	（一）异形零件加工	能解决高难度（如十字座类、连杆类、叉架类等异形零件）零件车削加工的技术问题，并制订工艺措施	高难度零件的加工方法
	（二）零件精度检验	能够制订高难度零件加工过程中的精度检验方案	在机械加工全过程中影响质量的因素及提高质量的措施
三、数控车床维护与精度检测	（一）数控车床维护	1. 能借助字典看懂数控设备的主要外文技术资料 2. 能够针对机床运行现状合理调整数控系统相关参数 3. 能根据数控系统报警信息判断数控车床故障	1. 数控车床专业外文知识 2. 数控系统报警信息
	（二）机床精度检验	能够进行机床定位精度、重复定位精度的检验	机床定位精度和重复定位精度的检验方法
	（三）数控设备网络化	能够借助网络设备和软件系统实现数控设备的网络化管理	数控设备网络接口及相关技术
四、培训与管理	（一）操作指导	能指导本职业中级、高级和技师进行实际操作	操作理论教学指导书的编写方法
	（二）理论培训	能对本职业中级、高级和技师进行理论培训	教学计划与大纲的编制方法
	（三）质量管理	能应用全面质量管理知识，实现操作过程的质量分析与控制	质量分析与控制方法
	（四）技术改造与创新	能够组织实施技术改造和创新，并撰写相应的论文	科技论文的撰写方法

4　比重表

4.1　理论知识

项　　目		中级（%）	高级（%）	技师（%）	高级技师（%）
基本要求	职业道德	5	5	5	5
	基础知识	20	20	15	15
相关知识	加工准备	15	15	30	—
	数控编程	20	20	10	—
	数控车床操作	5	5	—	—
	零件加工	30	30	20	15
	数控车床维护与精度检验	5	5	10	10
	培训与管理	—	—	10	15
	工艺分析与设计	—	—	—	40
合　　计		100	100	100	100

4.2 技能操作

项　　目		中级（%）	高级（%）	技师（%）	高级技师（%）
机能要求	加工准备	10	10	20	—
	数控编程	20	20	30	—
	数控车床操作	5	5	—	—
	零件加工	60	60	40	45
	数控车床维护与精度检验	5	5	5	10
	培训与管理	—	—	5	10
	工艺分析与设计	—	—	—	35
合　　计		100	100	100	100

参 考 文 献

[1] 沈建峰. 数控加工工艺编程与操作(FANUC 系统车床分册)[M]. 北京:中国劳动社会保障出版社,2010.

[2] 人力资源和社会保障部教材办公室. 数控车床编程与操作(FANUC 系统)[M]. 北京:中国劳动社会保障出版社,2011.

[3] 人力资源和社会保障部教材办公室. 数控机床编程与操作(数控车床分册)[M]. 北京:中国劳动社会保障出版社,2012.

[4] 朱兴伟,蒋洪平. 数控车工技能训练项目教程(中级)[M]. 北京:机械工业出版社,2011.

[5] 戴三法,王吉连. 数控车削编程与加工[M]. 北京:中国劳动社会保障出版社,2012.

[6] 李银涛. 数控车床编程与职业技能鉴定实训[M]. 北京:化学工业出版社,2009.

[7] 王吉连,王吉庆. 数控车削编程与加工[M]. 北京:外语教学与研究出版社,2011.

[8] 杨琳. 数控车床加工工艺与编程[M]. 2 版. 北京:中国劳动社会保障出版社,2009.